Die Verbrennungskraftmaschine

Herausgegeben von

Prof. Dr. **Hans List** VDI
Graz

Heft 2

Thermodynamik der Verbrennungskraftmaschine

Wien
Verlag von Julius Springer
1939

Thermodynamik der Verbrennungskraftmaschine

Von

Prof. Dr. Ing. **Hans List** VDI
Graz

Mit 121 Abbildungen im Text

Wien
Verlag von Julius Springer
1939

ISBN-13: 978-3-7091-5197-6 e-ISBN-13: 978-3-7091-5345-1
DOI: 10.1007/978-3-7091-5345-1

Vorwort und Einleitung.

Die Thermodynamik der Verbrennungskraftmaschinen befaßt sich mit den Zusammenhängen zwischen dem Verlauf der Arbeitsvorgänge in der Maschine und dem Wirkungsgrad. Durch Trennung der einzelnen Verluste bei der Umwandlung von chemischer Energie in Arbeit in der Maschine und Aufdeckung ihrer Ursachen zeigt sie Wege zur verbesserten Ausnutzung von Brennstoff und Hubraum.

Die Brennstoffausnützung ist durch den wirtschaftlichen Wirkungsgrad oder *Nutzwirkungsgrad* η_e bestimmt. Man versteht darunter das Verhältnis der abgegebenen mechanischen Arbeit zur zugeführten, chemisch gebundenen Wärme. Dieser Wirkungsgrad läßt sich zur Teilung der Verluste in einzelne Teilwirkungsgrade spalten, von denen jeder eine bestimmte Verlustart erfaßt.

Zur Trennung der Verluste bei der Energieumsetzung in solche, die mit bestimmten Bedingungen des Arbeitsverfahrens untrennbar verbunden sind, also auch bei vollkommener Durchführung desselben auftreten und solche, die sich durch geeignete Maßnahmen verringern, wenn auch nicht ganz beseitigen lassen, bedient man sich des Begriffes der *vollkommenen Maschine.* Damit wird eine Maschine bezeichnet, in welcher die Arbeitsvorgänge ähnlich wie in der wirklichen Maschine verlaufen, bei der jedoch Unvollkommenheiten fehlen, welche die Erzielung der, bei den gegebenen Bedingungen des Arbeitsverfahrens an sich möglichen, günstigsten Leistung durch die wirkliche Maschine verhindern. Der Wirkungsgrad der vollkommenen Maschine wird mit η_v bezeichnet. Die vollkommene Maschine stellt ein unerreichbares Ziel dar, sie ist der Maßstab, an dem die Güte der wirklichen Maschine gemessen werden kann. Man bezeichnet daher auch die erzielte Annäherung an die vollkommene Maschine als *Gütegrad* η_g.

Die Verluste in der *vollkommenen Maschine,* die durch η_v erfaßt werden, sind:

1. Verlust durch unvollständige Verbrennung. Dieser tritt dann auf, wenn dem Brennstoff weniger Luft zugeführt wird, als zur vollständigen Verbrennung theoretisch erforderlich ist. In diesem Falle ist auch in der vollkommenen Maschine nur die Entwicklung eines Teiles des Brennstoffheizwertes möglich.

2. Die thermodynamisch begründeten Verluste bei der Umwandlung von Wärme in mechanische Arbeit nach dem vollkommenen Arbeitsverfahren.

Bei der *wirklichen Maschine* kommen nach folgende zusätzlichen Verluste hinzu, die durch den Gütegrad η_g erfaßt werden:

1. Wenn die entwickelte Wärme kleiner als bei der vollkommenen Maschine wird, entsteht ein zusätzlicher Verlust durch unvollständige Verbrennung. Setzt man die durch die Verbrennung tatsächlich entwickelte Wärme ins Verhältnis zum Heizwert des Brennstoffes, so erhält man den *Umsetzungsgrad* η_u. Der Umsetzungsgrad der vollkommenen Maschine η_{uv} ist bei Luftmangel kleiner als eins, bei Luftüberschuß eins. Demnach kann der zusätzliche Verlust durch unvollständige Verbrennung in der wirklichen Maschine bei Luftmangel durch η_u/η_{uv}, bei Luftüberschuß durch η_u erfaßt werden.

2. Durch die Abweichungen des zeitlichen Verlaufes der Verbrennung gegenüber dem in der vollkommenen Maschine und durch den Wärmeübergang an die Wände des Brennraumes entstehen zusätzliche Verluste.

3. Weitere Verluste verursacht der Ladungswechsel, denn die vorzeitige Eröffnung der Auslaßquerschnitte und die Drosselung beim Ausschieben der Abgase und Einströmen der frischen Ladung vermindert die Arbeitsfläche des Diagramms.

Multipliziert man den Wirkungsgrad der vollkommenen Maschine η_v mit dem Gütegrad η_g, so erhält man den *Innenwirkungsgrad* η_i. Es ist das Verhältnis der vom Gas an den Kolben abgegebenen Arbeit zur zugeführten chemischen Energie des Brennstoffes. Aus Brennstoffverbrauch und Indikatordiagramm läßt sich η_i an der Maschine unmittelbar bestimmen.

Der Zusammenhang zwischen dem Nutzwirkungsgrad und dem Innenwirkungsgrad ist durch den *mechanischen Wirkungsgrad* $\eta_m = \eta_e/\eta_i$ gegeben, welcher die Reibungsverluste und die an die Hilfseinrichtungen abgegebene Leistung erfaßt.

Der mechanische Wirkungsgrad und der Teilwirkungsgrad, welcher die Verluste beim Ladungswechsel berücksichtigt, wird an anderen Stellen behandelt.

Die Grundlage für die Verlustteilung bildet nach dem Vorstehenden die Bestimmung von η_v. In den ersten Anfängen der theoretischen Behandlung der Arbeitsvorgänge in der vollkommenen Maschine wurde ihr Wirkungsgrad durch eine Kreisprozeßrechnung mit vereinfachten Annahmen (konstante spezifische Wärme der Gase, unveränderlicher Arbeitsstoff) bestimmt. Dadurch wurden zwar einfache Ausdrücke für η_v erhalten, die wesentlichsten Abhängigkeiten jedoch nur in grober Annäherung erfaßt.

Je näher der Innenwirkungsgrad im Laufe der Entwicklung des Motorenbaues an η_v gerückt werden konnte, desto notwendiger wurde eine genaue Festlegung dieser theoretischen Grenze. Die Möglichkeit dazu wurde durch die Grundlagenforschung geboten, die inzwischen die spezifischen Wärmen der Gase und die chemischen Gleichgewichtskonstanten genau ermittelt hatte. Die Bestimmung von η_v unter Berücksichtigung des wirklichen physikalischen und chemischen Verhaltens der Arbeitsgase führt nicht mehr zu allgemeinen Ausdrücken, sondern ist nur für den Einzelfall durchführbar. Das Verfahren ist recht umständlich und erfordert mehrere genau gezeichnete Hilfstafeln. Zur Erleichterung thermodynamischer Untersuchungen war es daher notwendig, in der vorliegenden Bearbeitung die Wirkungsgrade für einen so großen Bereich der Grundannahmen darzustellen, daß η_v in nahezu allen Fällen entweder unmittelbar aus Schaubildern entnommen oder durch einfache Umrechnung aus deren Angaben bestimmt werden kann.

Die zusätzlichen Verluste, die den Gütegrad beeinflussen, sind von besonderem Interesse für den Motorenbau, denn die Untersuchungen am Versuchsstand haben in den meisten Fällen letzten Endes ihre Verkleinerung zum Ziele. Demzufolge wurde in dem ersten Abschnitt des Buches der Verlust durch unvollkommene Verbrennung, im zweiten der Verlust durch die endliche Verbrennungsgeschwindigkeit besonders ausführlich behandelt. Dabei wurden in Hinblick auf einfache Anwendung zeitsparende Näherungsverfahren in besonderem Maße berücksichtigt. Dies steht im Einklang mit der beschränkten Genauigkeit der Meßgrundlagen, vor allem des Indikatordiagramms und der Gasanalyse.

Für die Nutzanwendung thermodynamischer Verfahren bei der Entwicklung im Motorenbau ergeben sich folgende Gesichtspunkte:

Die Verlustteilung auf Grund von η_v, des Indikatordiagramms und der Abgasanalyse wird bei ausgeführten Maschinen vielfache Aufschlüsse über Verbesserungsmöglichkeiten geben. Vorausberechnungen von Maschinen werden mittels Erfahrungswerten für die zusätzlichen Verluste und den Werten von η_v möglich. Theoretische Untersuchungen über den Innenwirkungsgrad von Maschinen setzen Kenntnis der zusätzlichen Verluste voraus und werden dann besonders einfach, wenn letztere nahezu unabhängig von den Einflüssen sind, deren Auswirkung auf η_i untersucht werden soll. In diesen häufigen Fällen wirkt sich jede Änderung von η_v nahezu voll auch auf η_i aus. Im dritten Abschnitt des Werkes werden solche Anwendungen an einigen Beispielen gezeigt.

Es ist mir eine angenehme Pflicht, meinen Mitarbeitern im Institut für ihre Beiträge und ihre Hilfe bei der Arbeit zu danken. Der erste Abschnitt des Buches enthält wesentliche Teile einer Untersuchung von Dr. K. Christoph [4], im zweiten Abschnitt konnte vieles aus einer Arbeit von Dr. O. Cordier [5] verwendet werden. Außerdem haben die Herren Dr. Krause, Dipl.-Ing. Mramor und Pachernegg einen Teil der notwendigen Berechnungen durchgeführt und dadurch zum Werke beigetragen.

Graz, im Januar 1939. **H. List.**

Inhaltsverzeichnis.

A. Beziehungen zwischen Ladung und Abgas.

I. Grundlagen.

Die wichtigsten brennbaren Elemente aller für Motoren in Betracht kommenden Brennstoffe sind der Kohlenstoff und der Wasserstoff. Der zur Verbrennung notwendige Sauerstoff wird durch Luft zugeführt. Die Einheit der Brennstoffmenge (1 Nm^3 bei gasförmigen, 1 kg bei flüssigen Treibstoffen) braucht zur vollständigen Verbrennung theoretisch L_0 Nm^3 Luft. L_0 läßt sich aus der chemischen Analyse des Brennstoffes ermitteln.

Die tatsächlich je Einheit der Brennstoffmenge zugeführte Luftmenge L drückt man als Vielfaches von L_0 aus.

$$L = \lambda L_0$$

λ heißt Luftüberschußzahl. Bei $\lambda > 1$ wird mit *Luftüberschuß*, bei $\lambda < 1$ mit *Luftmangel* verbrannt. Beide Fälle kommen im Motor vor.

Die Verbrennung ist *vollständig*, wenn alle brennbaren Bestandteile auf die Endstufe der Oxydation gebracht werden. Das Abgas eines C- und H-haltigen Brennstoffes enthält dann nur CO_2, H_2O, den Stickstoff der zugeführten Luft und den Sauerstoff des Luftüberschusses.

Bei *unvollständiger* Verbrennung bleiben brennbare Bestandteile im Abgas zurück, es entsteht dadurch ein Energieverlust, der je Brennstoffeinheit gleich der Verbrennungswärme W_a der entstehenden Abgase ist. Der *Umsetzungsgrad* ist

$$\eta_u = \frac{H_u - W_a}{H_u}.$$

Die unvollständige Verbrennung kann ihre Ursache im Sauerstoffmangel haben, dabei ist entweder überhaupt zu wenig Sauerstoff im Gemisch enthalten ($\lambda < 1$), oder es ist dieser so ungleichmäßig mit dem Brennstoff gemischt, daß einzelne Brennstoffteile während der Verbrennung nicht mit dem notwendigen Sauerstoff in Berührung kommen. Außerdem ist es möglich, daß einzelne Gemischteile infolge starker Kühlung, z. B. durch die unmittelbare Berührung mit gekühlten Wänden, sich überhaupt nicht entzünden oder, daß die Reaktion einzelner Teile des Gemisches durch Abkühlung vorzeitig unterbrochen und daher unvollständig wird.

Auf diese Zusammenhänge soll hier nicht näher eingegangen, sondern nur das Ergebnis der Verbrennung untersucht werden.

Bei der *vollständigen Verbrennung* ist die Abgaszusammensetzung eindeutig bestimmt, wenn λ und die Brennstoffanalyse gegeben ist.

Die *unvollständige Verbrennung* ist in zweifacher Hinsicht unbestimmt:

1. Die verbrannte Sauerstoffmenge kann ein beliebiger Bruchteil des vorhandenen Sauerstoffes sein.

2. Es können verschiedene Abgaszusammensetzungen und verschiedene Wärmemengen mit gleicher verbrannter Sauerstoffmenge erhalten werden.

Letzteres wird ohne weiteres klar, wenn man die Wärmemengen vergleicht, die durch Verbrennung der gleichen Luft- (Sauerstoff-) Menge mit verschiedenen Brennstoffen entstehen kann.

1 Nm^3 Luft gibt bei der Verbrennung folgende Wärmemengen:

$C + O_2 = CO_2$	910 kcal
$CO + \frac{O_2}{2} = CO_2$	1270 „
$C + \frac{O_2}{2} = CO$	556 „
$H_2 + \frac{O_2}{2} = H_2O$	1080 „
$CH_4 + 2\,O_2 = CO_2 + 2\,H_2O$	902 „
Benzin (Durchschnitt)	935 „
Benzol	928 „
Alkohol	925 „

Die Verbrennung von Kohlenstoff zu CO gibt die geringste, die Verbrennung von CO zu CO_2 die größte Wärmemenge. Entsteht demnach CO bei einer unvollständigen Verbrennung von Kohlenstoff, so wird eine bestimmte Luftmenge wesentlich weniger Wärme entwickeln, als wenn durch sie eine kleinere Menge Kohlenstoff vollständig zu CO_2 verbrannt wird.

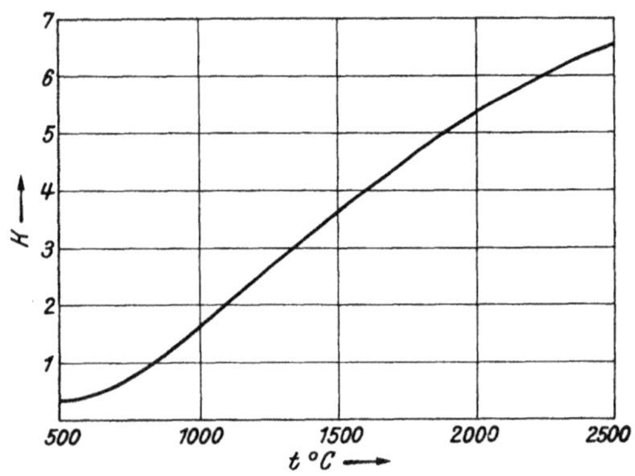

Abb. 1. Konstante K des Wassergasgleichgewichtes.

Für die Behandlung der unvollständigen Verbrennung im Motor kann man aus der großen Zahl der möglichen Abläufe zwei bestimmte Fälle herausgreifen, in deren Nähe alle in den Motoren vorkommenden, unvollständigen Verbrennungen liegen.

Beim *Diesel-Motor* erfolgt die Verbrennung eines C, H-haltigen Brennstoffes annähernd so, daß zunächst der größte Teil des Wasserstoffes und ein Teil des Kohlenstoffes vollständig verbrennt. Bei Sauerstoffmangel oder vorzeitigem Einfrieren der Reaktion bleibt fast reiner Kohlenstoff als Ruß übrig, die Verbrennung wird rauchend. Starke Rußbildung macht infolge Verschmutzung insbesondere der Kolbengleitflächen und der Ventilsitze einen Betrieb mit höheren Graden unvollständiger Verbrennung unmöglich. Eine Verbrennung mit Luftmangel ist im Diesel-Motor daher unzulässig.

Beim Betrieb von *Otto-Motoren* mit verdampften flüssigen oder gasförmigen Brennstoffen entwickeln sich bei der unvollständigen Verbrennung außer CO_2 und H_2O die brennbaren Gase CO, H_2 und mitunter auch CH_4, hingegen im allgemeinen kein Ruß. Da diese Gase den mechanischen Betrieb des Motors in keiner Weise beeinträchtigen, ist ein Betrieb bei stärker unvollständiger Verbrennung, daher auch im Gebiet des Luftmangels, durchaus möglich. Er ist sehr häufig. Das Verhältnis der Volumsanteile von CO_2, H_2O, CO und H_2 ist durch das Wassergasgleichgewicht gegeben, das sich erfahrungsgemäß bei höheren Temperaturen einstellt. Die Gleichgewichtskonstante

$$K = \frac{v\,(CO) \cdot v\,(H_2O)}{v\,(CO_2) \cdot v\,(H_2)}$$

hängt nach Abb. 1 von der Temperatur ab. Sie folgt während der Expansion der Verbrennungsgase im Motor der sinkenden Temperatur bis herab zu ungefähr 1400 bis 1600° C, dann friert das Gleichgewicht ein, d. h. die den tiefen Temperaturen entsprechenden Gleichgewichtszustände können infolge der sehr starken Abnahme der Reaktionsgeschwindigkeit nicht mehr erreicht werden.

Durch Versuche an Motoren wurde die Gleichgewichtskonstante K ermittelt. Es ergaben sich nach Boyd [3] und Christoph [4] folgende Mittelwerte:

Benzin 3,4,
Generatorgas (Holzgas) 3,0,
Leuchtgas 4,0.

Durch die Gleichgewichtskonstante K ist die unvollständige Verbrennung im Otto-Motor eindeutig bestimmt, wenn die reagierende Sauerstoffmenge bekannt ist.

In beiden Fällen, beim Diesel- wie beim Otto-Motor, läßt sich der Verlauf der unvollständigen Verbrennung demnach grundsätzlich festlegen. Damit wird die Verbrennung bei gegebenem Luftüberschuß nur von einer Veränderlichen, der verbrennenden Sauerstoffmenge abhängig. Die einzelnen Verbrennungen können sich außerdem bei gegebenem Brennstoff nur durch die Luftüberschußzahl unterscheiden. Daher ist jede motorische Verbrennung bei gegebenem Brennstoff und unter den obigen Voraussetzungen nur von zwei Veränderlichen abhängig. Ihre Kenngrößen sind also durch ein Zweikoordinatensystem darstellbar.

Der Unterschied im Umsetzungsgrad bei gleicher verbrannter Sauerstoffmenge ist bei beiden Arten der unvollständigen Verbrennung beträchtlich. Das soll an einem Fall gezeigt werden.

Kohlenwasserstoffe der Reihe C_nH_{2n} können bei niederem Molekulargewicht und damit leichter Verdampfbarkeit als Vertreter von Benzin für Otto-Motoren, bei höherem Molekulargewicht als Vertreter von mittleren Brennölen für Diesel-Motoren genommen werden. In beiden Fällen ist die Zusammensetzung $c = 0{,}856$ kg/kg, $h = 0{,}144$ kg/kg. Der Heizwert sei 10500 kcal/kg.

Wenn man einen solchen Brennstoff im Diesel-Motor und im Otto-Motor unvollständig verbrennt, so erhält man verschiedene Werte von η_u. Um den Unterschied deutlich zu zeigen, soll $\lambda = 0{,}6$ also starker Luftmangel angenommen werden, ein Fall, der allerdings im Diesel-Motor praktisch nicht verwirklichbar wäre. Man erhält:

1. Verbrennung mit Rußbildung (Diesel-Motor). Wasserstoff verbrennt vollständig, Kohlenstoff zum Teil zu CO_2, der Rest bleibt unverbrannt.

Aus 1 kg Brennstoff entstehen 6340 kcal.

$$\eta_u = 60{,}3\%.$$

2. Verbrennung mit Einstellung des Wassergasgleichgewichts (Otto-Motor) $K = 3{,}4$. Aus 1 kg Brennstoff entstehen 5040 kcal

$$\eta_u = 48{,}0\%.$$

Unter Berücksichtigung der Angaben über die Verbrennungswärme je 1 Nm^3 Luft auf S. 2 findet man, daß die unvollständige Verbrennung mit Rußbildung der günstigste, mögliche Fall ist. Im ungünstigsten Fall würde der gesamte Kohlenstoff zu CO, ein Teil des Wasserstoffes zu H_2O verbrannt. Man erhält dann eine Verbrennungswärme von 4845 kcal je 1 kg Brennstoff und $\eta_u = 46{,}1\%$. Die Einstellung des Wassergasgleichgewichtes, wie sie in Otto-Motoren erfolgt, ergibt eine nur um weniges günstigere Wärmeausbeute. Würde der Teil des Brennstoffes vollständig verbrennen, der dem vorhandenen Sauerstoff entspricht, der Rest unverändert bleiben, so würde eine Wärmemenge von 6300 kcal entwickelt und ein $\eta_u = 60{,}0\%$ erreicht werden. Das ist nahezu gleichviel wie beim günstigsten Verlauf. Die Unterschiede der entwickelten Wärmemengen bei den verschiedenen Verbrennungsabläufen sind demnach beträchtlich.

Die im Zylinder einer vollkommenen Maschine je Arbeitsspiel in der Einheit des Hubvolumens entwickelte Leistung ist gleich dem mittleren Innendruck p_v. Dafür findet man

$$p_v = 427 \frac{B H_u}{V_1} \cdot \eta_v \cdot \frac{\varepsilon}{\varepsilon - 1}.$$

Darin ist B die Brennstoffmenge, die in einem Volumen V_1 enthalten ist, ε das Verdichtungsverhältnis (siehe später). Da es sich später als zweckmäßig zeigen wird, allen Rechnungen die Menge von 1 Mol zugrunde zu legen, sei V_1 gleich dem Volumen von 1 Mol beim normalen Außenzustand von 1 at, 20° C.

Daher ist

$$\frac{V_1}{22{,}41} = \frac{293}{273} \cdot \frac{1{,}033}{1{,}0} = 1{,}108$$

und mit $\frac{\eta_v}{\eta_{uv}}$ als Wirkungsgrad bezogen auf die tatsächlich entwickelte Wärme.

$$p_v = 385 \frac{B H_u \eta_{uv}}{22{,}41} \cdot \frac{\eta_v}{\eta_{uv}} \cdot \frac{\varepsilon}{\varepsilon - 1}.$$

Der Innendruck der vollkommenen Maschine und damit ihre Hubraumausnützung ist demnach außer vom Wirkungsgrad bezogen auf die tatsächlich entwickelte Wärme, von $\frac{B H_u \eta_{uv}}{22{,}41}$ abhängig. Man bezeichnet diesen Ausdruck als Gemischheizwert H_g. Es ist die Wärme, die von 1 Nm³ Gemisch in der vollkommenen Maschine erzeugt wird. Der Gemischheizwert hängt wesentlich vom Luftüberschuß ab, mit dem verbrannt wird, er ist für Gase:

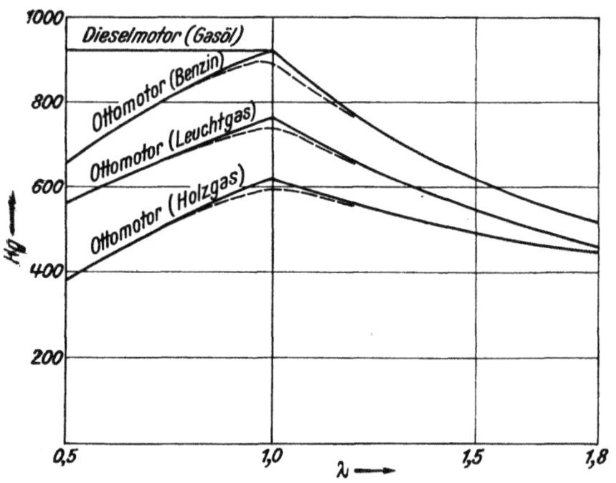

——— Vollkommener Motor.
– – – Mittelwerte aus Versuchen (η_u an Stelle von η_{uv}).

Abb. 2. Gemischheizwert H_g.

$$H_g = \frac{H_u \cdot \eta_{uv}}{1 + \lambda \cdot L_0} \cdot \text{kcal/Nm}^3$$

(Heizwert bezogen auf 1 Nm³), für verdampfte flüssige Brennstoffe:

$$H_g = \frac{H_u \cdot \eta_{uv}}{V_d + \lambda \cdot L_0} \cdot \text{kcal/Nm}^3$$

(Heizwert bezogen auf 1 kg) V_d Dampfvolumen von 1 kg.

Für feste und flüssige Brennstoffe, bei welchen das Brennstoffvolumen vernachlässigt werden kann, ist er:

$$H_g = \frac{H_u \cdot \eta_{uv}}{\lambda \cdot L_0} \cdot \text{kcal/Nm}^3.$$

Bei Luftüberschuß ist $\eta_{uv} = 1$. Bei Luftmangel muß der Verlauf der unvollständigen Verbrennung zur Bestimmung von η_{uv} gegeben sein.

Berücksichtigt man die früher klargestellten, für Diesel- und Otto-Motoren verschiedenen Verhältnisse, so ergeben sich Gemischheizwerte nach Abb. 2. Es wurden drei verschiedene Brennstoffe herausgegriffen, welche den grundsätzlichen Verlauf der Abhängigkeit des Gemischheizwertes von λ zeigen. Den Höchstwert erreichen die Kurven bei $\lambda = 1$, von dort fallen sie nach beiden Seiten ab. Eine Ausnahme macht nur der Gemischheizwert bei Diesel-Motoren, dieser ändert sich bei $\lambda < 1$ mit fallendem λ zunächst fast gar nicht. Doch, wie früher erwähnt und begründet, ist ein Betrieb mit Luftmangel beim Diesel-Motor unmöglich. Das Streben, im Zylinder der Maschine möglichst viel Wärme und damit auch Leistung zu erzeugen, würde demnach *theoretisch* bei $\lambda = 1$ erfüllt.

Beim *Diesel-Motor* strebt man daher auf den rechten Ast der Kurve möglichst weit gegen $\lambda = 1$, sucht mit so kleinen Luftüberschüssen zu verbrennen, als die Rußbildung das zuläßt. Ein bestimmtes Verbrennungsverfahren wird im allgemeinen um so besser sein, mit je kleinerem Luftüberschuß annähernd vollkommene Verbrennung erreicht wird. Der Umsetzungsgrad des vollkommenen Diesel-Motors liegt eindeutig fest. Da nur Luftüberschuß in Betracht kommt, ist η_{uv} natürlich 1.

Bei Otto-Motoren hat man im Luftmangelgebiet die Wahl, ob man der vollkommenen Maschine den günstigsten oder einen mittleren wirklichen Ablauf der Verbrennung zugrunde legen soll. Die Umsetzungsgrade beider liegen weit auseinander. Mit Rücksicht auf die praktische Anwendung wird den weiteren Untersuchungen für die vollkommene Maschine der Umsetzungsgrad zugrunde gelegt, welcher aus gemessenen Mittelwerten von K berechnet wurde. Es ist dann allerdings nicht ausgeschlossen, daß fallweise Umsetzungsgrade bei der wirklichen Maschine größer als bei der vollkommenen Maschine sind, für die Verwendung dieses letzteren Begriffes ist das jedoch belanglos.

Die Gemischheizwertkurven der Abb. 2 geben die Zusammenhänge zwischen λ und p_v der vollkommenen Maschine nicht richtig wieder, da der Wirkungsgrad η_v/η_{uv} der vollkommenen Maschine von λ abhängig ist.

II. Bestimmung der Luftüberschußzahl λ und des Umsetzungsgrades η_u.

Die vorher angegebenen Zusammenhänge zeigen die Bedeutung von λ und η_u. Zur Untersuchung der Arbeitsvorgänge in der vollkommenen und in der wirklichen Maschine und zur Trennung der Verluste werden beide Größen benötigt. Es ist daher notwendig, sich mit ihrer Bestimmung ausführlicher zu befassen.

1. Ermittlung von λ und η_u durch Luft- und Brennstoffmessung bei bekannter Brennstoffanalyse.

a) Feste und flüssige Brennstoffe.

Die Zusammensetzung des Brennstoffes sei in Gewichtsteilen gegeben. 1 kg des Brennstoffes besteht aus:

c kg Kohlenstoff,
h kg Wasserstoff,
o kg Sauerstoff.

Damit wird die theoretische Luftmenge je 1 kg Brennstoff

$$L_0 = 8{,}87 \cdot c \cdot \sigma \cdot \mathrm{Nm^3/kg}.$$

Dabei wird nach Mollier

$$\sigma = 1 + \frac{3\left(h - \frac{o}{8}\right)}{c}$$

als Kennzahl des Brennstoffes eingeführt. Wurde je 1 kg Brennstoff die Luftmenge L gemessen, so ist

$$\lambda = \frac{L}{L_0}.$$

Der Umsetzungsgrad η_u ist im allgemeinen Falle bei Abscheidung von nahezu reinem Kohlenstoff als Ruß und bei Bildung gasförmiger Bestandteile mit den Volumsanteilen v (.....) der einzelnen Gase im trockenen Abgas

$$\eta_u = 1 - \frac{V\,[3014\,v(\mathrm{CO}) + 2577\,v(\mathrm{H_2}) + 8620\,v(\mathrm{CH_4})] + 8100\,x\,c}{H_u}. \quad (1)$$

Darin ist V das Volumen trockenes Abgas, das aus 1 kg Brennstoff entsteht, x der nichtverbrannte Bruchteil des Kohlenstoffes, H_u der Heizwert des Brennstoffes. Die Bestimmung von η_u setzt also eine Abgasanalyse voraus, die mit den gebräuchlichen Einrichtungen durchgeführt werden kann und dem Motoreningenieur geläufig sein muß. Diese umfaßt jedoch nicht die Bestimmung des Rußgehaltes. Eine unmittelbare Messung desselben im Abgas wäre durch Filtrierung möglich. Entsprechende, verläßlich arbeitende Einrichtungen sind jedoch noch nicht in Gebrauch. Man kann die unverbrannte Menge jedoch als Differenz zwischen zugeführtem und bei der Verbrennung vergastem Kohlenstoff finden. Die Genauigkeit dieser Bestimmung ist jedoch nicht groß. Es ist

$$c\,x = c - 0{,}535 \cdot V\,[v(\mathrm{CO_2}) + v(\mathrm{CO}) + m \cdot v(\mathrm{C}_m H_n)]\ \mathrm{kg/kg}. \quad (2)$$

Das Volumen V kann bei Brennstoffen, die keinen gasförmigen Stickstoff enthalten, aus der Luftmenge L berechnet werden. Es ist

$$V = \frac{0{,}79 \cdot L}{v(\mathrm{N_2})}.$$

Bei rauchloser Verbrennung wird $x = 0$, die Ausdrücke werden einfacher, die Ergebnisse genauer.

b) Gasförmige Brennstoffe.

Lufthaltige Brenngase sind auf luftfrei umzurechnen. Aus der Gasanalyse des luftfreien Brenngases, dessen Bestandteile mit v_b (.....) bezeichnet werden, ist

$$L_0 = 4{,}76\left[\frac{v_b\,(\mathrm{CO})}{2} + \frac{v_b\,(\mathrm{H_2})}{2} + \left(m + \frac{n}{4}\right) v_b\,(\mathrm{C}_m\mathrm{H}_n)\right] \mathrm{m^3/m^3}. \tag{3}$$

Damit wird bei gemessenen Luftverbrauch (unter Berücksichtigung der im Gas enthaltenen Luft) wieder

$$\lambda = \frac{L}{L_0}.$$

Rauchende Verbrennung kommt bei Gasmaschinen im allgemeinen nicht vor. Bei rauchloser Verbrennung berechnet man η_u, wie später gezeigt wird, ausschließlich aus den Gasanalysen.

2. Ermittlung von λ und η_u aus der vollständigen Abgasanalyse.

Die Bestimmung von η_u setzt eine Analyse der Abgase und des Brennstoffes voraus. Da sich aus dieser dann auch λ berechnen läßt, verzichtet man in vielen Fällen auf die zwar genaue, aber meist umständliche Luftmessung und bestimmt λ und η_u nur aus der Abgasanalyse. Dabei ist jedoch zu beachten, daß sich die nicht sehr hohe Genauigkeit der Abgasanalyse auf ihre Auswertungen auswirkt. Es sollen daher, wo dies möglich ist, immer bei genauen Untersuchungen, unmittelbare Brennstoff- und Luftmessungen gemacht werden.

a) Feste und flüssige Brennstoffe.

Durch Gleichstellung der Kohlenstoff-, Sauerstoff- und Stickstoffmengen vor und nach der Verbrennung erhält man für die *rauchende Verbrennung*

$$\lambda = \frac{v\,(\mathrm{N_2})\left(1 - \frac{1}{\sigma}\right)}{v\,(\mathrm{N_2}) - 3{,}76\left[v\,(\mathrm{O_2}) + v\,(\mathrm{CO_2}) + \frac{v\,(\mathrm{CO})}{2} - \frac{v\,(\mathrm{H_2})}{2} - v\,(\mathrm{CH_4})\right]}. \tag{4}$$

Für die *nichtrauchende Verbrennung* gibt die Stickstoff- und Sauerstoffbilanz

$$\lambda = \frac{v\,(\mathrm{N_2})}{v\,(\mathrm{N_2}) - 3{,}76\left[v\,(\mathrm{O_2}) - \frac{v\,(\mathrm{CO})}{2} - \frac{v\,(\mathrm{H_2})}{2} - \left(m + \frac{n}{4}\right) v\,(\mathrm{C}_m\mathrm{H}_n)\right]}. \tag{5}$$

Man sieht, daß bei der nichtrauchenden Verbrennung die Luftüberschußzahl allein aus der Abgasanalyse gefunden werden kann. Eine Brennstoffanalyse ist nicht erforderlich.

Die Genauigkeit der Formel genügt für die meisten Anforderungen des Motorenversuchsstandes.

Zur Berechnung von η_u dient wieder der Ausdruck 1. Man findet aus der Stickstoffbilanz

$$V = \frac{7{,}02 \cdot c \cdot \sigma \cdot \lambda}{v\,(\mathrm{N_2})} \tag{6}$$

und bei *rauchender Verbrennung*:

$$x = 1 - 3{,}76 \cdot \frac{[v\,(\mathrm{CO_2}) + v\,(\mathrm{CO}) + v\,(\mathrm{CH_4})]}{v\,(\mathrm{N_2})}\,\sigma \cdot \lambda. \tag{7}$$

Die Berechnung der meist kleinen Werte von x ist wegen der unvermeidlichen Fehler in der Abgasanalyse recht unsicher.

Bei rauchloser Verbrennung sind auch Rückschlüsse auf die Zusammensetzung des Brennstoffes aus der Abgasanalyse möglich. Sie bieten bei bekannter Brennstoffzusammensetzung eine Möglichkeit, die Richtigkeit der Abgasanalyse zu prüfen. Es ist

$$\sigma = \frac{v\,(\mathrm{N_2}) - 3{,}76 \cdot \left[v\,(\mathrm{O_2}) - \frac{v\,(\mathrm{CO})}{2} - \frac{v\,(\mathrm{H_2})}{2} - 2\,v\,(\mathrm{CH_4})\right]}{3{,}76 \cdot [v\,(\mathrm{CO_2}) + v\,(\mathrm{CO}) + v\,(\mathrm{CH_4})]}. \tag{8}$$

Der Mittelwert von σ aus einer größeren Zahl von Abgasanalysen stimmt mit der richtigen Kennziffer des Brennstoffes im allgemeinen gut überein. Seine Genauigkeit genügt im allgemeinen zur Berechnung von η_u. Mit

$$c = \frac{3\left(1 - \frac{9\,o}{8}\right)}{\sigma + 2}$$

läßt sich bei Brennstoffen mit vernachlässigbar kleinem oder bekanntem Sauerstoffgehalt bei rauchfreier Verbrennung V unmittelbar berechnen. Aus der Kohlenstoffbilanz wird

$$V = \frac{1{,}86\,c}{v\,(CO_2) + v\,(CO) + v\,(C\,H_4)}. \qquad (9)$$

Vielfach rechnet man auch mit einer anderen Kenngröße des Brennstoffes, dem maximalen Kohlensäuregehalt der Abgase. Man versteht darunter den Kohlensäuregehalt der Abgase bei vollkommener Verbrennung mit dem Luftüberschuß $\lambda = 1$. Diese Größe läßt sich verhältnismäßig einfach durch den Versuch bestimmen. Bei der Heizwertbestimmung von flüssigen und gasförmigen Brennstoffen mittels des Junkers-Kalorimeters ist die Verbrennung bei richtiger Durchführung des Versuches vollständig. Analysiert man die Abgase, so erhält man die Bestandteile $v\,(CO_2)$, $v\,(O_2)$ und $v\,(N_2)$. Daraus ergibt sich der maximale Kohlensäuregehalt

$$v\,(CO_2)_{\max} = \frac{v\,(CO_2)}{1 - 4{,}76\,v\,(O_2)}. \qquad (10)$$

Auch aus der Abgasanalyse bei rauchloser, unvollständiger Verbrennung läßt sich $v\,(CO_2)_{\max}$ bestimmen. Es ist

$$v\,(CO_2)_{\max} = \frac{v\,(CO_2) + v\,(CO) + v\,(CH_4)}{1 - 4{,}76\,v\,(O_2) + 1{,}88\,v\,(CO) + 0{,}88\,v\,(H_2) + 7{,}52\,v\,(CH_4)}. \qquad (11)$$

Der Mittelwert aus mehreren Abgasanalysen gibt genügend genaue Werte. Zwischen den Kenngrößen σ, dem Kohlenstoffgehalt c und $v\,(CO_2)_{\max}$ bestehen folgende Beziehungen:

$$\sigma = \frac{1 - v\,(CO_2)_{\max}}{3{,}76\,v\,(CO_2)_{\max}}, \qquad (12)$$

$$c = \frac{11{,}27\,v\,(CO_2)_{\max}\left(1 - \frac{9\,o}{8}\right)}{1 + 6{,}52\,v\,(CO_2)_{\max}}. \qquad (13)$$

Es genügt bei rauchloser Verbrennung daher die Kenntnis des Sauerstoffgehaltes im Brennstoff, um aus der Abgasanalyse und dem Brennstoffheizwert auf η_u schließen zu können. Bei vielen flüssigen Brennstoffen ist der Sauerstoffgehalt so klein, daß er vernachlässigt werden kann, dann ist zur Bestimmung von η_u nur die Abgasanalyse erforderlich.

b) Gasförmige Brennstoffe.

Es wird rauchlose Verbrennung vorausgesetzt. 1 Nm³ Brenngas gibt V Nm³ trockenes Abgas. Aus der Kohlenstoffbilanz erhält man

$$V = \frac{v_b\,(CO_2) + v_b\,(CO) + m\,v_b\,(C_mH_n)}{v\,(CO_2) + v\,(CO) + m\,v\,(C_mH_n)}. \qquad (14)$$

Aus der Sauerstoffbilanz ergibt sich

$$\lambda = \frac{V\left[v(CO_2) + v(O_2) - \frac{n}{4}\,v\,(C_mH_n) + \frac{v(CO)}{2} - \frac{v\,(H_2)}{2}\right] + \frac{v_b\,(H_2)}{2} - \frac{v_b\,(CO)}{2} + \frac{n}{4}\,v_b\,(C_mH_n) - v_b\,(CO_2)}{\frac{v_b\,(CO)}{2} + \frac{v_b\,(H_2)}{2} + \left(m + \frac{n}{4}\right)v_b\,(C_mH_n)}. \qquad (15)$$

Der Umsetzungsgrad ist

$$\eta_u = 1 - \frac{V\,[3014\,v\,(CO) + 2577\,v\,(H_2) + 8620\,v\,(CH_4)]}{H_u}. \tag{16}$$

Für die Ermittlung von $v\,(CO_2)_{max}$ kann man den gleichen Ausdruck (11) wie für feste und flüssige Brennstoffe verwenden.

Die bis jetzt angeführten Ausdrücke gelten allgemein für unvollständige und für deren Grenzfall, die vollständige Verbrennung. Beschränkungen auf einen bestimmten chemischen Ablauf wurden bei einigen Ausdrücken nur hinsichtlich der Rußbildung gemacht, eine Erweiterung der Ausdrücke für den Fall, daß ausnahmsweise schwere Kohlenwasserstoffe in nicht vernachlässigbarer Menge in den Abgasen gefunden werden, ist leicht durchführbar.

3. Ermittlung von λ und von η_u aus der vereinfachten Abgasanalyse.

Eine wesentliche Vereinfachung der Ausdrücke und eine übersichtliche graphische Darstellung wird möglich, wenn die früher beschriebenen, besonderen Arten der unvollständigen Verbrennung, wie sie in den Motoren vorkommen, bei der Darstellung der Zusammenhänge berücksichtigt werden. Eine getrennte Behandlung der Verbrennung in Diesel- und in Otto-Motoren ist dann erforderlich.

a) Diesel-Motoren.

Wie schon früher erwähnt, bildet sich Ruß bei unvollständiger Verbrennung in Diesel-Motoren. Unvollständig verbrannte, gasförmige Bestandteile sind im Auspuff im allgemeinen nur in sehr geringen Mengen nachzuweisen. Sind diese brennbaren Gase nicht vernachlässigbar, so muß auf die früheren, allgemeinen Ausdrücke für rauchende Verbrennung zurückgegriffen werden, im anderen Falle ergeben sich nach ACKERMANN [1] sehr einfache Beziehungen, die es ermöglichen, aus $v\,(CO_2)$ und $v\,(O_2)$ der Abgase λ und η_u für einen bestimmten Brennstoff zu finden.

Man erhält aus dem allgemeinen Ausdruck für λ bei rauchender Verbrennung

$$\lambda = \frac{1 - v\,(CO_2) - v\,(O_2)}{1 - 4{,}76\,v\,(CO_2) - 4{,}76\,v\,(O_2)} \cdot \left(1 - \frac{1}{\sigma}\right). \tag{17}$$

Für einen bestimmten Brennstoff mit gegebenen σ ist λ nur von $v\,(CO_2)$ und $v\,(O_2)$ abhängig. Beide Einzelgasanteile können durch eine vereinfachte Gasanalyse bestimmt werden. Trägt man sich Linien λ = konst. in ein $v\,(CO_2)$, $v\,(O_2)$ Koordinatensystem auf, so erhält man eine Schar paralleler unter 45° geneigter Geraden. Durch Entfernen von λ aus den für die Verbrennung aufstellbaren Gleichungen erhält man:

$$\left[4{,}76 + \frac{3{,}76\,(\sigma - 1)}{1 - x}\right] v\,(CO_2) = 1 - 4{,}76\,v\,(O_2).$$

Nun ist $\eta_u = \dfrac{H_u - 8100\,c \cdot x}{H_u}$ und für sauerstofffreie Brennstoffe $c = \dfrac{3}{\sigma + 2}$. Daraus wird:

$$\left[4{,}76 + \frac{3{,}76\,(\sigma - 1)}{1 - \left(\frac{\sigma + 2}{3}\right) \cdot \frac{H_u}{8100}\,(1 - \eta_u)}\right] v\,(CO_2) = 1 - 4{,}76\,v\,(O_2). \tag{18}$$

Nun lassen sich auch die Linien konstanten Umsetzungsgrades zeichnen. Sie gehen durch den Punkt $v\,(O_2) = 0{,}21$. Die Linie $\eta_u = 1$ schneidet aus der Koordinatenfläche ein Dreieck heraus, in welchem die zu bestimmten Verbrennungen gehörigen Punkte liegen müssen. Fällt ein Punkt außerhalb, so ist entweder die Analyse unrichtig oder es stimmt das σ von Verbrennungsdreieck und Brennstoff nicht überein.

Das Verbrennungsdreieck in Abb. 3 wurde für ein Gasöl mittlerer Zusammensetzung (C_nH_{2n}, $c = 0{,}856$, $h = 0{,}144$, $H_u = 10{,}425$ kcal/kg) gezeichnet. Es kann für ähnliche Brennstoffe ohne weiteres verwendet werden. Für Brennstoffe mit abweichender Zusammensetzung kann das Verbrennungsdreieck im allgemeinen durch Reduktion des gemessenen $v(CO_2)$ im Verhältnis der Werte von $v(CO_2)_{max}$ verwendbar gemacht werden. In diesem Falle sind die damit erhaltenen Ergebnisse stichprobenweise durch Auswertung der vollständigen Abgasanalyse nachzuprüfen.

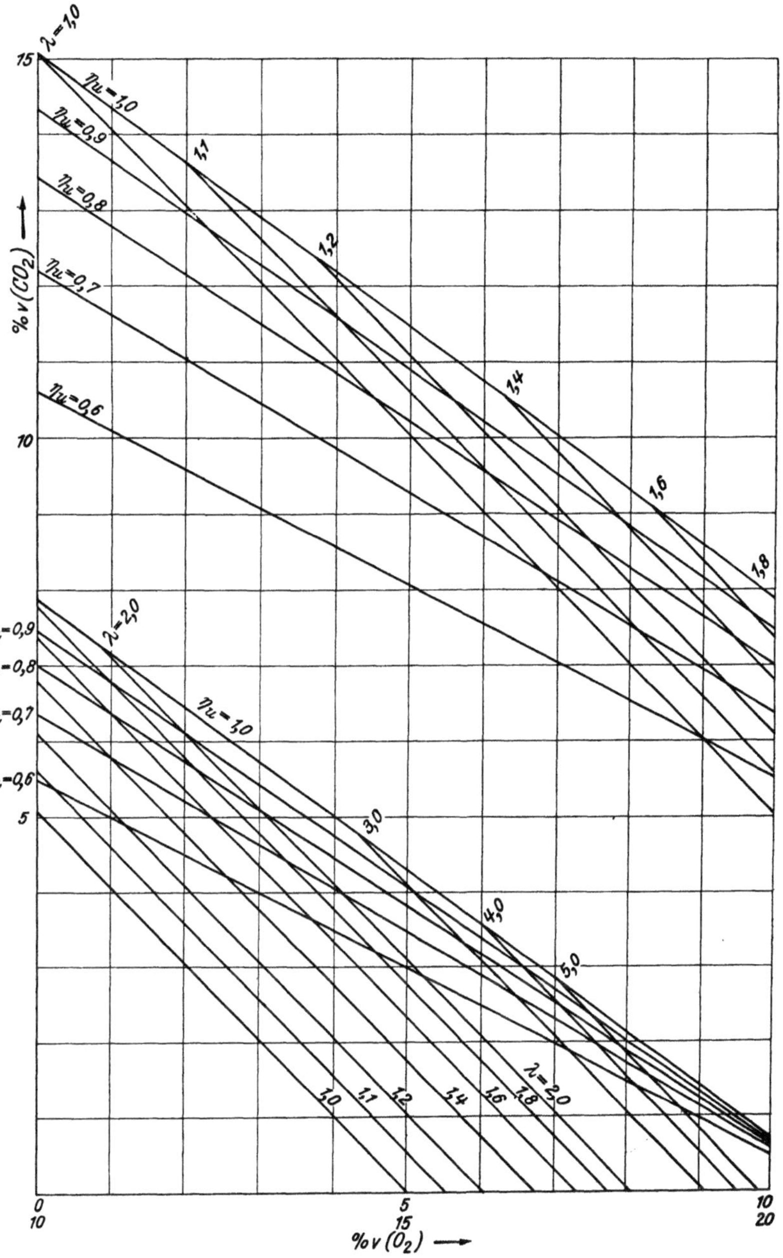

Abb. 3. Verbrennungsdreieck für rauchende Verbrennung im Diesel-Motor. Brennstoff C_nH_{2n}.

b) Otto-Motoren.

Bei der Verbrennung im Otto-Motor ist der Rußgehalt gegenüber dem Gehalt an brennbaren Gasen bei unvollkommener Verbrennung vernachlässigbar. Tritt ausnahmsweise rauchende Verbrennung auf, so müßten die entsprechenden allgemeinen Ausdrücke verwendet werden. Bei nichtrauchender Verbrennung enthalten die Abgase CO_2, CO, H_2, H_2O, CH_4, O_2 und N_2. Der Methangehalt ist im allgemeinen klein. Er wird bei der Entwicklung des Verbrennungsdreieckes zunächst vernachlässigt. Es wird später gezeigt, wie methanhaltiges Abgas auf ein in bezug auf λ und η_u gleichwertiges, methanfreies zurückgeführt werden kann.

Gleich wie bei der Diesel-Verbrennung soll auch hier η_u und λ in Abhängigkeit von $v(CO_2)$ und $v(O_2)$ dargestellt werden. Die dazu notwendigen Beziehungen werden nachfolgend entwickelt.

Es bedeuten $V(\ldots\ldots)$ die Volumen der Einzelgase je Einheit des Brennstoffes (1 kg in festen oder flüssigen Brennstoffen, 1 Nm^3 bei Gasen). Der Brennstoff ist durch die in der Einheit enthaltenen Gewichte der einzelnen Elemente und durch seinen Heizwert gekennzeichnet.

c, h, o, n (Stickstoff) sind kg/kg bei festen und flüssigen, kg/Nm^3 bei gasförmigen Brennstoffen. Der Stickstoff wird nur so weit berücksichtigt, als er ins Abgas übergeht.

Bei Gasen erfolgt die Berechnung dieser Größen aus der volumetrischen Analyse durch folgende Ausdrücke:

$$\left.\begin{aligned} c &= 0{,}535\,[v_b(CO_2) + v_b(CO) + \textstyle\sum m\, v_b(C_mH_n)],\\ h &= 0{,}0894\left[v_b(H_2) + v_b(H_2O) + \sum \frac{n}{2}\cdot v_b(C_mH_n)\right],\\ o &= 1{,}43\left[v_b(CO_2) + v_b(O_2) + \frac{1}{2}v_b(CO) + \frac{1}{2}v_b(H_2O)\right],\\ n &= 1{,}25\,v_b(N_2). \end{aligned}\right\} \tag{19}$$

Zwischen den Volumen $V(\ldots\ldots)$, der Zusammensetzung des Brennstoffes und den übrigen, die Verbrennung bestimmenden Größen bestehen die Beziehungen:

$$V(CO) + V(CO_2) = 1{,}86\,c\ Nm^3,$$
$$V(H_2) + V(H_2O) = 11{,}2\,h\ Nm^3,$$
$$V(O_2) = 0{,}21\,(\lambda - 1)\,L_0 + 0{,}5\,V(H_2) + 0{,}5\,V(CO)\ Nm^3.$$
$$\frac{V(CO)\cdot V(H_2O)}{V(CO_2)\cdot V(H_2)} = K.$$

Das Volumen des trockenen Abgases je Brennstoffeinheit ist

$$V = 1{,}86\,c + (\lambda - 0{,}21)\,L_0 + 0{,}8\,n + 1{,}5\,V(H_2) + 0{,}5\,V(CO).$$

Die Volums*anteile* jedes Einzelgases sind:

$$v(\ldots\ldots) = \frac{V(\ldots\ldots)}{V}.$$

Der Umsetzungsgrad ist nach früherem

$$\eta_u = 1 - \frac{1}{H_u}\,[3014\,V(CO) + 2577\cdot V(H_2)]. \tag{20}$$

Die Linie der vollständigen Verbrennung ist die Hypothenuse des Verbrennungsdreiecks. Sie verbindet die Punkte

$$v(CO_2)_{max} = \frac{1{,}86\,c}{1{,}86\,c + 0{,}79\,L_0 + 0{,}8\,n}, \qquad v(O_2) = 0$$

und

$$v(CO_2) = 0, \quad v(O_2)_{max} = 0{,}21.$$

Die Punkte, die bestimmten Werten von λ bei vollständiger Verbrennung entsprechen, ergeben sich aus

$$v(CO_2) = \frac{1{,}86\,c}{1{,}86\,c + (\lambda - 0{,}21)\,L_0 + 0{,}8\,n},$$
$$v(O_2) = \frac{0{,}21\,(\lambda - 1)\,L_0}{1{,}86 + (\lambda - 0{,}21)\,L_0 + 0{,}8\,n}.$$

Die Kurven $\lambda = konst.$ können gezeichnet werden, wenn man $V(CO_2)$ annimmt und daraus die übrigen Einzelgasvolumina und das Abgasvolumen für einen bestimmten Wert von λ rechnet.

$$V(CO) = 1{,}86\,c - V(CO_2),$$
$$V(H_2) = \frac{11{,}2\,h\,[1{,}86\,c - V(CO_2)]}{1{,}86\,c + (K-1)\cdot V(CO_2)}.$$

Nun läßt sich aus den früheren Ausdrücken $V(O_2)$ und damit $v(CO_2)$ und $v(O_2)$ bestimmen.

Es läßt sich beweisen, daß die Linien $\eta_u = konst$ Gerade sind, die durch den Punkt $v(CO_2) = 0$, $v(O_2) = 0{,}21$ gehen. Setzt man in die früher angegebene Gleichung für den Umsetzungsgrad die oben angegebenen Ausdrücke für $V(CO)$ und $V(H_2)$ ein, so zeigt sich, daß η_u nur von $V(CO_2)$ abhängig ist, also zu jedem η_u ein bestimmtes Kohlensäurevolumen gehört.

Mit

$$a = \frac{H_u(1-\eta_u)}{2577}$$

wird dieses Kohlensäurevolumen:

$$\left.\begin{aligned} V(CO_2) &= 1{,}86\,c - \frac{2{,}177 \cdot K \cdot c + (K-1)\,a + 11{,}2\,h}{2{,}34\,(K-1)} \\ &+ \sqrt{\left[\frac{2{,}177\,K\,c + K-1)\,a + 11{,}2\,h}{2{,}34\,(K-1)}\right]^2 - \frac{1{,}86 \cdot K\,a\,c}{1{,}17\,(K-1)}}. \end{aligned}\right\} \quad (21)$$

Der Schnittpunkt der Geraden $\eta_u = \text{konst}$ mit der Ordinatenachse $v(O_2) = 0$ wird erhalten, wenn man aus den Ausdrücken für V und $V(O_2)$ die Luftüberschußzahl λ entfernt. Man erhält

$$V = 1{,}86\,c + 0{,}79\,L_0 + 4{,}76\,V(O_2) + 0{,}8\,n - 0{,}88\,V(H_2) - 1{,}88\,V(CO) \quad (22)$$

und

$$v\,(CO_2)_{v\,(O_2)=0} = \frac{V\,(CO_2)}{1{,}86\,c + 0{,}79\,L_0 + 0{,}8\,n - 0{,}88\,V\,(H_2) - 1{,}88\,V\,(CO)}. \quad (23)$$

Das Verbrennungsdreieck hat gleichen Umriß wie das für Diesel-Motoren mit gleichem $v(CO_2)_{max}$ des Brennstoffes. Die Linien gleichen Umsetzungsgrades und gleichen Luftüberschusses liegen jedoch anders wie bei diesem. Gleiche Werte von $v(CO_2)$ und $v(O_2)$ im Abgas entsprechen daher bei unvollkommener Verbrennung im Diesel- und im Otto-Motor verschiedenem η_u und verschiedenem λ.

Die Abgase der Otto-Motoren enthalten fast stets kleinere Mengen von Methan. Man macht nur einen kleinen Fehler, wenn man den Methangehalt durch CO und H_2 ersetzt denkt. Hierzu denkt man sich je Volumsteil Methan ein halbes Volumsteil des freien Sauerstoffes im Abgas gebunden und das Methan in ein annähernd heizwertgleiches Gemisch von CO und H_2 zerlegt.

$$CH_4 + \frac{O_2}{2} = CO + 2\,H_2.$$

Der Heizwert des Methans beträgt 8620 kcal, der des Ersatzgemisches $3014 + 2 \cdot 2577 = 8168$ kcal. Bei einem verhältnismäßig sehr hohen Methangehalt im Abgas von 2%, der fast nie vorkommt, beträgt der Fehler nur 10 WE oder annähernd 0,1% des Umsetzungsgrades.

Man berücksichtigt das Methan also in der Weise, daß man vom gemessenen Sauerstoffgehalt die Hälfte des gemessenen oder geschätzten Methangehaltes abzieht und den so erhaltenen Wert von $v(O_2)$ für die Ermittlung von λ und η_u aus dem Verbrennungsdreieck benützt.[1] Bei größeren Methangehalten ist es notwendig, den Einfluß der Volumsänderung bei dieser Methanzerlegung dadurch zu berücksichtigen, daß man $v(CO_2)$ und $v(O_2)$ nach

$$v\,(CO_2)' = \frac{v\,(CO_2)}{1 + \frac{3}{2}\,v\,(CH_4)}$$

umrechnet.

α) Flüssige Brennstoffe.

Abb. 4 zeigt ein Verbrennungsdreieck für den Brennstoff C_nH_{2n}, $H_u = 10\,435$ kcal/kg und $K = 3{,}4$. Bei entsprechenden Werten von n kann dieser Brennstoff als Vertreter eines Benzins durchschnittlicher Zusammensetzung betrachtet werden. Umrechnungen haben ergeben, daß Veränderungen von K zwischen 2,8 und 4 nur kleinen Einfluß auf die

[1] Die durch Zerlegung bedingte geringfügige Veränderung von K bleibt ohne Einfluß.

Linien des Schaubildes haben. Auch kleine Abweichungen des Atomverhältnisses $\frac{12h}{c}$ eines Brennstoffes C_mH_n vom Verhältnis 2,0, mit dem das Dreieck gerechnet wurde, wirken sich nur geringfügig aus. Das bei den Versuchen in Zahlentafel 1 benützte Benzin hatte ein Atomverhältnis von $\frac{12h}{c} = 2{,}13$, trotzdem ließ sich das Dreieck ohne Änderungen

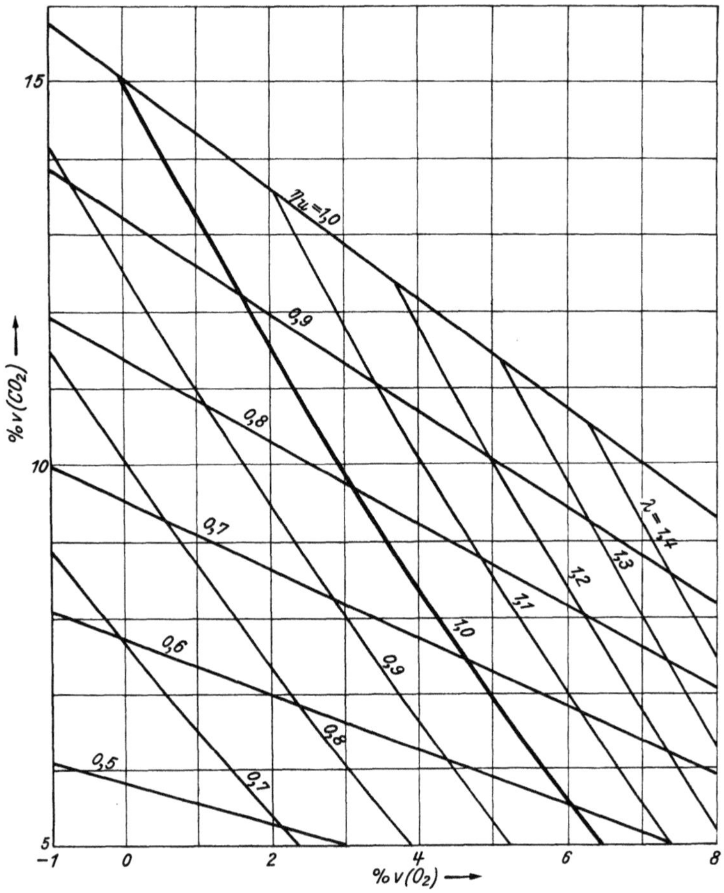

Abb. 4. Verbrennungsdreieck für Benzin (C_nH_{2n}), H_u = 10 435 kcal/kg. K = 3,4.

verwenden. Bei stärker abweichenden Atomverhältnissen von Brennstoff und Verbrennungsdreieck läßt sich durch eine Umrechnung letzteres benützen.

Man setzt

$$v(CO_2)' = \frac{v(CO_2)_{max}\,(\text{Dreieck})}{v(CO_2)_{max}\,(\text{Brennstoff})} \cdot v(CO_2)$$

und bestimmt η_u und λ aus dem Dreieck mit dem umgerechneten Wert $v(CO_2)'$. Es ist mit dieser Umrechnung möglich, das Verbrennungsdreieck Abb. 4 auch für das in Bezug auf das Atomverhältnis weitab liegende Benzol zu verwenden.

Die Brauchbarkeit dieser Umrechnung muß in den einzelnen Fällen stichprobenweise nachgeprüft werden. Für Gemische mit stärkerem Alkoholgehalt ist sie nicht anwendbar. Der Methangehalt muß bei genauen Auswertungen bestimmt werden. Für ungefähre Ausmittlungen kann nach D'ALEWA und LOVELL [2] unabhängig vom Mischungsverhältnis ein Methangehalt von 0,3% angenommen werden.

K kann aus der Abgasanalyse bestimmt werden. Man rechnet $v(H_2O)$ (bezogen auf trockenes Gas) als Differenz des zugeführten und von den Gasen abgeführten Sauerstoffes.

$$v(H_2O) = 2\left[\frac{0{,}21}{0{,}79} \cdot v(N_2) - v(O_2) - \frac{1}{2}\,v(CO) - v(CO_2)\right]. \qquad (24)$$

Zahlentafel 1. Auswertung von Abgasanalysen von D'ALEWA und LOVELL an Kraftfahrzeugmotoren (nach CHRISTOPH [4]).

Benzin $c = 84{,}9\%$, $h = 15{,}1\%$.

Drehzahl u/min	Belastung	Abgaszusammensetzung in Prozent						H_2O aus Gl. (24)	K	$\frac{12h}{c}$ aus Gl. (25)	λ gemessen	η_u aus der vollst. Abgasanalyse berechnet %	Verbrennungsdreieck, Abb. 4	
		CO_2	O_2	CO	H_2	CH_4	N_2						λ	η_u %
Luftmangel $\lambda < 1$.														
8-Zylinder-Motor (hängende Ventile).														
1000	voll	9,9	0,0	7,2	3,3	0,3	79,3	14,9	3,28	2,16	0,77	71,5	0,79	71,5
1000	,,	9,0	0,1	8,9	4,0	0,4	77,6	13,9	3,44	2,04	0,72	66,0	0,75	66,5
2000	,,	9,3	0,1	8,1	3,5	0,5	78,5	14,58	3,63	2,13	0,755	68,5	0,765	68,5
2000	,,	11,0	0,0	5,2	2,0	0,4	81,4	15,85	3,74	2,25	0,825	77,5	0,83	78
2000	,,	7,8	0,2	10,5	5,5	0,2	75,8	13,50	3,30	2,10	0,70	60,5	0,71	60,5
2000	,,	13,1	0,1	2,6	0,7	0,1	83,4	15,0	4,26	2,01	0,94	90	0,925	89,5
2000	Fahrversuch	12,6	0,0	3,3	1,2	0,1	82,8	15,3	3,34	2,09	0,87	86,5	0,90	86,5
6-Zylinder-Motor (seitengesteuert).														
1500	voll	11,9	0,1	4,3	1,6	0,2	81,9	15,0	3,36	2,09	0,88	82,5	0,87	82,5
1500	,,	12,3	0,1	3,4	0,9	0,5	82,8	15,6	4,77	2,15	0,89	84,0	0,885	84,5
1500	,,	10,2	0,2	6,6	2,4	0,2	80,4	15,1	4,07	2,10	0,815	75,0	0,81	73,5
1500	,,	8,7	0,2	8,6	4,0	0,4	78,1	14,9	3,68	2,23	0,75	66,0	0,745	65,5
1500	,,	8,7	0,3	8,9	3,7	0,3	78,1	14,4	3,98	2,09	0,75	66,5	0,75	65,5
1500	,,	7,3	0,3	11,4	5,1	0,5	75,4	13,3	4,05	2,01	0,69	58,5	0,69	58
1500	,,	7,2	0,2	11,3	5,3	0,3	75,7	14,0	4,14	2,11	0,69	58,5	0,685	57,5
1500	,,	12,8	0,0	2,4	0,6	0,5	83,7	16,3	5,08	2,27	0,92	87,0	0,90	87,0
6-Zylinder-Motor (hängende Ventile).														
1000	voll	13,1	0,7	1,9	0,5	0,2	83,6	14,7	4,27	2,05	0,955	91,0	0,96	92
1000	,,	11,6	0,2	4,5	1,7	0,3	81,7	15,16	3,44	2,12	0,85	80,5	0,86	82
1000	,,	10,0	0,3	7,2	2,7	0,7	79,1	14,06	3,68	2,02	0,77	70,5	0,80	72
2000	,,	6,0	0,2	13,4	8,0	0,5	71,9	12,28	3,41	2,13	0,605	49,5	0,63	51
2000	,,	8,9	0,1	8,8	4,0	0,3	77,9	14,46	3,56	2,11	0,745	66,5	0,75	66
2000	,,	9,0	0,2	8,8	3,4	0,4	78,2	14,2	4,08	2,02	0,75	67,0	0,755	67
2000	,,	10,2	0,1	6,8	2,7	0,3	79,9	14,9	3,65	2,10	0,79	73,0	0,80	73,5
2000	,,	12,3	0,2	3,8	1,2	0,2	82,3	14,8	3,78	2,0	0,88	85,0	0,89	85
2000	,,	13,1	0,2	2,6	1,0	0,1	83,0	14,74	2,96	2,01	0,925	88,5	0,925	89,5
2000	Fahrversuch	13,2	0,2	2,3	0,8	0,1	83,4	15,04	3,26	2,05	0,915	90,0	0,94	90,5
2000	,,	11,6	0,3	4,6	1,4	0,4	81,7	14,86	4,19	2,05	0,845	81,5	0,87	81,5
2000	,,	10,5	0,3	6,2	2,3	0,4	80,3	14,7	3,71	2,07	0,77	74,0	0,825	75,5
2000	,,	8,8	0,2	8,7	3,7	0,5	78,1	14,66	3,92	2,15	0,73	66,0	0,75	66
2000	,,	7,6	0,5	10,8	5,2	0,2	75,7	13,06	3,55	2,00	0,68	60,5	0,715	60
1000	,,	9,7	0,3	7,6	3,2	0,5	78,7	14,06	3,43	2,05	0,775	69,5	0,79	71
1000	,,	11,1	0,2	5,2	3,1	0,4	80,0	14,56	2,18	2,21	0,825	75,0	0,84	78,5
1000	,,	12,4	0,2	3,5	0,9	0,5	82,5	14,98	4,54	2,06	0,88	84,0	0,89	85,5
Luftüberschuß $\lambda > 1$.														
6-Zylinder-Motor (seitengesteuert).														
1500	voll	13,4	0,5	0,9	0,2	0,2	84,8	16,2	—	2,30	1,02	95	0,96	92
1500	,,	13,3	1,3	0,6	0,2	0,1	84,5	14,9	—	2,18	1,05	97	1,02	94,5
1500	,,	12,7	1,9	0,2	0,0	0,2	85,0	15,6	—	2,43	1,09	98	1,035	94
1500	,,	12,4	2,9	0,0	0,0	0,2	84,5	14,1	—	2,30	1,16	98	1,105	96
6-Zylinder-Motor (hängende Ventile).														
1000	voll	13,0	2,2	0,2	0,0	0,1	84,5	14,1	—	2,15	1,10	98,5	1,085	96,5
1000	,,	12,4	3,2	0,1	0,2	0,0	84,1	13,2	—	2,14	1,17	99,5	1,15	98
1000	,,	13,2	1,3	0,9	0,1	0,2	84,3	14,7	—	2,12	1,025	95,0	1,015	94
2000	Fahrversuch	13,3	2,0	0,2	0,0	0,1	84,4	13,88	—	2,07	1,06	98,0	1,08	98

Damit läßt sich dann auch das Atomverhältnis von Wasserstoff und Kohlenstoff berechnen

$$\frac{12\,h}{c} = \frac{2\,v\,(H_2) + 4\,v\,(CH_4) + 2\,v\,(H_2O)}{v\,(CO_2) + v\,(CO) + v\,(CH_4)} = 4\,(\sigma - 1). \tag{25}$$

Die aus den einzelnen Analysen berechneten Werte streuen. Es empfiehlt sich daher, wenn eine Elementaranalyse des Brennstoffes nicht gemacht wird, den Mittelwert des $\frac{h}{c}$-Verhältnisses mehrerer genauer Abgasanalysen dem Verbrennungsdreieck zugrunde zu legen oder die Abgasanalyse aus dem Junkers-Kalorimeter zur Bestimmung von $\frac{h}{c}$ zu benützen. Doch selbst mit stark ausfallenden Werten von $\frac{h}{c}$ gezeichnete Verbrennungsdreiecke geben Werte von η_u und λ, die im allgemeinen nur Fehler bis zu 1 bis 2% aufweisen. Die Zahlentafel 1, die Versuche von D'ALEWA und LOVELL [2] an verschiedenen Kraftfahrzeugmotoren enthält, ermöglicht eine Abschätzung der mit der Abgasanalyse erreichbaren Genauigkeit in der Bestimmung von λ. Die gemessenen und die aus der Abgasanalyse berechneten Werte von λ weichen nur wenig voneinander ab. Auch die berechneten Werte von $\frac{h}{c}$ zeigen nicht sehr große Abweichungen. Größere Veränderungen zeigt die Gleichgewichtskonstante K, doch diese beeinträchtigen, wie Untersuchungen gezeigt haben, die Verwendbarkeit des Verbrennungsdreieckes Abb. 4 nicht, da der Einfluß von K auf die Linien des Diagrammes nicht sehr groß ist.

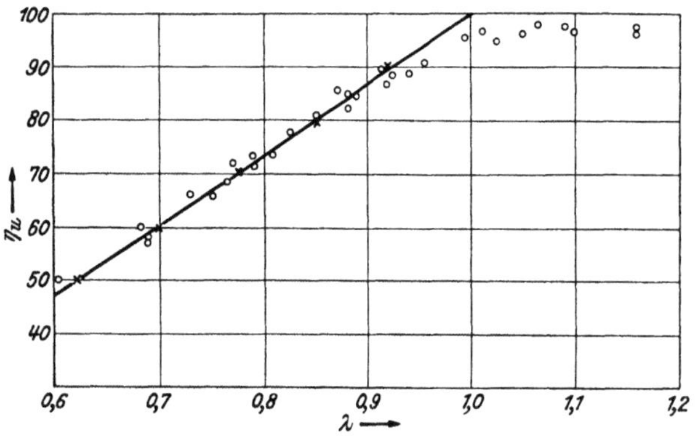

—— Vollkommener Motor. $K = 3{,}4$. ∘ Versuchswerte.

Abb. 5. Umsetzungsgrade η_u.

In Abb. 5 wurde für diese Versuche der Umsetzungsgrad in Abhängigkeit vom Luftüberschuß λ aufgetragen. Die Umsetzungsgrade des vollkommenen Otto-Motors sind als volle Linie eingezeichnet. Die Versuchspunkte liegen ganz in der Nähe dieser Linie und weichen nur in der Nähe von $\lambda = 1$ davon etwas nach unten ab. Das zeigt, daß zum vollständigen Verbrauch des einen Gemischteils, Sauerstoff oder Brennstoff stets der andere Gemischteil im Überschuß vorhanden sein muß. Beim Otto-Motor ist dieser notwendige Überschuß jedoch nur gering, da die gas- bzw. dampfförmigen Gemischteile sich sehr gleichmäßig mischen lassen. In Abb. 2 wurden die Gemischheizwerte der wirklichen Maschine unter Berücksichtigung von Versuchswerten für die unvollständige Verbrennung strichliert eingetragen. Demnach liegt bei flüssigen Brennstoffen der Höchstwert der von der Einheit des Gemisches wirklich entwickelten Wärme im Luftmangelgebiet. Abb. 5 zeigt ferner, daß der Umsetzungsgrad im allgemeinen wenig abhängig von der Bauart des Motors ist. Die an verschiedenen Motoren gemessenen Versuchspunkte liegen an derselben mittleren Linie.

β) Gasförmige Brennstoffe.

Für gasförmige Kohlenwasserstoffe können die Abgasdreiecke in gleicher Weise wie für Benzin gezeichnet werden.

Bei Kraftgasen, bei denen nahezu die ganze Substanz des im Gaserzeuger vergasten Brennstoffes in das Gas übergeht, erhält man ein Verbrennungsdreieck, das gleiches $v(CO_2)_{max}$ hat wie der vergaste Brennstoff. Die Verbrennung erfolgt in diesem Falle stufenweise und führt zum gleichen Abgas, wie die unmittelbare Verbrennung des festen Brennstoffes. Wird Teer und Ruß abgeschieden, so kann das $\frac{h}{c}$-Verhältnis des vergasten Teiles des Brennstoffes und dadurch das $v(CO_2)_{max}$ des Kraftgases verändert werden. Durch die genaue Abgasanalyse läßt sich eine solche Veränderung feststellen.

Bei Gaserzeugern mit absteigender Vergasung ist die Teerbildung gering, da der größte Teil des Teeres in der Feuerzone des Gaserzeugers zersetzt wird. In diesem Falle sind $v(CO)_{max}$ von Brennstoff und Kraftgas gleich. Das Verbrennungsdreieck läßt sich dann trotz der im Betrieb ständig wechselnden Zusammensetzung des Gases gut anwenden und erspart die Frischgasanalyse.

Das Verbrennungsdreieck Abb. 6 wurde für ein Kraftgas mittlerer Zusammensetzung aus Holz gerechnet. $v(CO_2)_{max}$ dieses Gases ist 19,75. Der Mittelwert der Gleichgewichtskonstante K aus einer größeren Zahl von Versuchen war 3,0. Abb. 6 ist für ein ähnliches Kraftgas anderer Zusammensetzung aber mit gleichem $v(CO_2)_{max}$ ohne weiteres verwendbar. Bei größeren Abweichungen von $v(CO_2)_{max}$ ist wieder $v(CO_2)$ der Abgasanalyse mit dem Verhältnis $\frac{19,75}{v(CO_2)_{max}}$ zu multiplizieren und der so erhaltene Wert $v(CO_2)'$ für das Verbrennungsdreieck zu benützen.

Die Berücksichtigung des Methans im Abgas kann wieder durch den Abzug des halben Methans vom Sauerstoff des Abgases erfolgen. Zahlentafel 2 enthält einige Analysen aus größeren Versuchsreihen. λ und η_u wurde aus Frisch- und Abgasanalyse mittels der Ausdrücke (15) und (16) sowie aus Abb. 6 bestimmt. Für das Verbrennungsdreieck wurden $v(CO_2)$ und

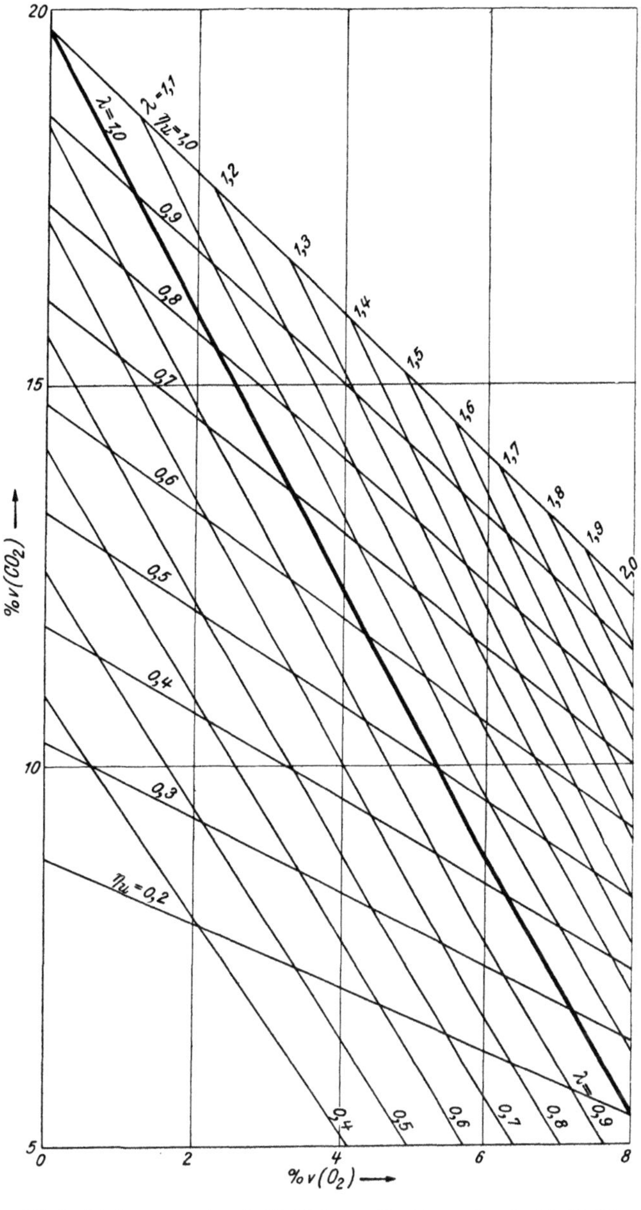

Abb. 6. Verbrennungsdreieck für Holzgas. Zusammensetzung: 12,2% CO_2, 0,2% C_2H_4, 17,4% CO, 12% H_2, 2,8% CH_4, 55,4% N_2. $v(CO_2)_{max} = 19,75$. $H_u = 1104$ kcal/Nm³. $K = 3,0$.

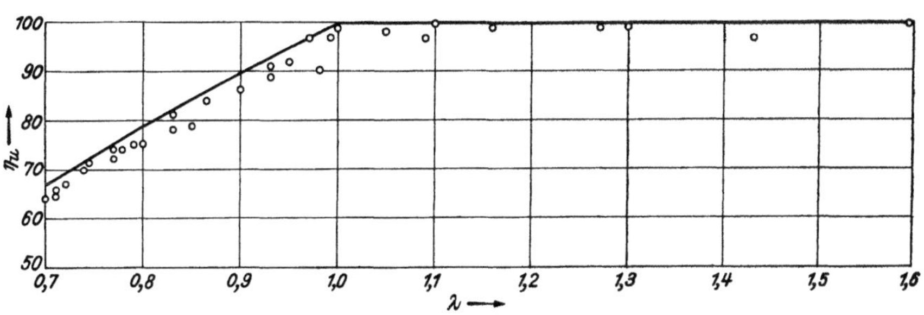

—— Vollkommener Motor. $K = 3,0$. ∘ Versuchswerte.

Abb. 7. Umsetzungsgrade η_u bei Holzgasbetrieb nach Zahlentafel 2.

Zahlentafel 2. Auswertung von Abgasanalysen bei Holzgasbetrieb (nach CHRISTOPH [4]). Motor der Humboldt-Deutz-Motoren A. G. MA 714, $V_h = 1{,}56$ l, $n = 1100$ U/min.

Drehzahl	Belastung p_e kg/cm²	Frischgas, trocken, luftfrei in Prozent							Abgas, trocken in Prozent						H_2O gemessen	K	$CO_{2\,max}$ Gl. (11)	Vollständige Abgasanalyse		Verbrennungsdreieck, Abb. 6			
		CO_2	C_mH_n	CO	H_2	CH_4	N_2	H_u kcal/Nm³	CO_2	O_2	CO	H_2	CH_4	N_2				λ Gl. (15)	η_u Gl. (16)	CO_2'	O_2'	λ	η_u
1000	2,6	17,1	0,9	11,3	11,2	4,9	54,6	1171	18,8	1,4	0,3	0,0	0,1	79,4	21,0	—	20,3	1,09	0,97	18,3	1,35	1,1	0,985
1000	2,6	16,0	0,5	12,2	13,0	4,3	54,0	1140	16,2	3,4	0,1	0,0	0,0	80,3	18,8	—	19,35	1,30	0,995	16,55	3,4	1,31	1,00
1000	2,6	12,6	0,3	15,0	9,1	3,4	59,5	1028	18,0	0,5	3,2	0,5	0,4	77,4	16,5	—	20,2	0,85	0,79	17,6	0,3	0,89	0,84
1000	2,6	13,4	0,5	15,3	9,5	2,1	59,3	946	19,8	0,5	0,3	0,0	0,1	79,3	15,4	—	20,42	0,97	0,97	19,5	0,45	1,01	0,985
1000	2,6	13,0	0,8	15,6	9,3	3,5	57,8	1120	17,7	0,4	3,8	1,0	0,2	76,9	17,0	3,6	20,15	0,83	0,78	17,35	0,3	0,865	0,82
1000	2,6	11,4	0,6	19,4	10,6	3,2	54,8	1217	17,3	0,2	4,6	1,5	0,1	76,3	16,1	2,8	20,05	0,79	0,75	17,0	0,15	0,81	0,785
1000	2,6	12,7	0,0	18,6	13,1	1,3	53,8	1056	15,6	4,3	0,3	0,2	0,0	79,6	13,6	—	19,8	1,43	0,97	15,55	4,3	1,43	0,99
900	2,6	12,7	0,0	17,2	13,3	2,2	54,6	1054	12,4	7,6	0,4	0,2	0,0	79,4	11,3	—	19,9	1,94	0,95	12,3	7,6	1,90	0,965
1130	2,6	10,8	0,0	17,2	9,6	1,7	60,7	915	19,0	0,8	0,0	0,0	0,1	80,1	12,8	—	19,75	1,05	0,98	19,0	0,75	1,05	1,00
1130	2,6	13,1	0,0	15,8	10,0	2,4	58,7	943	19,5	0,2	1,4	0,1	0,0	78,8	14,8	—	20,55	0,95	0,92	18,75	0,2	0,96	0,93
1130	2,6	13,4	0,0	14,8	9,7	2,8	59,3	939	19,3	0,4	1,4	0,3	0,2	78,4	14,9	3,6	20,4	0,93	0,89	18,7	0,3	0,97	0,93
1130	2,6	11,7	0,2	18,6	10,0	1,9	57,6	1012	17,4	2,9	0,0	0,0	0,1	79,6	12,7	—	20,15	1,27	0,99	17,05	2,85	1,26	0,995
1150	2,6	11,6	0,1	20,0	11,2	1,9	55,2	1072	15,2	5,2	0,0	0,0	0,0	79,6	11,5	—	20,2	1,59	1,0	14,8	5,2	1,54	1,00
1150	2,6	14,2	0,1	13,2	8,1	4,6	59,8	1016	19,0	1,3	0,0	0,0	0,0	80,3	16,0	—	20,25	1,1	1,0	18,55	1,3	1,1	1,00
1150	2,6	12,2	0,0	15,6	9,5	4,2	58,2	1077	20,0	0,2	0,4	0,0	0,1	79,3	16,5	—	20,4	0,99	0,97	19,35	0,15	1,0	0,975
1150	2,6	13,0	0,0	15,9	8,5	4,5	58,1	1086	18,5	0,4	2,6	0,7	0,0	77,8	16,1	3,2	20,36	0,90	0,86	17,95	0,4	0,925	0,88
1150	2,6	15,6	0,0	12,8	14,1	2,6	54,9	974	18,6	1,7	0,0	0,0	0,1	79,6	21,9	—	20,15	1,13	0,99	18,2	1,65	1,14	1,0
1150	2,6	9,7	0,0	20,5	13,5	2,3	54,0	1168	16,8	0,3	5,2	1,5	0,1	76,1	15,8	3,3	20,0	0,78	0,74	16,60	0,25	0,795	0,75
1100	2,6	9,2	0,0	21,7	13,1	1,6	54,4	1134	15,1	0,2	8,3	3,0	0,1	73,3	14,1	2,6	19,9	0,62	0,58	15,0	0,15	0,67	0,62
1140	2,6	11,5	0,0	20,1	14,9	1,7	51,8	1157	17,2	0,3	4,7	1,4	0,2	76,2	15,2	3,0	20,7	0,77	0,74	16,4	0,2	0,78	0,74
1140	2,6	9,9	0,0	21,3	13,1	2,4	53,3	1190	15,9	0,4	7,0	2,6	0,0	74,1	14,6	2,5	20,17	0,71	0,65	15,6	0,4	0,74	0,68
1100	2,6	12,0	0,0	18,5	11,4	2,8	55,2	1099	19,0	0,2	1,8	0,2	0,1	78,7	15,3	—	20,2	0,93	0,91	18,6	0,15	0,94	0,92
1000	2,6	9,8	0,0	18,4	1,8	7,1	62,9	1210	16,0	0,3	7,0	2,5	0,1	74,1	13,8	2,4	20,2	0,71	0,65	15,6	0,25	0,725	0,68
1100	2,6	13,4	0,0	17,2	12,2	3,0	54,2	1097	17,8	0,4	4,5	1,5	0,1	75,7	16,6	2,8	20,6	0,80	0,75	17,05	0,35	0,84	0,79

$v(O_2)$ umgerechnet. Die auf beiden Wegen erhaltenen Werte stimmen gut überein. Der mittlere Fehler betrug bei einer großen Zahl von Versuchen bei $\lambda \ldots 1{,}5\%$, bei $\eta_u \ldots 1{,}2\%$.

Hat man demnach das Verbrennungsdreieck für ein mittleres Kraftgas aus einem bestimmten Brennstoff gezeichnet, so läßt sich dieses durch Umrechnung der $v(CO_2)$- und $v(O_2)$-Werte in der angegebenen Art für jedes Generatorgas aus diesem Brennstoff verwenden. Abb. 7 zeigt die Zusammenhänge zwischen λ und η_u bei Versuchen an einem Kleinmotor.

Für Schwel- oder Destillationsgase, z. B. Leuchtgas, gilt der oben angegebene Zusammenhang zwischen Brennstoff und Gas nicht mehr, da hier ein erheblicher Teil des

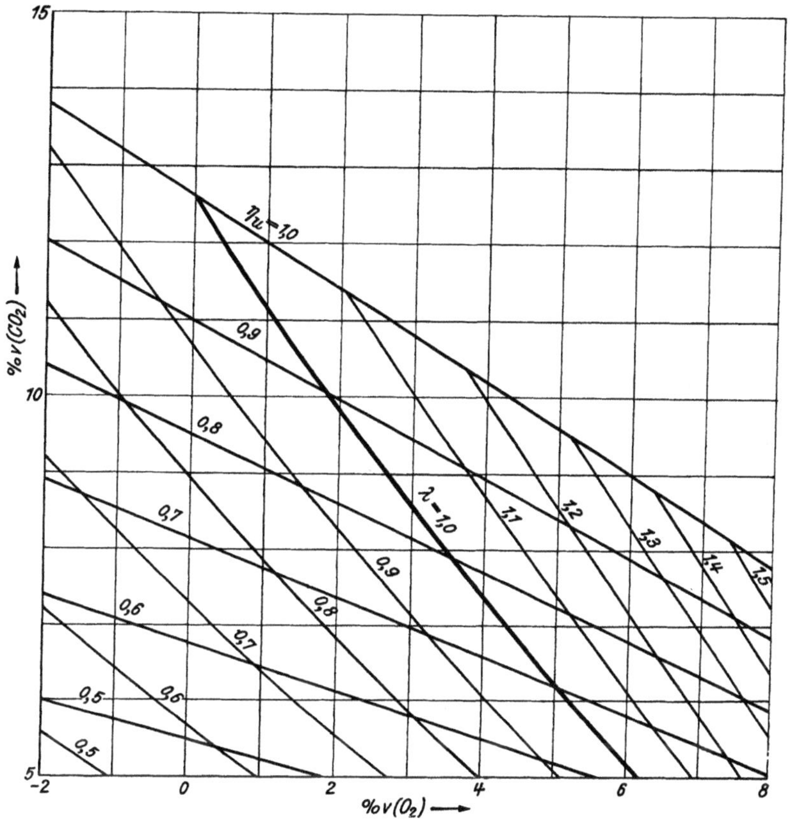

Abb. 8. Verbrennungsdreieck für Leuchtgas. Zusammensetzung: 7% CO_2, 1% C_2H_4, 11% CO, 46% H_2, 27% CH_4, 8% N_2. $v(CO_2)_{max} = 12{,}59\%$, $H_u = 3812$ kcal/Nm³, $K = 4{,}0$.

Brennstoffes unvergast zurückbleibt. Dadurch wird im allgemeinen das Verhältnis $\frac{h}{c}$ des Brenngases gegenüber dem des Brennstoffes verändert. Doch auch hier läßt sich das Verbrennungsdreieck eines bestimmten Brenngases für ein anderes Brenngas verwenden, das auf ähnliche Weise erzeugt wurde, wenn man $v(CO_2)$ und $v(O_2)$ des Abgases wie oben umrechnet. In Abb. 8 ist ein Verbrennungsdreieck für ein Leuchtgas ($K = 4{,}0$) dargestellt.

Die Versuchsreihe Zahlentafel 3 wurde mit einem Leuchtgas anderer Zusammensetzung ausgeführt. Trotzdem ließ sich das Verbrennungsdreieck anwenden. Die damit erhaltenen Ergebnisse stimmen mit den Auswertungen mittels der Gleichungen (15) und (16) gut überein.

Die Zusammenhänge zwischen η_u und λ in Abb. 9 sind ähnlich wie bei Benzin und Holzgas.

Zahlentafel 3. Auswertung von Abgasanalyse für Leuchtgasbetrieb (nach CHRISTOPH [4]). Gleicher Motor wie bei Zahlentafel 2.

Drehzahl u/min	Belastung p_e kg/cm²	Frischgas, trocken in Prozent								Abgas, trocken in Prozent						H_2O gerechnet	K	$v(CO_2)_{max}$ Gl. (11)	Vollständige Abgasanalyse		Verbrennungsdreieck, Abb. 7			
		CO_2	C_mH_n	O_2	CO	H_2	CH_4	N_2	H_u kcal/Nm³	CO_2	O_2	CO	H_2	CH_4	N_2				λ Gl. (15)	η_u Gl. (16)	$v(CO_2)'$	$v(O_2)'$	λ	η_u
1050	5,2	2,7	1,5	0,5	21,7	49,7	8,7	15,2	2882	5,2	0,3	13,5	13,2	1,5	66,3	25,1	4,9	13,75	0,515	45,5	4,65	—0,45	0,505	43
1060	5,2	2,7	1,5	0,5	21,7	49,7	8,7	15,2	2882	5,9	0,1	12,0	11,1	2,1	68,8	25,5	4,7	13,55	0,51	48	5,3	—0,95	0,52	47,5
750	5,2	2,7	1,5	0,5	21,7	49,7	8,7	15,2	2882	5,0	0,2	14,1	15,6	1,5	63,6	23,4	4,2	13,7	0,465	42	4,5	—0,55	0,485	40,5
1090	5,2	2,7	1,5	0,5	21,7	49,7	8,7	15,2	2882	7,8	0,2	8,7	6,6	1,8	74,9	27,4	4,6	13,6	0,62	60	7,0	—0,7	0,64	60
1100	5,65	2,8	1,5	0,5	22,2	48,5	11,5	13,0	3104	6,6	0,2	11,4	10,2	1,5	70,1	25,5	4,3	13,85	0,56	52	5,85	—0,55	0,58	52
1100	5,65	2,8	1,5	0,5	22,2	48,5	11,5	13,0	3104	6,8	0,1	11,3	11,1	0,6	70,1	24,9	3,7	13,85	0,59	54	6,1	—0,2	0,61	54,5
1100	5,65	2,8	1,5	0,5	22,2	48,5	11,5	13,0	3104	7,4	0,3	9,3	7,8	1,8	73,4	25,4	4,1	13,55	0,60	56	6,7	—0,6	0,63	58
1100	5,65	2,8	1,5	0,5	22,2	48,5	11,5	13,0	3104	7,2	0,1	10,2	8,1	1,5	72,9	26,6	4,65	13,78	0,60	56,5	6,4	—0,65	0,61	56
1150	2,6	2,9	1,3	0,5	21,0	46,5	10,0	17,8	2862	8,6	7,6	0,2	0,0	0,4	83,2	18,8	—	13,95	1,46	94,5	7,7	7,4	1,47	94
1150	2,6	2,9	1,3	0,5	21,0	46,5	10,0	17,8	2862	12,5	1,9	0,1	0,0	0,4	85,1	26,5	—	13,85	1,05	96,5	11,3	1,7	1,06	98
1150	2,6	2,9	1,3	0,5	21,0	46,5	10,0	17,8	2862	9,0	7,2	0,0	0,0	0,5	83,2	14,8	—	13,80	1,42	94,5	8,15	6,95	1,43	97
1150	3,1	2,7	1,3	0,5	24,0	50,0	7,3	14,2	2814	13,0	0,4	2,2	1,1	0,3	83,0	28,9	4,4	14,7	0,92	90	11,1	—0,25	0,94	91,5
1150	4,4	2,7	1,3	0,5	24,0	50,0	7,3	14,2	2814	13,8	0,0	1,0	0,4	0,2	84,5	28,9	—	14,45	0,95	95	12,0	—0,1	0,96	95,5
1130	3,5	3,3	1,4	0,5	22,5	49,0	12,8	10,5	3250	11,4	3,8	0,0	0,0	0,0	84,8	22,9	—	13,92	1,21	1,00	10,3	3,8	1,2	100,0
1130	3,5	3,3	1,4	0,5	22,5	49,0	12,8	10,5	3250	12,8	1,4	0,3	0,0	0,3	85,2	26,1	—	13,95	1,03	9,7	11,5	1,25	1,04	97,5
1130	3,5	3,3	1,4	0,5	22,5	49,0	12,8	10,5	3250	8,7	0,1	8,8	7,7	0,3	74,3	26,9	3,5	14,24	0,68	64	7,65	—0,05	0,715	66
1130	3,5	3,3	1,4	0,5	22,5	49,0	12,8	10,5	3250	5,0	0,1	13,7	15,7	0,7	64,8	20,6	3,6	13,45	0,48	42	4,6	—0,25	0,505	42,5
1130	3,5	3,3	1,4	0,5	22,5	49,0	12,8	10,5	3250	5,0	0,0	13,8	14,7	1,5	65,0	21,7	4,1	13,5	0,465	40	4,55	—0,75	0,48	40,5

Zusammenfassend läßt sich über die Bestimmung von λ und η_v bei Gasmaschinen folgendes sagen:

Um möglichst genaue Werte zu erhalten, müssen vollständige Frischgas- und Abgasanalysen durchgeführt werden. Diese werden mittels der Gleichungen (15) und (16) ausgewertet. Das gleiche gilt auch bei geringen Ansprüchen an die Genauigkeit dann, wenn ein Verbrennungsdreieck für das verwendete oder ein ähnliches Gas nicht vorhanden ist und die Anzahl der Versuche so klein ist, daß sich das Zeichnen eines Verbrennungsdreieckes nicht lohnt.

Hat man eine größere Zahl von Verbrennungen ähnlicher Gase zu untersuchen, so ist es zweckmäßig, ein Verbrennungsdreieck für ein Gas mittlerer Zusammensetzung zu zeichnen. Es müssen dann vollständige Abgasanalysen gemacht und die umgerechneten

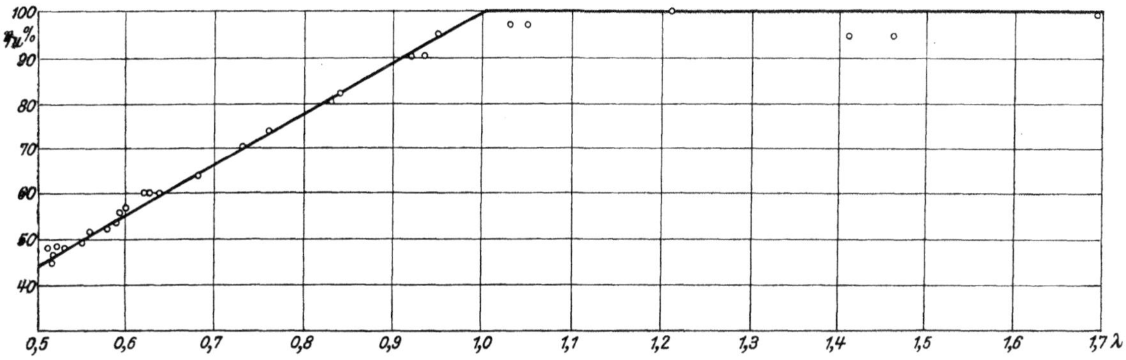

—— Vollkommener Motor, $K = 4,0$. ∘ Versuchswerte.

Abb. 9. Umsetzungsgrade η_u bei Leuchtgasbetrieb nach Zahlentafel 3.

Werte von $v(CO_2)$ und $v(O_2)$ für das Verbrennungsdreieck benützt werden. Eine öftere Nachprüfung der Ergebnisse durch die genaue Auswertung von Frisch- und Abgasanalysen ist empfehlenswert.

Bei Verbrennungen von Gasen mit annähernd gleichbleibender Zusammensetzung genügt nach Entwurf des Verbrennungsdreieckes die abgekürzte, auf die Ermittlung von $v(CO_2)$ und $v(O_2)$ eingeschränkte Abgasanalyse, wenn kein Methan im Abgas zu erwarten ist oder ein Anhaltspunkt zur Schätzung eines geringen Methangehaltes vorliegt. Bei stärkerem Methangehalt im Abgas muß dieser bestimmt und $v(O_2)$ sowie $v(CO_2)$ umgerechnet werden.

4. Zusammensetzung der Arbeitsgase der vollkommenen Maschine. Volumsveränderung durch die Verbrennung.

Für die Ermittlung der Wirkungsgrade ist es notwendig, die Zusammensetzung der arbeitenden Gase zu kennen. Durch die Verbrennung wird die chemische Zusammensetzung und die Molzahl der Zylinderladung geändert. Aus 1 Mol arbeitendem Gas vor der Verbrennung entstehen durch die Verbrennung δ Mol Abgase.

Zusammensetzung der Ladung.

a) *Vor der Verbrennung. Otto-Motoren*: Gemisch aus Brenngas und Luft oder Brennstoffdampf und Luft.

Mit den früher verwendeten Bezeichnungen ist der Gehalt des Gemisches an Einzelgasen bei Gasmaschinen:

$$v_g(CO_2) = \frac{v_b(CO_2)}{1 + \lambda L_0}.$$

Gleiche Ausdrücke gelten für die übrigen Bestandteile, außer für $v_g(O_2)$ und $v_g(N_2)$. Für diese ist

$$v_g(O_2) = \frac{0{,}21 \cdot \lambda L_0}{1 + \lambda L_0}, \qquad v_g(N_2) = \frac{v_b(N_2) + 0{,}79\,\lambda L_0}{1 + \lambda L_0}.$$

Bei flüssigen Brennstoffen mit dem Molekulargewicht m ist

$$v_g\,(\text{Brennstoffdampf}) = \frac{\frac{22{,}41}{m}}{\frac{22{,}41}{m} + \lambda L_0},$$

$$v_g\,(\text{Luft}) = \frac{\lambda L_0}{\frac{22{,}41}{m} + \lambda L_0}.$$

Diesel-Motoren: Der Zylinder enthält nur Luft.

b) Nach der Verbrennung: Aus den auf S. 10 entwickelten Ausdrücken erhält man das Volumen des wasserdampfhaltigen Abgases nach der Verbrennung bei $\lambda > 1$ für alle Brennstoffe:

$$V_w = \lambda L_0 + 5{,}6\,h + 0{,}7\,o + 0{,}8\,n\ \text{Nm}^3/\text{Nm}^3,\ \text{kg} \tag{26}$$

und die Zusammensetzung des Abgases:

$$v\,(CO_2) = \frac{1{,}86\,c}{V_w}, \tag{27}$$

$$v\,(H_2O) = \frac{11{,}2\,h}{V_w},$$

$$v\,(O_2) = \frac{0{,}21\,(\lambda - 1)\cdot L_0}{V_w},$$

$$v\,(N_2) = \frac{0{,}79\cdot\lambda L_0 + 0{,}8\,n}{V_w}.$$

Bei unvollständiger Verbrennung im Otto-Motor mit $\lambda < 1$ kann man sich $V(H_2)$ bei angenommenen K mittelst des Ausdruckes:

$$K = \frac{[11{,}2\,h - V(H_2)]\cdot[0{,}42\cdot(1-\lambda)\,L_0 - V(H_2)]}{[1{,}86\,c - 0{,}42\,(1-\lambda)\,L_0 + V(H_2)]\,V(H_2)} \tag{28}$$

berechnen, der aus den Gleichungen auf S. 10 folgt.

Aus $V(H_2)$ erhält man nach S. 10 die Volumen der übrigen Bestandteile. Das Volumen des wasserhaltigen Abgases ist

$$V_w = V(CO_2) + V(CO) + V(H_2) + V(H_2O) + V(N_2). \tag{29}$$

Die Raumteile der Einzelgase sind:

$$v\,(\ldots\ldots) = \frac{V(\ldots\ldots)}{V_w}.$$

Volumsveränderung durch die Verbrennung (Molverhältnis).

Das Molverhältnis δ ist gleich dem Raumverhältnis:

Otto-Motoren:

$$\text{Gas: } \delta = \frac{V_w}{\lambda L_0 + 1},$$

$$\text{Flüssiger Brennstoff: } \delta = \frac{V_w}{\lambda L_0 + \frac{22{,}4}{m}}.$$

Diesel-Motoren:

$$\delta = \frac{V_w}{\lambda L_0}.$$

Bei flüssigen Brennstoffen ist δ größer als 1, bei Brenngasen vielfach kleiner als 1.

B. Der Innenwirkungsgrad.

1. Der Wirkungsgrad der vollkommenen Maschine.

Die Bestimmung des Wirkungsgrades der vollkommenen Maschine η_v setzt eine genaue Festlegung dieses Begriffes voraus.

Die vollkommene Maschine soll folgende Eigenschaften haben:

1. Die Verbrennung ist bei Luftüberschuß vollständig. Bei Luftmangel wird der Sauerstoff restlos verbraucht, im Otto-Motor stellt sich das Wassergasgleichgewicht ein. Die Wassergasgleichgewichtskonstante wird entsprechend mittleren an der wirklichen Maschine gemessenen Werten angenommen. Der Luftüberschuß ist gleich dem der wirklichen Maschine.

2. Es besteht kein Wärmeübergang zwischen Gas und Zylinderwand.

3. Entsprechend der besonderen Verhältnisse des Arbeitsverfahrens erfolgt die Verbrennung entweder bei gleichem Raum oder bei gleichem Druck. Bei gegebenem Höchstdruck schließt sich an eine teilweise Gleichraumverbrennung eine teilweise Gleichdruckverbrennung an (gemischte Verbrennung).

4. Zu Beginn der Verdichtung ist der Zylinder mit reiner Ladung vom Außenzustand gefüllt. Als normalen Außenzustand wird 1 at, 20° C angenommen.

5. Der Zylinderinhalt entspannt sich am Ende des Arbeitshubes plötzlich, der Ladungswechsel erfolgt ohne Drosselung.

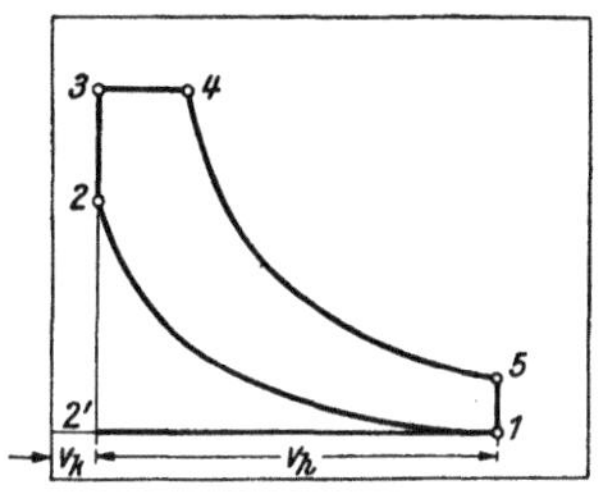

Abb. 10.

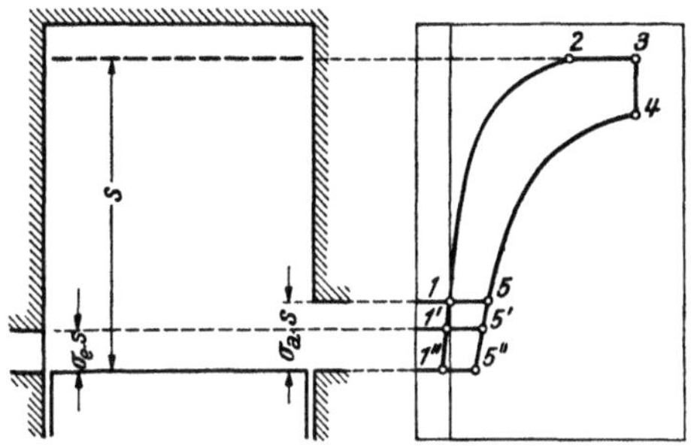

Abb. 11.

Die folgenden Ermittlungen des Wirkungsgrades gelten zunächst nur für den von außen, ungedrosselt ansaugenden Viertakt und für den Zweitakt. Die Veränderungen von η_v durch davon abweichenden Ladungswechsel (Aufladung, Drosselung usw.) werden später besprochen.

Das Diagramm einer vollkommenen *Viertaktmaschine*, die von außen, ungedrosselt ansaugt, hat eine allgemeine Form nach Abb. 10. Die Hochdruckvorgänge sind durch die Punkte *1*, *2*, *3*, *4*, *5* eindeutig festgelegt. Fällt *2* und *3* zusammen, so entsteht ein Gleichdruckdiagramm, fällt *3* und *4* zusammen, ein Gleichraumdiagramm. Die Ladungswechselvorgänge *1* bis *2'* geben keine Arbeitsfläche.

Die Wärmezufuhr erfolgt zwischen den Punkten *2*, *3* und *4*, die Wärmeabfuhr zwischen *5* bis *1*. Die Kurven *1* bis *2* und *4* bis *5* sind Adiabaten. Das für das Diagramm wesentliche Verhältnis $\frac{V_h + V_k}{V_k} = \varepsilon$ heißt Verdichtungsverhältnis.

Zur Festlegung des Diagramms für die vollkommene *Zweitaktmaschine* sollen folgende Richtlinien führen:

1. Es sollen die gleichen Ableitungen wie beim Viertakt anwendbar sein.

2. Auf die Gütegrade von Vier- und Zweitaktmaschinen sollen sich die einzelnen Verluste in möglichst gleicher Weise auswirken. Die Gütegrade sollen also unmittelbar vergleichbar sein.

Die Verbrennungsvorgänge sind bei Zwei- und Viertaktmaschinen gleich. Es bestehen jedoch Unterschiede in der Kolbenlage bei Verdichtungsbeginn und bei Ausdehnungsende bei beiden Verfahren.

Die Verdichtung beginnt beim Zweitakt mit der gebräuchlichen Schlitzspülung beim Abschluß der Auslaßschlitze. In Abb. 11 ist dies bei Punkt *1*. Würde man bei der vollkommenen Zweitaktmaschine die Verdichtung im Totpunkt beginnen lassen, so würde sowohl das Ladungsvolumen als auch das Verdichtungsverhältnis gegenüber der wirklichen Maschine verändert. Man erhält gleichartige Verhältnisse bei Verdichtungsbeginn, wenn man entweder auch bei der vollkommenen Maschine die Verdichtung bei *1* beginnen läßt, oder aber bei früherem Verdichtungsbeginn den Anfangszustand so ändert, daß der Außenzustand erst nach Verdichtung bis *1* erreicht wird. Die geringfügige Vergrößerung der Diagrammfläche durch das in Abb. 11 unter der Außendrucklinie liegende Flächenstück ist im allgemeinen bedeutungslos. Es wird die beste Übereinstimmung mit den Verhältnissen beim Viertakt Abb. 12a dadurch erreicht, daß man das Ausdehnungsende mit dem Öffnen der Spülschlitze nach Abb. 12b zusammenfallen läßt. Verlegt man das Ausdehnungsende nach Abb. 12c in den Totpunkt, so erhält man ein gegenüber der Viertaktmaschine etwas zu großes Diagramm. Um die gleichen Ableitungen wie beim Viertakt verwenden zu können, muß Verdichtungsbeginn und Ausdehnungsende bei gleicher Kolbenstellung liegen. Man wird daher das Ausdehnungsende und den Verdichtungsbeginn entweder auf das Öffnen bzw. den Schluß der Spülschlitze fallen lassen oder auf den Totpunkt verlegen. Im letzteren Fall wird der Verlust durch den Ladungswechsel viel größer wie beim Viertakt.

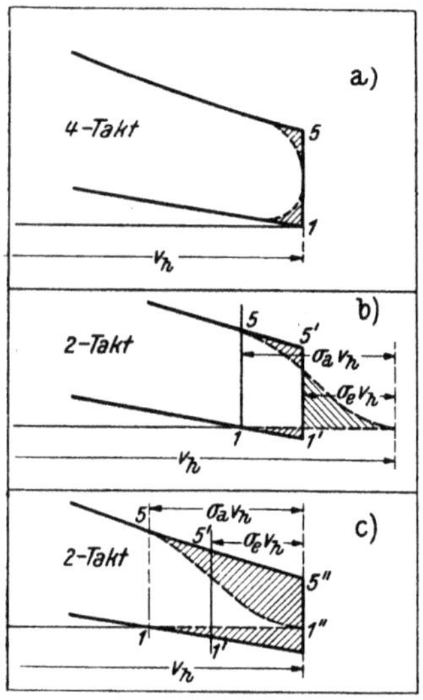

Abb. 12.

Setzt man $\frac{V_h + V_k}{V_k} = \varepsilon_0$, so ist der Anfangszustand der Ladung zu Beginn der Verdichtung bei Diagrammbeginn in *1'*:

$$p_1' = p_1 \left[\frac{1 - \sigma_a\left(1 - \frac{1}{\varepsilon_0}\right)}{1 - \sigma_e\left(1 - \frac{1}{\varepsilon_0}\right)}\right]^k, \qquad T_1' = T_1 \left[\frac{1 - \sigma_a\left(1 - \frac{1}{\varepsilon_0}\right)}{1 - \sigma_e\left(1 - \frac{1}{\varepsilon_0}\right)}\right]^{k-1}. \tag{30}$$

Bei Diagrammbeginn in *1''* ist der Anfangszustand

$$p_1'' = p_1\left[1 - \sigma_a\left(1 - \frac{1}{\varepsilon_0}\right)\right]^k, \qquad T_1'' = T_1\left[1 - \sigma_a\left(1 - \frac{1}{\varepsilon_0}\right)\right]^{k-1}. \tag{31}$$

Die thermodynamische Behandlung der Arbeitsvorgänge bei Vier- und Zweitakt wird in beiden Fällen gleich. *Wegen der besseren Übereinstimmung mit dem Diagramm der wirklichen Maschine und den Verhältnissen beim Viertakt ist das erste Diagramm mit dem Verdichtungsbeginn beim Öffnen der Spülschlitze vorzuziehen.* Das Hubvolumen der vollkommenen Zweitaktmaschine ist dann $V_h(1 - \sigma_e)$.

a) Vereinfachte Berechnung von η_v.

Der Wirkungsgrad der Energieumsetzung in der vollkommenen Maschine kann mittels thermodynamischer Verfahren bestimmt werden. Wenn man das wirkliche Verhalten der Gase und deren chemische Veränderung durch die Verbrennung berücksichtigt, wird die Bestimmung des Wirkungsgrades recht umständlich. Für manche Untersuchungen genügt eine ungefähre Berechnung des Wirkungsgrades, und in solchen Fällen können die Vorgänge einfacher behandelt werden.

Eine Berechnung von η_v, die zu einfachen Formeln führt, ist unter folgenden Annahmen möglich:

1. Ersatz der Arbeitsvorgänge in der Maschine durch einen Kreisprozeß, bei dem Menge und chemische Beschaffenheit des arbeitenden Stoffes unverändert bleibt. Wärmezufuhr und Wärmeentzug erfolgen von außen.

2. Die spez. Wärmen des arbeitenden Gases sind unabhängig von der Temperatur.

Die Wirkungsgradberechnung wird für die gemischte Verbrennung nach Abb. 13 durchgeführt.

Das Diagramm gilt für 1 kg arbeitendes Gas, die den Punkten zugeordneten Zustandsgrößen tragen die entsprechende Bezeichnung.

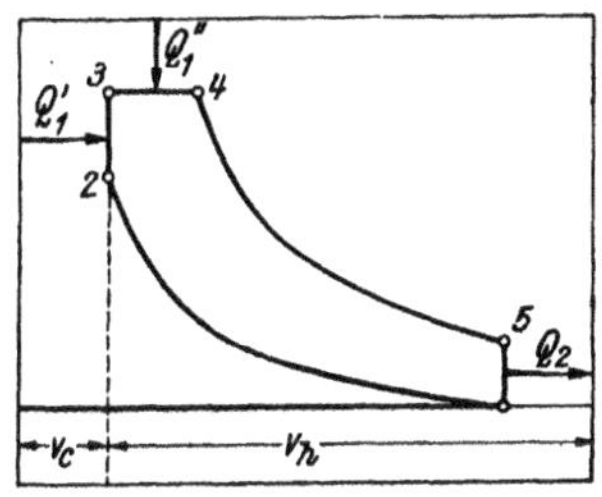

Abb. 13. Diagramm bei gemischter Verbrennung.

Es ist:

$$\frac{V_h + V_k}{V_k} = \frac{V_1}{V_2} = \varepsilon \text{ (Verdichtungsverhältnis)},$$

$$\frac{V_4}{V_3} = \varrho, \quad \frac{p_3}{p_2} = \xi.$$

Der Wirkungsgrad ist nach dem ersten Wärmehauptsatz mit $Q_1 = Q_1' + Q_1''$ als zugeführter, Q_2 als abgeführter Wärme

$$\eta_v = 1 - \frac{Q_2}{Q_1}.$$

Mit

$$Q_1' = c_v (T_3 - T_2), \quad Q_1'' = c_p (T_4 - T_3), \quad Q_2 = c_v (T_5 - T_1), \quad \frac{c_p}{c_v} = k$$

ergibt sich

$$\eta_v = 1 - \frac{T_5 - T_1}{T_3 - T_2 + k (T_4 - T_3)}.$$

Dividiert man Zähler und Nenner des zweiten Gliedes durch eine Temperatur, z. B. durch T_1, und drückt die Temperaturverhältnisse durch Druck und Volumsverhältnisse aus, wobei die adiabatische Zustandsänderung zwischen 1 und 2 und zwischen 4 und 5 zu beachten ist, so erhält man:

$$\eta_v = 1 - \frac{1}{\varepsilon^{k-1}} \cdot \frac{\varrho^k \xi - 1}{\xi - 1 + k \xi (\varrho - 1)}. \tag{32}$$

Für die beiden Grenzfälle ist:

$$\eta_v = 1 - \frac{1}{\varepsilon^{k-1}} \text{ (reine Gleichraumverbrennung)},$$

$$\eta_v = 1 - \frac{1}{\varepsilon^{k-1}} \cdot \frac{\varrho^k - 1}{k (\varrho - 1)} \text{ (reine Gleichdruckverbrennung)}.$$

Man erkennt den grundlegenden Einfluß des Verdichtungsverhältnisses ε, dessen Vergrößerung den Wirkungsgrad verbessert. Zu diesem kommt bei der Gleichdruckverbrennung noch der Einfluß der zugeführten Wärme. Mit zunehmender Wärmezufuhr und damit zunehmendem ϱ sinkt η_v.

Für die Aufstellung von vollkommenen Diagrammen, die wirklichen Maschinen zugeordnet sind, ist es zweckmäßig, Größen einzuführen, die unmittelbar an der Maschine gemessen werden können.

Die je 1 kg Gas zugeführte Wärme Q_1 muß, um einen Vergleich mit der wirklichen Maschine zuzulassen, gleich der bei Verbrennung mit $\eta_u = \eta_{uv}$ von 1 kg reiner Ladung in der wirklichen Maschine freiwerdenden Wärme sein. Daher ist

$$Q_1 = \frac{H_u \cdot \eta_{uv}}{1 + \lambda L_0},$$

wobei H_u der untere Heizwert von 1 kg Brennstoff, L_0 kg/kg der theoretische Luftbedarf und λ die Luftüberschußzahl ist.

L_0 ergibt sich aus der Zusammensetzung des Brennstoffes, λ kann aus der Abgasanalyse gefunden werden. Von Bedeutung für die Maschine ist ferner der Höchstdruck p_3 und der Anfangszustand p_1, T_1, der bei der vollkommenen Maschine gleich dem Außenzustand p_0, T_0 ist. Der Wirkungsgrad soll durch diese Größen ausgedrückt werden.

Setzt man

$$q = \frac{Q_1}{c_v T_1} = \frac{H_u \cdot \eta_{uv}}{(1 + \lambda L_0)\, c_v T_1},$$

so ist

$$\varrho = \frac{1}{k}\left[\frac{p_1}{p_3} \cdot q \cdot \varepsilon + k - 1 + \frac{p_1}{p_3} \cdot \varepsilon^k\right], \quad \xi = \frac{p_3}{p_1} \cdot \varepsilon^{-k}$$

und

$$\eta_v = 1 - \frac{1}{q}\left[\frac{p_3}{p_1} \cdot \varepsilon^{-k}\left(\frac{p_1}{p_3} \cdot \frac{q\,\varepsilon}{k} + \frac{k-1}{k} + \frac{p_1}{p_3}\,\frac{\varepsilon^k}{k}\right)^k - 1\right]. \tag{33}$$

Für das Gleichdruckdiagramm ergibt sich

$$\eta_v = 1 - \frac{1}{q}\left[\left(\frac{q}{k \cdot \varepsilon^{k-1}} + 1\right)^k - 1\right]. \tag{34}$$

Mit diesen Formeln kann der Wirkungsgrad des Kreisprozesses der vollkommenen Maschine bei gegebenen Luftüberschüssen und Höchstdrücken berechnet werden.

Man erkennt, daß bei gegebenem Verdichtungsverhältnis und gegebenem q der Wirkungsgrad mit steigendem p_3 wächst und bei der Gleichraumverbrennung seinen Höchstwert erreicht.

Als Maß für den Gütegrad einer Maschine wird man daher im allgemeinen die günstigste unter den vollkommenen Maschinen, d. i. die Maschine mit Gleichraumverbrennung, wählen.

Mit Rücksicht auf die durch die Triebwerksbeanspruchung gebotene Beschränkung des Höchstdruckes bei Diesel-Motoren und eine in manchen Fällen erwünschte, bessere Annäherung an die wirklichen Verhältnisse bei Diesel-Motoren wird es bei den späteren Ausführungen manchmal zweckmäßig sein, eine vollkommene Maschine mit vermindertem Höchstdruck, also gemischter Verbrennung, in die Untersuchungen einzuführen. Mit Rücksicht darauf werden die Wirkungsgradberechnungen auch auf diese Fälle ausgedehnt.

Um die Fehler in der Wirkungsgradberechnung gegenüber dem genauen Verfahren klein zu halten, empfiehlt es sich:

1. als arbeitenden Stoff die Gase nach der Verbrennung einzuführen,
2. als spezifische Wärme den Mittelwert innerhalb der ungefähren Temperaturgrenzen des Kreisprozesses zu wählen.

Rechnet man z. B. den Wirkungsgrad von Otto- und Diesel-Motoren, die mit einem Kohlenwasserstoff C_nH_{2n} betrieben werden, mit einem Mittelwert der spezifischen Wärme zwischen 300 bis 2600° K, so ergeben sich Werte, die gut mit denen übereinstimmen, die durch das genaue Verfahren ohne Berücksichtigung der Dissoziation ermittelt wurden. Der Mittelwert der spezifischen Wärme hängt vom Luftüberschuß ab. Es ist im vorliegendem Fall:

$\lambda =$	1	1,2	1,4	1,6
$C_{v}^{m}\big/_{300^\circ}^{2600^\circ K}$	7,13	6,98	6,88	6,80.

Mit diesen Werten wurde der Wirkungsgrad in Zahlentafel 4 berechnet. Daneben sind die nach dem genauen, später beschriebenen Verfahren ermittelten Werte dargestellt. Der grundsätzliche Verlauf der Abhängigkeiten wird durch die vereinfachte Berechnung gut wiedergegeben. Für viele Anwendungen genügt die Genauigkeit dieses Verfahrens. Infolge der Abhängigkeit der spezifischen Wärme vom Luftüberschuß nimmt der Wirkungsgrad bei Gleichraumverbrennung mit dem Luftüberschuß zu. Bei gemischter Verbrennung ist die Abhängigkeit vom Luftüberschuß stärker, da sich hier der günstige Einfluß des mit zunehmendem Luftüberschuß kleiner werdenden ϱ im gleichen Sinne wie die Verkleinerung der spez. Wärme auswirkt.

Zahlentafel 4. Nach dem Näherungsverfahren berechnete Wirkungsgrade η_v von Otto- und Diesel-Motoren.

Gleichraumverbrennung (Otto-Motoren).

ε	$\lambda = 1,0$			$\lambda = 1,2$		
	Näherungsverfahren	Genaues Verfahren		Näherungsverfahren	Genaues Verfahren	
		ohne Dissoziation	mit Dissoziation		ohne Dissoziation	mit Dissoziation
5	36,0	35,8	34,4	36,6	36,8	36,0
6	39,2	39,2	37,5	39,9	40,0	39,3
7	41,8	41,5	40,2	42,5	42,6	41,9
8	43,9	43,9	42,4	44,5	44,7	44,0

Gemischte Verbrennung (Diesel-Motoren).

$\frac{p_3}{p_1}$	Ermittlung	λ 1,2	1,4	1,6
	$\varepsilon = 14.$			
50	Näherungsverfahren	47,0	48,7	49,7
	Genaues Verfahren (o. D.)	46,3	48,2	49,9
	„ „ (m. D.)	46,0	48,0	49,8
65	Näherungsverfahren	49,7	51,0	52,4
	Genaues Verfahren (o. D.)	49,2	51,0	52,6
	„ „ (m. D.)	48,8	50,7	52,4
	$\varepsilon = 18.$			
65	Näherungsverfahren	50,7	52,4	53,5
	Genaues Verfahren (o. D.)	49,9	51,8	53,4
	„ „ (m. D.)	49,4	51,4	53,2

b) Genaue Ermittlung von η_v.

Hierbei ist das wirkliche physikalische und chemische Verhalten der Gase bei den Vorgängen zu berücksichtigen.

Vor der Verbrennung befindet sich im Zylinder des Otto-Motors ein Gemisch von Brenngas oder Brennstoffdampf mit Luft, im Zylinder des Diesel-Motors reine Luft.

Nach der Verbrennung enthält der Zylinder Verbrennungsgase. Durch die Verbrennung ändert sich im allgemeinen die Molekülzahl und damit die Gaskonstante des Zylinderinhaltes und seine spezifische Wärme. Ferner muß der Abhängigkeit der spezifischen Wärmen von der Temperatur Rechnung getragen werden.

Die Verbrennung ist ein chemischer Vorgang, es sind daher die Gesetze der chemischen Umsetzungen zu beachten. Das chemische Gleichgewicht zwischen Ausgangs- und Endstoffen der Verbrennung liegt bei hohen Temperaturen so, daß ein nicht vernachlässigbarer Bruchteil der Verbrennungsgase in die Ausgangs- oder Zwischenstoffe aufgespalten (dissoziert) bleibt. Erst beim Sinken der Temperatur während der Ausdehnung in der Maschine verschiebt sich das chemische Gleichgewicht, dabei verbindet sich das dissoziierte Gas und die entsprechende Wärme wird frei. Die bei tiefer Temperatur entstehende Wärme ist thermodynamisch weniger wertvoll, daher ist mit der Dissoziation eine Verkleinerung des Wirkungsgrades verbunden, die im allgemeinen unbedeutend ist, in manchen Fällen aber nicht vernachlässigt werden kann.

Da sowohl die Temperaturabhängigkeit der spezifischen Wärme als auch die chemischen Gleichgewichtsverhältnisse nicht durch einfache mathematische Ausdrücke wiedergegeben werden können, ist auch der Wirkungsgrad nicht in geschlossener, mathematischer Form berechenbar. Man muß von einem Punkt des Diagramms zum anderen fortschreiten und die Zustandsänderung und die geleistete Arbeit für jeden einzelnen Vorgang gesondert bestimmen. Dabei arbeitet man mit Zahlentafeln und Kurventafeln.

Bei der Wirkungsgradberechnung soll im wesentlichen ein von KÜHL [10] gezeigter Weg eingeschlagen werden. Dabei wurden jedoch neuere, von JUSTI [8] angegebene Werte der spezifischen Wärmen der Gase benützt.

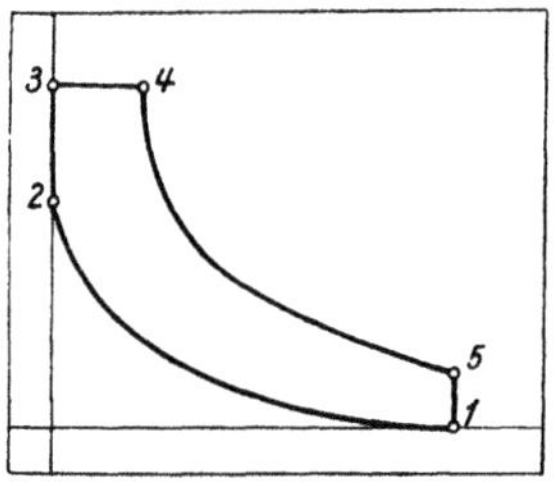

Abb. 14.

Die Druckabhängigkeit der spezifischen Wärmen sowie die Abweichungen des wirklichen vom idealen Gasgesetz konnten nicht berücksichtigt werden, da ausreichende Unterlagen für die Arbeit noch nicht zur Verfügung standen. Es ist nicht zu erwarten, daß sich wesentliche Änderungen in den Wirkungsgraden dadurch ergeben.

Der Wirkungsgrad ist

$$\eta_v = 1 - \frac{Q_2}{Q_1}.$$

Da Q_1 bekannt ist, muß nur Q_2 ermittelt werden. Hierzu verfolgt man, von Punkt *1* des Diagramms Abb. 14 ausgehend, die Zustandsänderungen bis zum Punkt *5*. Der Unterschied der inneren Energien des Zylinderinhaltes zwischen den Punkten *5* und *1* ist die abgeführte Wärmemenge Q_2.

Im Punkt *1* sei 1 Mol brennfertiges Gemisch bei Otto-Motoren, 1 Mol Luft bei Diesel-Motoren im Zylinder.

Die Zustandsänderung von *1* bis *2* erfolgt adiabatisch, also bei konstanter Entropie. Kleine Buchstaben bezeichnen die auf 0° C bezogenen Größen, große Buchstaben deren Absolutwerte. Im allgemeinen soll mit den auf 0° C bezogenen Werten gerechnet werden. Die Entropie eines Mols ist:

$$s = \int_0^t \frac{C_v \cdot dT}{T} + 1{,}986 \ln\left(\frac{V}{V_0}\right) = f(t) + 1{,}986 \ln\left(\frac{V}{V_0}\right).$$

Darin ist C_v die wahre spez. Wärme für konstantes Volumen bezogen auf 1 Mol. Sind die mittleren spez. Wärmen zwischen 0 und $T°K$ gegeben, so benützt man nach NUSSELT die Beziehung:

$$f(t) = C_v^m\Big|_0^T + \int_0^T \frac{C_v^m\big|_0^T}{T}\,dT - C_v^m\Big|_0^{273} - \int_0^{273} \frac{C_v^m\big|_0^T\,dT}{T}.$$

Für ein Gemisch, das je Mol $\alpha_1, \alpha_2, \ldots, \alpha_i$ Mol Einzelgase enthält, ist

$$C_v = \Sigma \alpha_i\, C_{vi},$$

$$f(t) = \Sigma \alpha_i\, f_i(t)$$

und die innere Energie

$$u = \sum \alpha_i \int_0^t C_v \cdot dt.$$

Das Zeichen bedeutet Gaszustände vor der Verbrennung. Die den einzelnen Diagrammpunkten zugeordneten Zustandsgrößen sind wieder mit den entsprechenden Ziffern bezeichnet.

Für die Adiabate zwischen den Punkten *1* und *2* gilt:

$$f(t_1)' + 1{,}986 \ln \varepsilon = f(t_2)'.$$

Die aufzuwendende Arbeit ist gleich dem Unterschied der inneren Energien

$$A L_{1-2} = u_2' - u_1'.$$

Zwischen den Punkten *2* und *4* verbrennt die Ladung. Die dabei freiwerdende Wärme erhöht die innere Energie des Gases und leistet von *3* bis *4* auch äußere Arbeit.

Als Maß für die freiwerdende Wärme dient der Heizwert, der im Kalorimeter bestimmt wird. Man versteht darunter die Wärmemenge, die man den Verbrennungsgasen nach der Verbrennung entziehen muß, um sie auf die Temperatur der Ausgangsstoffe vor der Verbrennung abzukühlen.

Die durch die Verbrennung entstehende Wärme erhöht die innere Energie und leistet Arbeit.

$$B H_{u v t_2} = \delta u_4 + A p_3 (V_4 \delta - V_2') - \delta u_2.$$

Darin ist $H_{u v t_2}$ der Heizwert bei konstantem Volumen und der Temperatur t_2, B die Brennstoffmenge je Mol Ladung, V sind die Volumen je 1 Mol, δ die Anzahl der Mol Abgase, die aus einem Mol Gas im Zustand vor der Verbrennung entstehen.

Für *Otto-Motoren* ist $H_{u v t_2}$ der Heizwert des verdampften oder gasförmigen Brennstoffes bei der Temperatur t_2. Nach dem Kirchhoffschen Gesetz besteht zwischen dem Heizwert bei t_2 und bei 0° C die Beziehung

$$B H_{u v t_2} = B H_{u v 0} + u_2' - u_2 \delta.$$

Die Verbrennung erfolgt beim vollkommenen Otto-Motor im Gleichraum, daher ist

$$V_4 \delta = V_2'$$

und damit

$$B H_{u v 0} = \delta u_4 - u_2'$$

Der Heizwert des verdampften Brennstoffes bei 0° rechnet sich aus dem des flüssigen sinngemäß nach der obigen Beziehung

$$H_{u v 0\,\mathrm{Dampf}} = H_{u v 0\,fl} + r,$$

worin r die Verdampfungswärme von 1 kg Brennstoff ist. r ist ~ 80 kcal/kg bei Benzin, 105 kcal bei Benzol und 200 kcal/kg bei Alkohol.

Bei *Diesel-Motoren* ist vom Heizwert des flüssigen Brennstoffes auszugehen, da dieser erst innerhalb des Zylinders verdampft und zum Teil in flüssiger Form verbrennt.

Der Brennstoff mit der inneren Energie u_e wird am Ende der Verdichtung in den Zylinder gebracht. Dabei ist die Energiezunahme im Zylinder

$$B (u_e + A p_e v_e),$$

worin e den Zustand des Öles beim Einspritzen kennzeichnet. Nach dem Temperaturausgleich zwischen Öl und Luft nach der Einspritzung ist die Temperatur t_2^*. Es ist

$$B (u_e + A p_e v_e) + u_2' = u_2^* + B u_{b 2}^*.$$

Nun ist nach dem Kirchhoffschen Gesetz

$$B H_{u t_2^*} = B H_{u v 0} + u_2^* + B u_{b 2}^* - \delta u_2^*.$$

Aus diesen zwei Gleichungen und aus der Verbrennungsgleichung erhält man

$$B H_{u v 0} + B (u_e + A p_e v_e) = \delta u_4 + A p_3 (V_4 \delta - V_2') - u_2'. \tag{35}$$

Der Einspritzdruck ist bei kompressorlosen Diesel-Motoren meist ~ 300 at. Damit wird $A p_e v_e \sim 8$ kcal/kg. Dieser Wert kann gegenüber dem Heizwert von ~ 10000 kcal/kg vernachlässigt werden. Der Heizwert $H_{u v 0}$ bei 0° kann mit nur geringer Abweichung gleich dem Heizwert bei der normalen Außentemperatur von 20° C gesetzt werden. Der Unterschied beträgt für einen mittleren flüssigen Kohlenwasserstoff ~ 2 kcal und ist auch bei gasförmigem Brennstoff vernachlässigbar. Es soll daher mit H_u künftig der Heizwert bei konstantem Volumen bei 20° C bezeichnet und der Heizwert bei 0° C diesem Wert gleichgesetzt werden.

H_u kann unmittelbar mittels des Kalorimeters von Berthelot-Mahler bestimmt werden, das für feste und flüssige Brennstoffe die genauesten Ergebnisse liefert. Bei gasförmigen, manchmal auch bei flüssigen Brennstoffen benützt man das Kalorimeter von JUNKERS, in dem der Brennstoff bei konstantem Druck verbrennt. Zwischen dem Heizwert bei konstantem Druck H_{up} und H_u besteht bei 20° C die Beziehung:

$$B\,H_u = B\,H_{up} + 1{,}986 \cdot 293 \cdot (\delta - 1).$$

Bei flüssigen Kohlenwasserstoffen (Benzin, Rohöl) beträgt der Unterschied höchstens 0,2%, kann also vernachlässigt werden, da er innerhalb der Kalorimetergenauigkeit liegt. Bei gasförmigen Brennstoffen kann der Unterschied etwa größer werden (z. B. bei der Verbrennung von CO ~ 0,4%).

Die während der Verbrennung geleistete Arbeit ist

$$A\,L_{2-4} = A\,p_3\,(\delta V_4 - V_2').$$

Während der Expansion von 4 auf 5 gilt wieder die Adiabatengleichung

$$f(t_5) = f(t_4) - 1{,}986 \ln\left(\frac{V_5}{V_4}\right).$$

Es wird die Arbeit $A\,L_{4-5} = \delta u_4 - \delta u_5$ geleistet. Der Wirkungsgrad ist demnach

$$\eta_v = \frac{A\,L_{2-4} + A\,L_{4-5} - A\,L_{1-2}}{B\,H_u}$$

oder

$$\eta_v = \frac{B\,H_u + (B\,u_e) + u_1' - \delta u_5}{B\,H_u}. \tag{36}$$

Das eingeklammerte Glied gilt für Diesel-Motoren.

Zur Berechnung des Wirkungsgrades ist demnach von Punkt zu Punkt fortschreitend u_5 zu bestimmen. Für das Gleichraumdiagramm vereinfachen sich die Berechnungen. Es ist $A\,L_{2-4} = 0$ und $\frac{V_5}{V_4} = \varepsilon$. Man erhält damit:

$$\begin{aligned}
&\text{Verdichtung } (1-2)\text{:} && f(t_2)' = f(t_1)' + 1{,}986 \ln \varepsilon.\\
&\text{Arbeit:} && A\,L_{1-2} = u_2' - u_1'.\\
&\text{Verbrennung } (2-4)\text{:} && B\,H_u = u_4\,\delta - u_2'.\\
& && \delta V_4 = V_2'.\\
&\text{Ausdehnung } (4-5)\text{:} && f(t_5) = f(t_4) - 1{,}986 \ln \varepsilon.\\
&\text{Arbeit:} && A\,L_{4-5} = \delta u_4 - \delta u_5.
\end{aligned}$$

Der Ausdruck für den Wirkungsgrad ist gleich wie oben.

Es bleibt noch der Einfluß der Dissoziation zu besprechen.

Jede chemische Umsetzung sucht einen chemischen Gleichgewichtszustand herzustellen. Dieser ist gekennzeichnet durch ein bestimmtes Mischungsverhältnis der an der Umsetzung teilnehmenden Stoffe.

Eine Reaktion verlaufe zwischen den Gasen $ABCD$ nach folgendem Schema:

$$a A + b B \rightleftarrows c C + d D$$

a, b, c, d bedeuten die in Reaktion tretenden Molekülzahlen.

In einem Gemisch aller an der Reaktion beteiligten Stoffe, dessen Zusammensetzung dem chemischen Gleichgewicht entspricht, wird durch Zugabe kleiner Mengen von A, B eine Reaktion von links nach rechts, durch Zugabe kleiner Mengen von C, D eine Reaktion in entgegengesetzter Richtung, in unmittelbarer Nähe des Gleichgewichtes verlaufen. Eine solche Reaktion kann gedanklich umkehrbar gestaltet werden, und dann darf sich nach dem zweiten Wärmehauptsatz die Summe der Entropie aller beteiligten Stoffe nicht ändern.

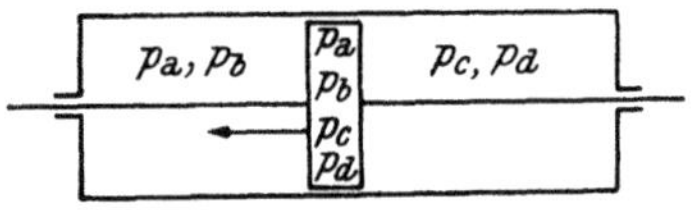

Abb. 15.

In der in Abb. 15 dargestellten Einrichtung befindet sich im linken Teil des doppelt wirkenden Zylinders ein Gemisch der Gase A, B mit den Partialdrücken p_a, p_b, im rechten Teil ein Gemisch der Gase C, D mit den Partialdrücken p_c, p_d. Der Hohlkolben hat Böden, von denen der linke nur für die Gase A, B, der rechte nur für die Gase C, D durchlässig ist. Im Inneren des Kolbens befindet sich ein sehr kleiner Reaktionsraum, der ein Gemisch der vier Gase mit den Partialdrücken p_a, p_b, p_c, p_d enthält, das dem chemischen Gleichgewicht bei der Temperatur entsprechen soll. Die ganze Einrichtung wird auf konstanter Temperatur erhalten. Bewegt sich der Kolben von der rechten in die linke Endlage, so überstreicht er das Volumen V. Wenn a, b, c, d Mol der Gase im Zylinder enthalten sind, so ist

$$p_a V = a \cdot R T,$$
$$p_b V = b \cdot R T \text{ usw.}$$

Die geleistete Arbeit ist

$$L = (p_c + p_d - p_a - p_b) V = (c + d - a - b) R T.$$

Würde der wärmeentwickelnde chemische Vorgang ohne jede Arbeitsleistung vor sich gehen, also die Reaktion in einem einfachem Gefäß mit konstantem Volumen verlaufen, so würde die Wärmemenge H_v frei werden. Bei umkehrbarem Verlauf wird nur eine Wärmemenge $H_v - A L$ entwickelt. Die dadurch bedingte Entropieänderung muß gleich der Differenz der Absolutwerte der Entropie von Ausgangs- und Endstoffen sein, damit die Entropie sich durch die Reaktion nicht ändert, wie es der 2. Wärmehauptsatz erfordert.

$$-\frac{H_v - A L}{T} = (c S_c + d S_d - a S_a - b S_b).$$

Der Absolutwert der Entropie ist

$$S = S_0 + \int_0^T \frac{C_v dT}{T} + A R \cdot \ln V.$$

Damit ergibt sich

$$-\frac{H_v - A L}{T} = \Sigma (c, d, -a, -b) S_0 + \Sigma (c, d, -a, -b) \cdot \int_0^T \frac{C_v dT}{T} + A R \cdot \ln \frac{V_c^c \cdot V_d^d}{V_a^a \cdot V_b^b}$$

und mit $\frac{V_c^c \cdot V_d^d}{V_a^a \cdot V_b^b} = K_v$ als Gleichgewichtskonstante bei konstantem Volumen erhält man

$$\ln K_v = \frac{-H_v}{A R T} - \frac{1}{A R} \left[\Sigma (c, d, -a, -b) \left(S_0 + \int_0^T \frac{C_v dT}{T} - A R \right) \right]. \tag{37}$$

Durch K_v ist das Mischungsverhältnis für Gleichgewicht festgelegt. Zwischen V_a. V_b, V_c, V_d und den Partialdrücken besteht die Beziehung

$$V_a = \frac{R T}{p_a}, \quad V_b = \frac{R T}{p_b}, \ldots,$$

so daß aus K_v auf das Verhältnis der Partialdrücke geschlossen werden kann. In der Chemie pflegt mit Konzentrationen (Anzahl Mol je 1 m³ Gas) gerechnet zu werden. Es ist $C_a = \frac{1}{V_a}$ und damit

$$K_v = \frac{C_a^a \cdot C_b^b}{C_c^c \cdot C_d^d}.$$

Die Gleichgewichtskonstante K_v ist somit aus der Wärmetönung der Reaktion und aus der spezifischen Wärme der beteiligten Stoffe berechenbar. Das chemische Gleichgewicht liegt bei der Verbrennung so, daß diese bei nicht sehr hohen Temperaturen praktisch vollständig verläuft, Ausgangsstoffe und Zwischenprodukte bei Gleichgewicht nur in kleinen Spuren im Gemisch enthalten sind. Je höher die Temperatur der Verbrennungsgase nach der Verbrennung jedoch wird, desto mehr verschiebt sich das Gleichgewicht gegen die Ausgangsstoffe und Zwischenprodukte der Verbrennung, diese wird immer unvollständiger. Die Zusammensetzung der Verbrennungsgase für Gleichgewicht wird am besten dadurch gefunden, daß man zunächst annimmt, daß die Verbrennung vollständig verlaufen sei, wie es dem Gleichgewicht bei tiefen Temperaturen entspricht. Denkt man sich die Gase nun erhitzt, so werden die höheren Temperaturen entsprechenden Gleichgewichtszustände durch Zerlegung (Dissoziation) einzelner Bestandteile der Verbrennungsgase erreicht.

Die Verbrennungsgase enthalten bei Luftüberschuß und vollständiger Verbrennung CO_2, H_2O, O_2 und N_2.

Bei Luftmangel erfolgt die Verbrennung auch in der vollkommenen Maschine nicht mehr vollständig. In den Abgasen ist dann kein Sauerstoff, hingegen bei Otto-Motoren außer den früher genannten Gasen noch CO und H_2 enthalten. Bei Diesel-Motoren bildet sich bei Luftmangel im allgemeinen Ruß, ein Betrieb bei Luftmangel ist jedoch für die vollkommene Maschine nicht in Betracht zu ziehen.

Die bei der Dissoziation in Betracht kommenden Reaktionen sind nach KÜHL [10]:

CO_2 zerspaltet nach der Gleichung

$$2\,CO_2 = 2\,CO + O_2,$$

H_2O zerfällt in seine Elemente

$$2\,H_2O = 2\,H_2 + O_2,$$

H_2O verbindet sich mit O_2 zur Hydroxylgruppe OH

$$2\,H_2O + O_2 = 4\,OH,$$

Wasserstoff- und Sauerstoffmoleküle zerfallen bei hohen Temperaturen in ihre Atome

$$H_2 = 2\,H, \quad O_2 = 2\,O,$$

Stickstoff- und Sauerstoff verbinden sich zu Stickoxyd

$$N_2 + O_2 = 2\,NO.$$

Wie früher gezeigt wurde, lassen sich die Gleichgewichtskonstanten für diese Reaktionen ermitteln.

Für jede der 6 Reaktionen gibt es eine Gleichgewichtskonstante, durch welche eine Beziehung zwischen den Konzentrationen gegeben ist. Weitere 4 Gleichungen ergeben sich aus der Kohlenstoff-, Wasserstoff-, Sauerstoff- und Stickstoffbilanz. Man erhält dadurch im ganzen 10 Gleichungen, durch welche die zehn unbekannten Konzentrationen C_{CO_2}, C_{CO}, C_{H_2O}, C_{H_2}, C_{H_1}, C_{OH}, C_{O_2}, C_{O_1}, C_{N_2}, C_{NO} bestimmt werden können.

Zahlenwerte für die Dissoziationskonstanten, für die Wärmetönungen und Angaben über die Durchführung der Rechnung finden sich bei KÜHL [10].

Durch die Dissoziationen wird die innere Energie und die Entropie geändert.

Bezeichnet man mit u_0 die innere Energie des nichtdissoziierten Gases, so ist für das dissoziierte Gas bei konstantem Volumen

$$u = u_0 + \Delta u = u_0 + \Sigma \Delta \alpha_i H_{vi},$$

dabei sind $\Delta \alpha_i$ die Anzahl der dissoziierten Mol, H_{vi} die entsprechenden Wärmetönungen bei der Dissoziationstemperatur.

Die Entropieänderung durch die Dissoziation kann bei konstantem Volumen aus der Änderung der inneren Energie bestimmt werden. Es ist

$$ds = \frac{du}{T} = \frac{du_0}{T} + \frac{d\Delta u}{T} = ds_0 + \frac{d\Delta u}{T}.$$

Dabei ist s_0 die Entropie, u_0 die innere Energie des nichtdissoziierten Gases, Δu die Zunahme an innerer Energie durch die Dissoziation. Integriert ergibt sich

$$s = s_0 + \int^T \frac{d\Delta u}{T} = f(t) + 1{,}986 \cdot \ln\left(\frac{V}{V_0}\right) + \int^T \frac{d\Delta u}{T}$$

und mit

$$\frac{d\Delta u}{T} = d\left(\frac{\Delta u}{T}\right) + \frac{\Delta u}{T^2}\,dT,$$

$$s = s_0 + \frac{\Delta u}{T} + \int^T \frac{\Delta u}{T^2}\,dT.$$

Die untere Integrationsgrenze liegt dort, wo die merkbare Dissoziation beginnt.

Setzt man an Stelle von $f(t)$ den Wert

$$s^* = s - AR\ln\left(\frac{V}{V_0}\right) = f(t) + \int^T \frac{d\Delta u}{T}$$

ein, so läßt sich damit in genau gleicher Weise rechnen wie beim nichtdissoziierten Gas mit $f(t)$.

Wenn man den Berechnungen stets die Menge von 1 Mol nichtdissoziiertes Gas zugrunde legt, so geben sich für das dissoziierte Gas folgende Beziehungen zwischen den Zustandsgrößen: Durch die Dissoziation seien Δn Mol neu entstanden. Es ist dann

$$V p = (1 + \Delta n) R T.$$

Wenn man $(1 + \Delta n) R = R'$ setzt, so kann mit R' so gerechnet werden wie mit der Gaskonstante des nichtdissoziierten Gases, wobei nur zu berücksichtigen ist, daß R' sich mit der Dissoziation, also mit Temperatur und Volumen ändert.

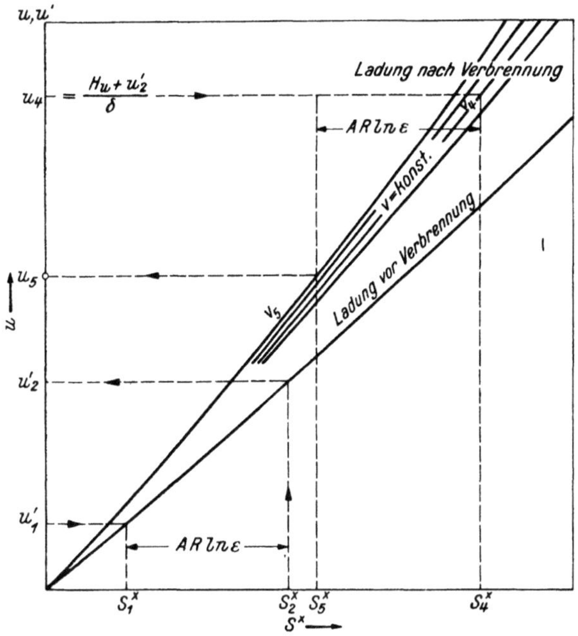

Abb. 16. Schema der Wirkungsgradermittlung für die Gleichraumverbrennung.

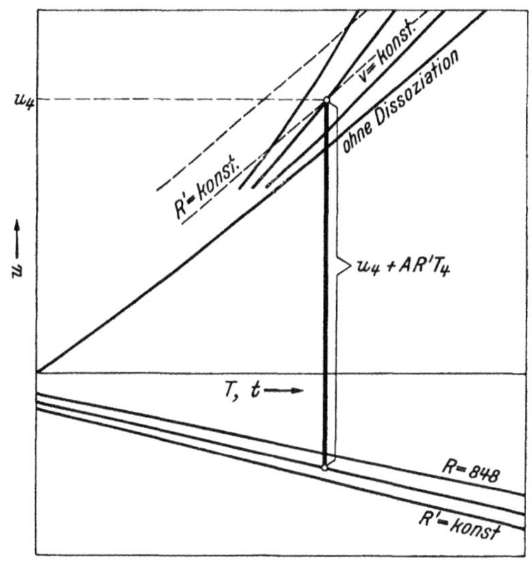

Abb. 17. Ermittlung des Zustandes 4 bei gemischter Verbrennung.

Für die Ermittlung des Wirkungsgrades benützt man Diagramme. Bei Gleichraumverbrennung genügt es, wenn man u als Ordinate, s^* als Abszisse aufträgt. Man hat dann den in Abb. 16 eingezeichneten Linienzug zu zeichnen und erhält u_5 aus dem sich der Wirkungsgrad nach der früheren Formel ergibt.

Beim Diagramm mit gemischter Verbrennung (Diesel-Motor) kann man wie folgt vorgehen: Aus dem u, $f(t)$-Diagramm entnimmt man u_2'. Nun ist

$$\delta u_4 + A\,\delta p_3\,V_4 = B\,(H_u + u_e) + u_2' + A\,p_3 \cdot V_2'.$$

Die rechte Seite der Gleichung ist bekannt. Für $p_3\,V_4$ kann man $R'\,T_4$ setzen

$$(u_4 + A\,R'\,T_4) = \frac{B\,(H_u + u_e) + u_2' + A\,p_3\,V_2'}{\delta}.$$

Zeichnet man sich nach Abb. 17 ein Diagramm, das u und $R'\,T$ als Funktion von t enthält, so kann so vorgegangen werden:

Man schätzt zunächst die Temperatur und R', rechnet sich V_4 aus der Gasgleichung

$$V_4 = \frac{R'\,T_4}{p_3}$$

Zahlentafel 5. Brennstoffabhängige Grundlagen für die Wirkungsgradberechnung.

Brennstoff	Frischgaszusammensetzung Vol.-%										u' 300° C kcal	Gemischheizwert H_g kcal/Nm³	Zusammensetzung der Abgase für $\lambda = 1$ Vol.-%			δ	u 2000° C kcal	$\frac{H_g}{\delta}$ kcal/Nm³	
	CO_2	CO	H	N_2	O_2	C_nH_{2n}	C_6H_6	C_3H_8	C_4H_{10}	CH_4			CO_2	H_2O	N_2				
Gasöl, C_nH_{2n}, Diesel	—	—	—	(Luft) 79	21	—	—	—	—	—	1530	914	13,1	13,1	73,8	1,071	13930	850	Gruppe I
Benzin, C_nH_{2n}, Otto	—	—	—	78	20	2	—	—	—	—	1770	904	13,1	13,1	73,8	1,05	13930	860	
Benzol	—	—	—	76,9	20,4	—	2,7	—	—	—	1694	916	16,1	8,1	75,8	1,015	13984	900	
Propan, C_3H_8	—	—	—	76	20	—	—	4,0	—	—	—	880	11,6	15,5	72,9	1,04	13925	845	
Butan, C_4H_{10}	—	—	—	76,5	20,4	—	—	—	3,1	—	—	888	12,0	15,0	73,0	1,044	13925	848	
Leuchtgas	1,2	2,7	9,7	64	17,0	—	—	—	—	5,4	1610	778	9,9	21,9	68,2	0,94	14052	836	
Kohlengas	5,87	9,1	7,2	65,4	11,0	—	—	—	—	1,43	1545	625	17,8	11,0	71,2	0,917	14330	685	Gruppe II
Gichtgas	4,0	17,0	1,0	69,0	9,0	—	—	—	—	—	1690	537	23,1	1,1	75,8	0,91	14470	590	

und greift nun den in der vorigen Formel rechts stehenden Ausdruck zwischen den Linien für R' und V_4 konst. ab. Damit erhält man einen genaueren Wert für die Temperatur, mit dem die Ermittlung wiederholt werden kann.

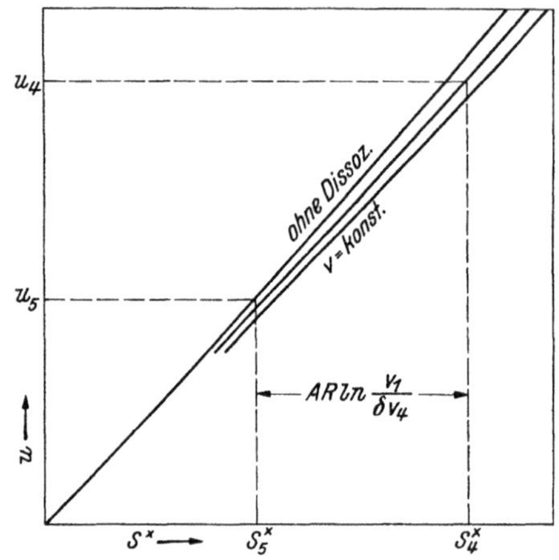

Abb. 18. Ermittlung des Zustandes 5 bei gemischter Verbrennung.

Nun wird der Punkt u_4, V_4 im u—s-Diagramm für Brenngase nach Abb. 18 aufgesucht und mittels der Beziehung

$$s_5{}^* = s_4{}^* - A\,R \ln\left(\frac{V_1}{\delta\, V_4}\right)$$

der Wert von u_5 gefunden.

c) Anwendung des genauen Verfahrens.

Die vorangegangenen Ausführungen zeigen, daß der Wirkungsgrad von folgenden, brennstoffbedingten Größen abhängt:

1. Zusammensetzung der Frischladung,
2. Gemischheizwert,
3. Molverhältnis,
4. Zusammensetzung der Verbrennungsgase.

Die Zusammensetzung der Verbrennungsgase wirkt sich in zweifacher Hinsicht aus. Sie beeinflußt die u/t- und u/s-Kurven für nichtdissoziiertes Gas und sie beeinflußt die durch die Dissoziation gebundene Wärme.

Die Herabsetzung des Wirkungsgrades durch die Dissoziation ist, wie später gezeigt wird, nicht sehr groß und bei den verschiedenen Brennstoffarten, bei gleicher Höchsttemperatur des Prozesses und gleichem Arbeitsverfahren nicht sehr verschieden. Die Zusammensetzung der Abgase wirkt sich auf den Wirkungsgrad demnach vor allem über die u/t-Linie aus.

Zahlentafel 5 enthält eine Zusammenstellung der brennstoffabhängigen Grundlagen für die Wirkungsgradberechnung, welche die wichtigsten Motorbrennstoffe umfaßt.

Zum Vergleich der u-Werte ist für jeden Brennstoff der Wert herausgegriffen, welcher einer Temperatur von 2000° C entspricht. Diese Temperatur liegt in der Nähe der Höchsttemperatur gebräuchlicher Arbeitsverfahren. Die u/t-Kurve der Frischladung hat wesentlich geringeren Einfluß. Die Zahlentafel enthält u' (300° C), das annähernd der Endtemperatur bei adiabatischer Verdichtung für $\varepsilon = 6$ und dem Anfangszustand 293° entspricht.

Es lassen sich deutlich zwei Gruppen von Brennstoffen abgrenzen, innerhalb welcher die einzelnen Größen nicht sehr voneinander abweichen, die Wirkungsgrade daher annähernd gleich sein werden.

Aus jeder Gruppe wurde ein Brennstoff herausgegriffen und für diesen die genaue Ermittlung des Wirkungsgrades nach Kühl durchgeführt. Dabei wurden Verdichtung und Luftüberschuß innerhalb der Bereiche verändert, die praktisch in Betracht kommen, so daß der Wirkungsgrad wohl in jedem vorkommenden Fall den weiteren Darstellungen entnommen werden kann.

Für Rechnungen am Versuchsstand, denen das Indikatordiagramm zugrunde liegt, welches bei höheren Drehzahlen ohnehin nicht sehr genau ist, kann der Wirkungsgrad aller Brennstoffe einer Gruppe gleichgesetzt werden.

Genauere Wirkungsgrade für einen bestimmten Brennstoff kann man erhalten, wenn man mit den in Zahlentafel 6 gegebenen mittleren spezifischen Wärme die u/t- und u/s-Linie für nichtdissoziiertes Abgas dieses Brennstoffes zeichnet, den Wirkungsgrad ohne Berücksichtigung der Dissoziation ermittelt und die Wirkungsgradverminderung durch die Dissoziation gleich annimmt wie bei einem Arbeitsverfahren mit gleichem H_g/δ, gleichem ε und gleichem Höchstdruck. Mit diesem Vorgang kann eine Genauigkeit erreicht werden, die in fast allen Fällen ausreicht.

Zahlentafel 6. Mittlere spezifische Wärme $C_v^m\Big|_0^t$ (berechnet aus den Angaben von Justi [8]).

t° C	N_2	CO_2	H_2O	H_2	O_2	CO
100	4,98	7,18	6,04	4,93	5,06	4,98
200	5,01	7,66	6,13	4,96	5,16	5,01
300	5,05	8,07	6,23	4,98	5,27	5,07
400	5,10	8,41	6,35	4,99	5,39	5,13
500	5,16	8,76	6,48	5,00	5,50	5,20
600	5,22	9,04	6,61	5,02	5,60	5,28
700	5,28	9,29	6,75	5,04	5,69	5,35
800	5,36	9,51	6,90	5,07	5,78	5,44
900	5,43	9,71	7,05	5,10	5,86	5,51
1000	5,50	9,89	7,19	5,13	5,93	5,58
1200	5,63	10,20	7,46	5,21	6,05	5,71
1400	5,74	10,46	7,73	5,29	6,17	5,82
1600	5,83	10,67	7,97	5,37	6,25	5,91
1800	5,92	10,85	8,20	5,46	6,34	5,99
2000	5,99	11,00	8,42	5,54	6,43	6,06
2200	6,06	11,14	8,62	5,63	6,49	6,13
2400	6,11	11,25	8,80	5,71	6,57	6,19
2600	6,18	11,35	8,97	5,79	6,64	6,25
2800	6,23	11,44	9,12	5,86	6,69	6,29
3000	6,27	11,53	9,24	5,93	6,77	6,33

Genügt sie in besonderen Fällen nicht, so müssen die zeitraubenden und mühevollen Dissoziationsrechnungen nach Kühl [10] für den Brennstoff durchgeführt und die Hilfstafeln für dissoziiertes Gas gezeichnet werden.

Als Vertreter der Brennstoffe mit hohem Heizwert (Gruppe I) wurde ein Kohlenwasserstoff C_nH_{2n} genommen, der bei kleinem Molekulargewicht einem mittleren Benzin für Otto-Motoren, bei höherem Molekulargewicht einem mittleren Gasöl für Diesel-Motoren entspricht. Abgaszusammensetzung, Luftverbrauch und δ sind in beiden Fällen gleich, auch der Heizwert wurde für beide Molekulargewichte gleich angenommen. Die Gruppe II wird durch ein Generatorgas aus Holzkohle vertreten, das in bezug auf Zusammensetzung ungefähr in der Mitte zwischen wasserstoffreicheren Generatorgasen und dem wasserstoffarmen Gichtgas liegt.

α) Flüssiger Kohlenwasserstoff C_nH_{2n} (Gruppe I).

Grundlagen:

Zusammensetzung: $c = 85{,}62\%$ Kohlenstoff,
$h = 14{,}38\%$ Wasserstoff.

Mittleres Molekulargewicht des Benzins $m = 100$.

Heizwert: flüssig 20° C $H_u = 10425$ kcal/kg,
dampfförmig 20° C $H_u = 10500$ kcal/kg.

Bei Verbrennung mit Luftmangel wurde der Verbrennung in der vollkommenen Maschine eine Wassergasgleichgewichtskonstante $K = 3{,}36$ zugrunde gelegt. Die vom Luftüberschuß abhängige Zusammensetzung der Abgase ist in Zahlentafel 7 enthalten.

Mit den Angaben der Zahlentafeln 6 und 7 erhält man die in den Zahlentafeln 8 und 9 angegebenen Werte von u und $f(t)$ für nichtdissoziiertes Gas. Damit und mit den Δu- und Δs-Werten von KÜHL [10] wurden nun Hilfstafeln in großem Maßstab gezeichnet, die zur Ermittlung der Wirkungsgrade verwendet wurden. In Ergänzung hierzu enthält die Zahlentafel 10 für Otto-Motoren u und $f(t)$ für Benzindampf-Luft-Gemische.

Zahlentafel 7. Zusammensetzung der Abgase eines Brennstoffes (C_nH_{2n}).

	Luftüberschuß					
	$\lambda = 0{,}6$	$\lambda = 0{,}8$	$\lambda = 1{,}0$	$\lambda = 1{,}2$	$\lambda = 1{,}4$	$\lambda = 1{,}6$
$v(N_2)$...	0,62865	0,69300	0,73832	0,74645	0,75238	0,75689
$v(CO_2)$.	0,04818	0,08878	0,13084	0,11024	0,09524	0,08383
$v(H_2O)$.	0,10036	0,12612	0,13084	0,11024	0,09524	0,08383
$v(O_2)$...	—	—	—	0,03307	0,05714	0,07545
$v(CO)$ ..	0,13750	0,06472	—	—	—	—
$v(H_2)$ ..	0,08531	0,02738	—	—	—	—

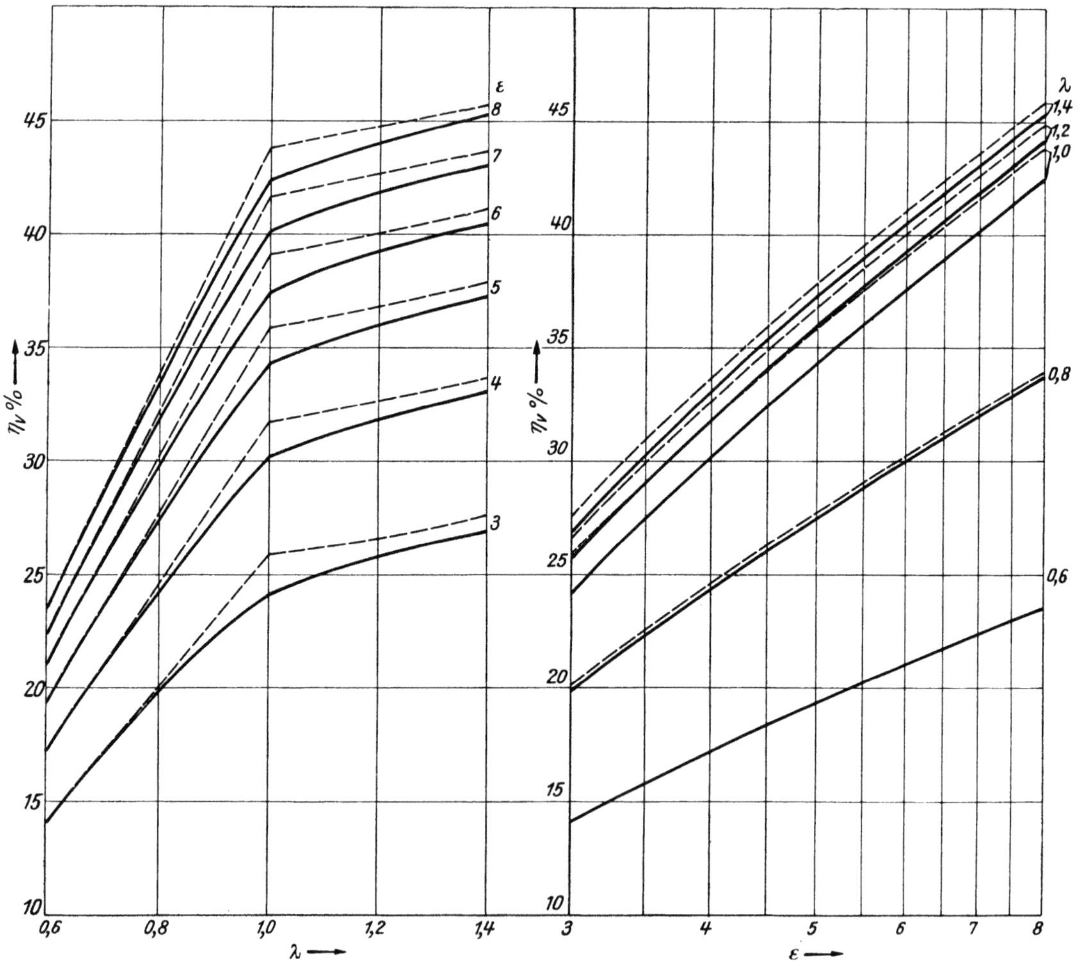

Abb. 19. η_v von Otto-Motoren für Benzin. Brennstoff C_nH_{2n}, H_u Dampf = 10500 kcal/kg.

Zahlentafel 8. Funktion $f(t)$ für die Verbrennungsgase des Brennstoffes C_nH_{2n}.

T	$\lambda = 0{,}6$	0,8	1,0	1,2	1,4	1,6	2,0	2,5	3,0	4,0	6,0	Luft
200	-1,59	-1,612	-1,63	-1,616	-1,606	-1,598	-1,59	-1,585	1,58	1,574	1,56	-1,54
273	0	0	0	0	0	0	0	0	0	0	0	0
300	0,491	0,498	0,506	0,500	0,496	0,493	0,489	0,486	0,483	0,481	0,478	0,472
400	2,000	2,033	2,082	2,056	2,038	2,023	2,002	1,987	1,976	1,963	1,949	1,920
500	3,198	3,258	3,344	3,299	3,267	3,242	3,208	3,179	3,160	3,137	3,112	3,062
600	4,199	4,293	4,396	4,336	4,293	4,260	4,213	4,175	4,149	4,118	4,085	4,018
700	5,096	5,197	5,327	5,251	5,197	5,155	5,096	5,049	5,015	4,975	4,934	4,849
800	5,845	6,007	6,165	6,074	6,009	5,958	5,888	5,831	5,790	5,742	5,692	5,591
900	6,546	6,739	6,923	6,818	6,742	6,684	6,602	6,538	6,490	6,434	6,376	6,259
1000	7,192	7,415	7,624	7,506	7,420	7,354	7,262	7,186	7,135	7,072	7,007	6,674
1200	8,365	8,642	8,906	8,761	8,655	8,575	8,461	8,370	8,305	8,228	8,148	7,985
1400	9,383	9,714	10,004	9,840	9,720	9,629	9,501	9,396	9,324	9,237	9,146	8,962
1600	10,304	10,675	11,005	10,819	10,684	10,581	10,435	10,316	10,235	10,136	10,033	9,825
1800	11,131	11,540	11,900	11,694	11,544	11,430	11,269	11,137	11,048	10,937	10,824	10,593
2000	11,888	12,331	12,720	12,495	12,332	12,208	12,032	11,888	11,781	11,670	11,547	11,295
2200	12,579	13,057	13,470	13,228	13,053	12,919	12,730	12,576	12,471	12,341	12,208	11,938
2400	13,220	13,729	14,165	13,907	13,720	13,578	13,396	13,212	13,099	12,961	12,819	12,531
2600	13,813	14,348	14,804	14,532	14,334	14,184	13,970	13,797	13,679	13,532	13,383	13,078
2800	14,373	14,934	15,410	15,124	14,817	14,759	14,535	14,353	14,228	14,075	13,918	13,598
3000	14,898	15,483	15,978	15,679	15,462	15,297	15,062	14,872	14,742	14,581	14,517	14,082
3200	15,385	15,992	16,498	16,189	15,955	15,793	15,550	15,353	15,219	15,053	14,882	14,536

Abb. 19 zeigt die Wirkungsgrade von *Otto-Motoren* für Benzin bei normalem Außenzustand (1 at, 20° C) in Abhängigkeit von ε und λ. Der Arbeitsvorgang ist gekennzeichnet durch Verdichtung eines Benzindampf-Luft-Gemisches und Gleichraumverbrennung.

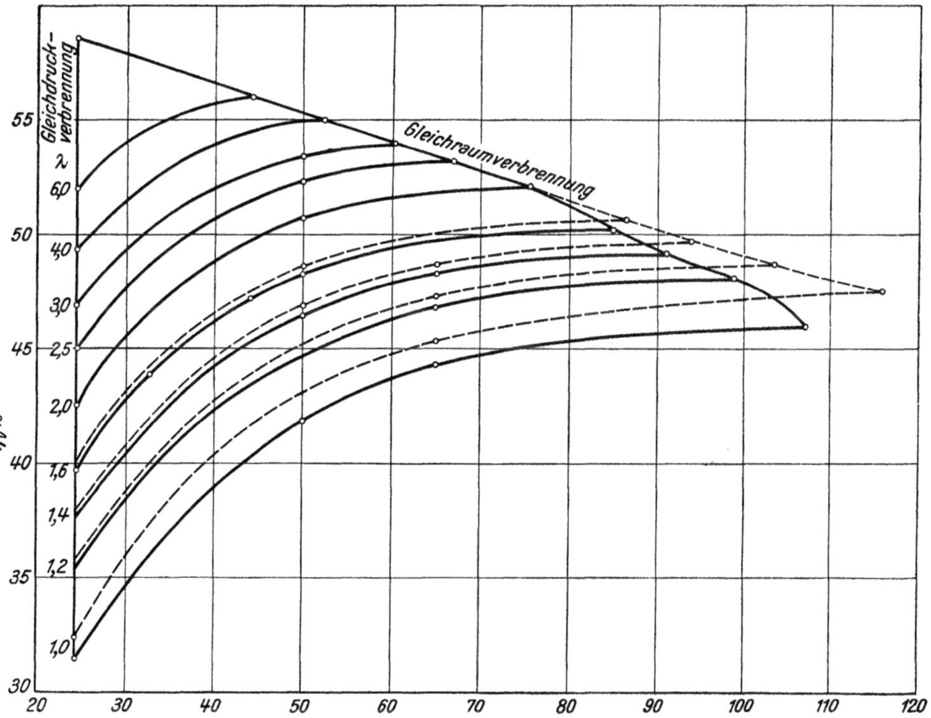

Abb. 20. η_v von Diesel-Motoren. Brennstoff C_nH_{2n}, $H_u = 10425$ kcal/kg. $\varepsilon = 10$.

Die Abb. 20 bis 24 enthalten die Wirkungsgrade vollkommener *Diesel-Motoren* mit verschiedenen Verdichtungsverhältnissen, Luftüberschüssen und Höchstdrücken. Die voll ausgezogenen und die strichlierten Linien entsprechen Wirkungsgraden, die mit und ohne Berücksichtigung der Dissoziation ermittelt wurden. Abb. 25 enthält die Wirkungsgrade bei Gleichraumverbrennung.

Zahlentafel 9. Innere Energie u kcal/Mol der Verbrennungsgase des Brennstoffes C_nH_{2n}.

$T°K$	$\lambda = 0{,}6$	0,8	1,0	1,2	1,4	1,6	2,0	2,5	3,0	4,0	6,0	Luft
200	−373	−378	−382	−379	−377	−375	−372	−369	−367	−366	−365	−360
273	0	0	0	0	0	0	0	0	0	0	0	0
300	140	144	146	144	143	142	141	140	139	138	137	135
400	662	679	692	683	677	672	666	660	656	652	647	637
500	1193	1226	1257	1240	1228	1212	1205	1194	1187	1178	1168	1149
600	1744	1797	1841	1815	1796	1782	1760	1743	1731	1718	1703	1673
700	2308	2383	2446	2410	2383	2363	2334	2310	2294	2275	2254	2213
800	2889	2990	3073	3026	2991	2965	2926	2895	2874	2849	2822	2768
900	3485	3611	3718	3658	3612	3581	3533	3495	3468	3436	3403	3335
1000	4098	4253	4382	4310	4250	4216	4155	4112	4080	4039	4000	3918
1200	5382	5596	5774	5673	5600	5545	5465	5401	5357	5303	5247	5134
1400	6719	6998	7227	7095	7000	6927	6827	6744	6687	6617	6544	5398
1600	8089	8437	8715	8554	8433	8346	8220	8116	8046	7959	7869	7688
1800	9487	9898	10231	10039	9893	9789	9634	9509	9425	9239	9211	8993
2000	10917	11395	11783	11554	11384	11259	11078	10931	10832	10708	10581	10323
2200	12364	12912	15253	13089	12895	12749	12541	12372	12257	12114	11968	11671
2400	13835	14452	14947	14645	14425	14260	14023	13830	13700	13536	13370	13032
2600	15311	15996	16542	16201	15956	15774	15507	15291	15145	14963	14776	14380
2800	16821	17579	18173	17800	17524	17320	17027	16789	16627	16425	16219	15800
3000	18340	19167	19816	19403	19104	18877	18555	18292	18115	17892	17665	17204
3200	19851	20743	21457	20999	20673	20430	20063	19797	19603	19360	19113	18611

Zahlentafel 10. Funktion $f(t)$ und innere Energie u' von Benzindampf-Luft-Gemischen.

T	$\lambda = 0{,}6$	0,8	1,0	1,2	1,4
			Funktion $f(t)$.		
200	— 1,766	— 1,7	— 1,667	— 1,625	1,6
273	0	0	0	0	0
300	0,561	0,538	0,526	0,517	0,508
400	2,330	2,221	2,169	2,130	2,099
500	3,790	3,586	3,504	3,433	3,375
600	5,055	4,774	4,648	4,545	4,460
700	6,186	5,838	5,666	5,531	5,426
800	7,228	6,819	6,592	6,425	6,298
			Innere Energie u' kcal/Mol.		
200	— 410	— 400	— 390	— 386	— 381
273	0	0	0	0	0
300	161	155	150	148	145
400	775	742	721	707	696
500	1428	1361	1319	1290	1270
600	2122	2013	1946	1900	1868
700	2858	2703	2606	2539	2494
800	3640	3429	3299	3209	3147

Besprechung der Ergebnisse.

1. *Abhängigkeit des η_v vom Verdichtungsverhältnis ε.* Sowohl bei Gleichdruck- als auch bei Gleichraumverbrennung steigt η_v mit dem Verdichtungsverhältnis zuerst stark, später langsam an. Bei den niederen Verdichtungsverhältnissen der Otto-Motoren ($\varepsilon = 4$ bis 8) bringt jede Erhöhung von ε erheblichen Gewinn, muß daher angestrebt werden.

Bei den hohen Verdichtungsverhältnissen der Diesel-Motoren ist die Erhöhung des Wirkungsgrades mit ε verhältnismäßig gering, es überwiegt daher im allgemeinen die Bedeutung der Gründe, die eine Herabsetzung des Verdichtungsverhältnisses soweit fordern, als dies aus betrieblichen Gründen (Verbrennung, Anfahren) möglich ist.

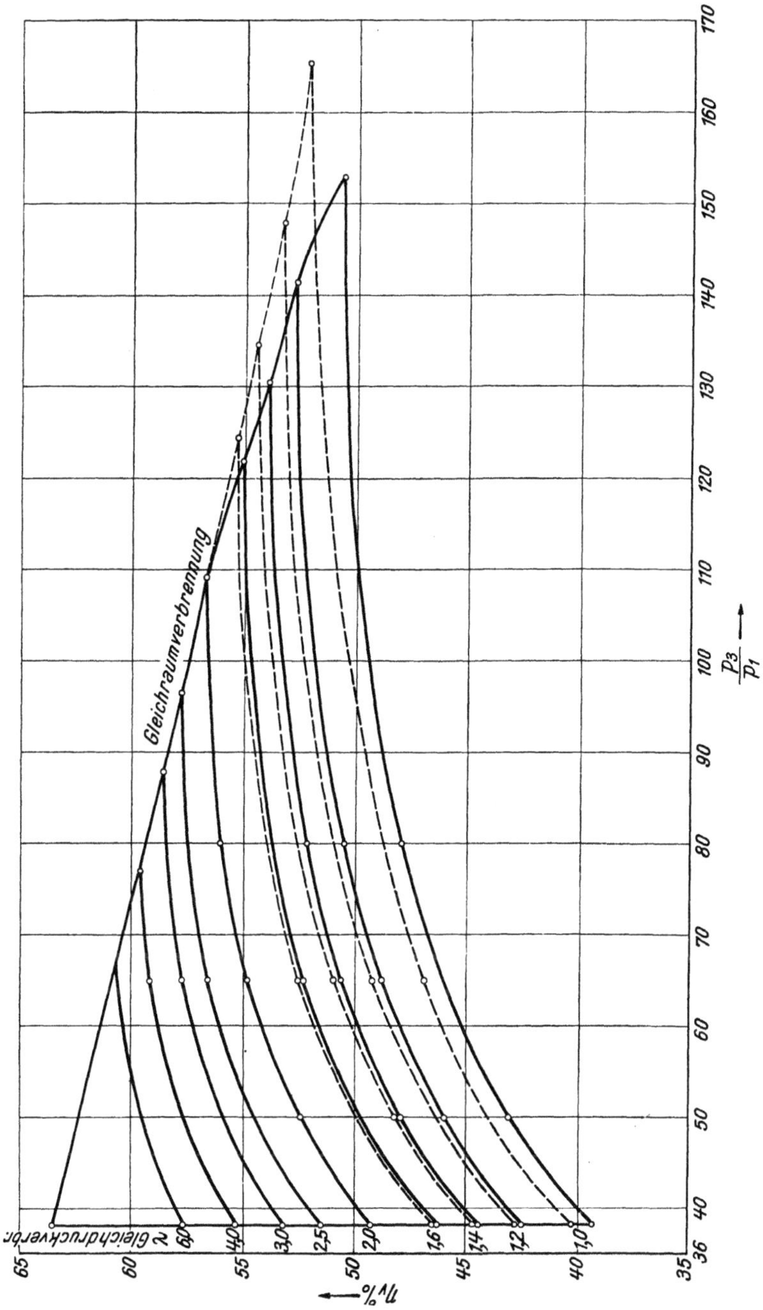

Abb. 21. η_v von Diesel-Motoren. Brennstoff C_nH_{2n}, $H_u = 10\,425$ kcal/kg. $\varepsilon = 14$.

2. *Abhängigkeit des η_v vom Höchstdruck p_3 bei Diesel-Motoren.* Bei konstanten ε und λ wächst der Wirkungsgrad mit steigendem Höchstdruck zuerst rasch, dann langsam, so daß seine Erhöhung im oberen Bereich wenig Gewinn bringt. Die Verbrennung im Diesel-Motor sollte daher so beherrscht werden, daß eine Erhöhung des Höchstdruckes im flacheren Bereich der η_v/p_3-Kurven mit Rücksicht auf die Beanspruchung des Triebwerkes möglichst vermieden wird.

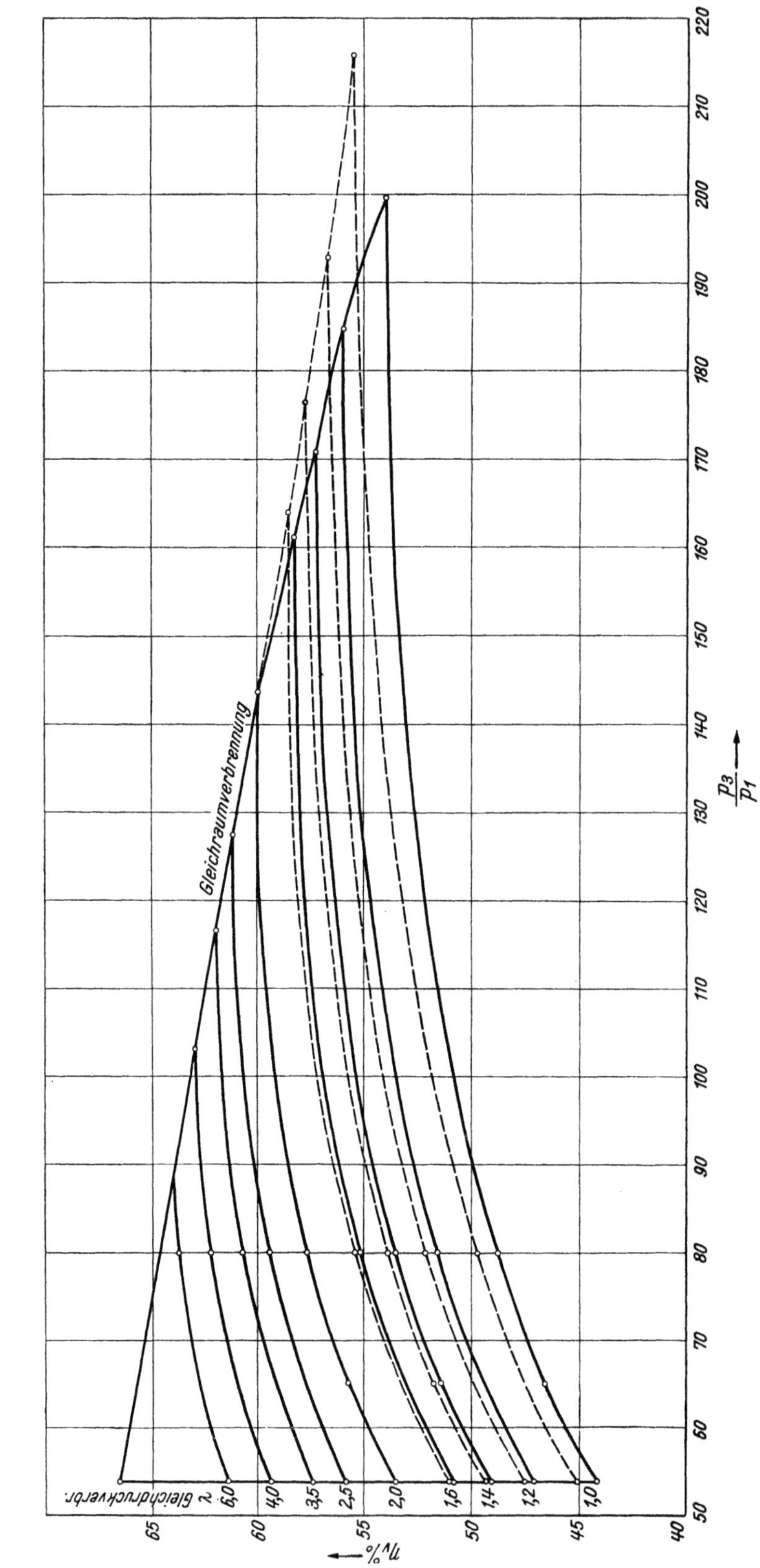

Abb. 22. η_v von Diesel-Motoren. Brennstoff C_nH_{2n}, H_u = 10425 kcal/kg. ε = 18.

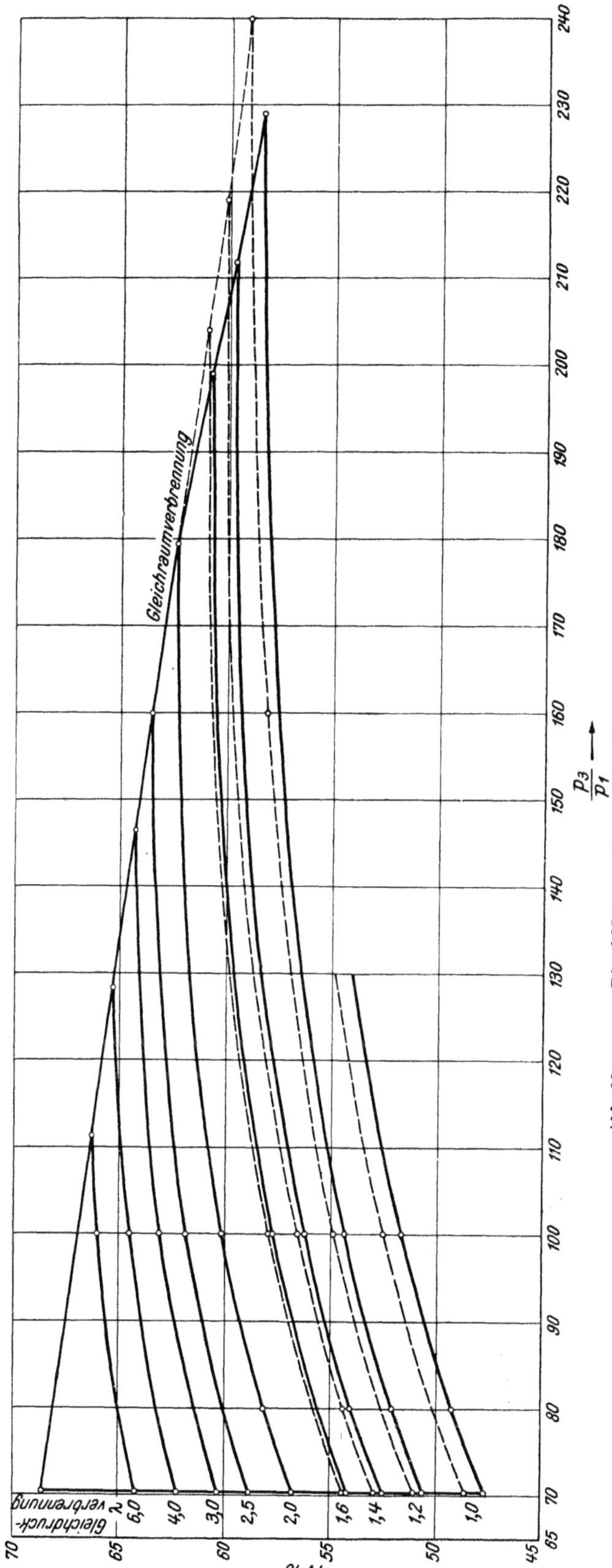

Abb. 23. η_v von Diesel-Motoren. Brennstoff C_nH_{2n}, $H_u = 10425$ kcal/kg. $\varepsilon = 22$.

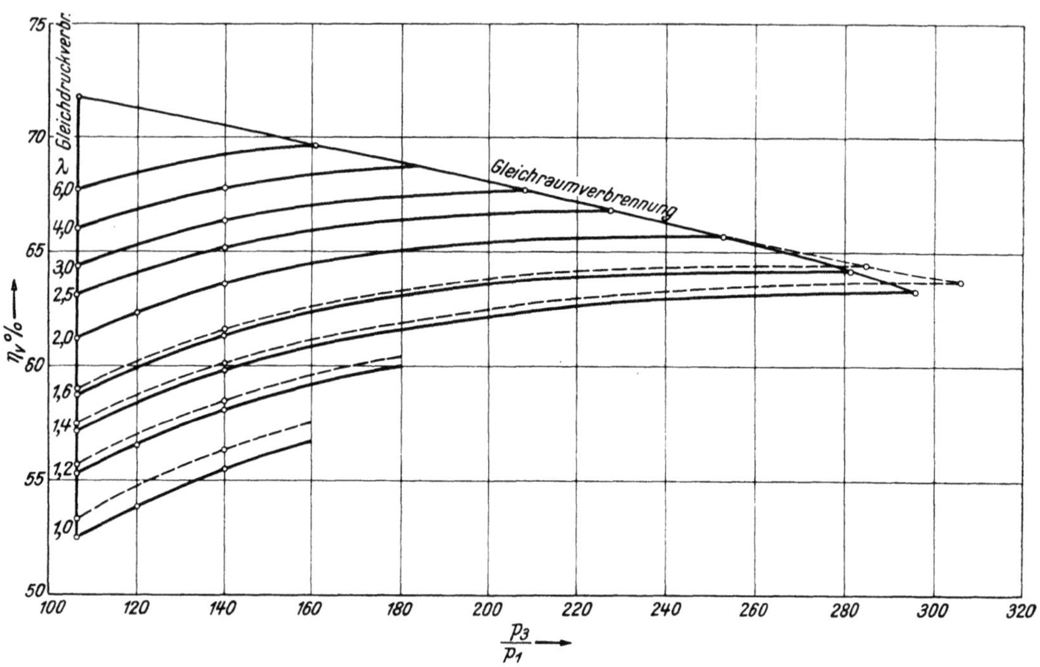

Abb. 24. η_v von Diesel-Motoren. Brennstoff C_nH_{2n}, H_u = 10425 kcal/kg. ε = 30.

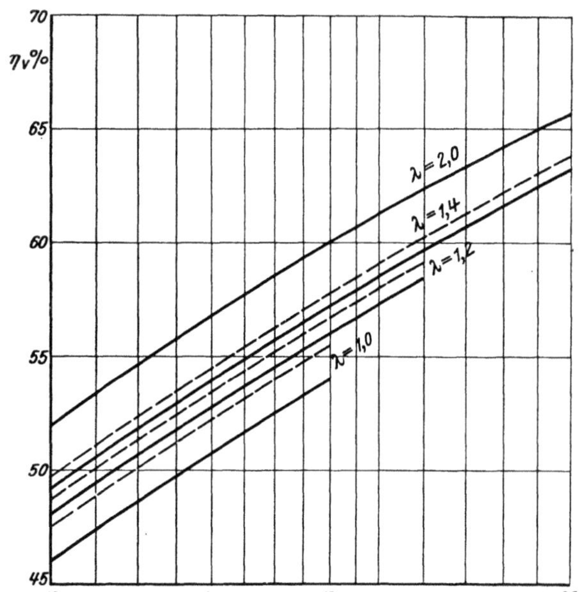

Abb. 25. η_v bei Gleichraumverbrennung.

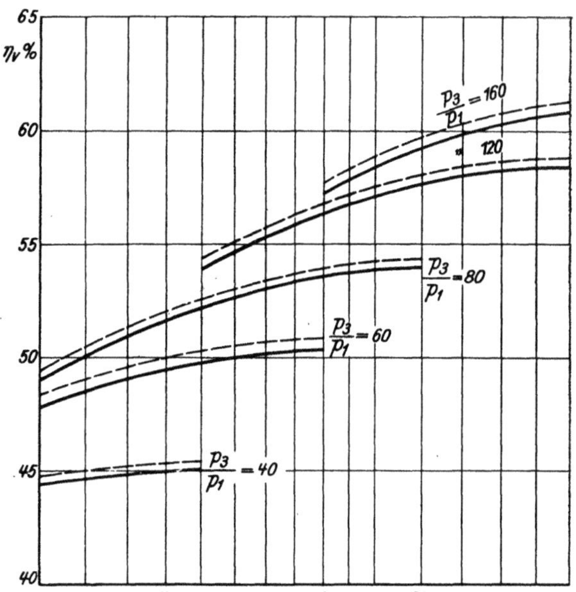

Abb. 26. η_v bei konstantem Höchstdruck und veränderlichem ε. λ = 1,4.

Die Wirkungsgrade für einen bestimmten Höchstdruck wachsen nach Abb. 26 mit steigendem Verdichtungsverhältnis. Der Grenzfall, Verdichtung auf den Höchstdruck, also reine Gleichdruckverbrennung, gibt den günstigsten Wirkungsgrad, wäre also für den Diesel-Motor das theoretisch beste Arbeitsverfahren. Es ist mangels vollkommener Beherrschung des Verbrennungsablaufes in Wirklichkeit nicht erzielbar, auch sprechen Rücksichten auf die Triebwerksbeanspruchung dagegen. Bei der Gleichdruckverbrennung wirkt der hohe Verbrennungsdruck länger auf das Triebwerk, außerdem verringert er sich bei einer Teilbelastung der Maschine nicht. Gerade dieser letzte Umstand ist aber bei Motoren die meist mit Teillast laufen (z. B. bei Fahrzeugmotoren) von Bedeutung. Es wäre daher wohl auch bei vollständiger Beherrschung der Verbrennung in den meisten Fällen angezeigt, einen Gleichraumteil im Diagramm zuzulassen, um so mehr als der Gewinn durch Erhöhung des Verdichtungsverhältnisses bei gegebenem Höchstdruck nach Abb. 26 nicht sehr groß ist.

3. *Abhängigkeit des η_v vom Luftüberschuß λ.* Auffallend ist die starke Zunahme des Wirkungsgrades mit dem Luftüberschuß.

Aus den Unterschieden zwischen den vollen und strichlierten Linien in den Schaubildern sieht man, daß die Dissoziation bei kleinen Luftüberschüssen den Wirkungsgrad nicht unwesentlich herabsetzt. Bei größeren Luftüberschüssen ist ihr Einfluß gering.

Der Einfluß des Anfangszustandes auf den Wirkungsgrad.

Bei Abweichungen des Anfangszustandes p_1, T_1 vom normalen Außenzustand (1 at, 293° K) verändert sich der Wirkungsgrad. CORDIER [5] hat die Zusammenhänge zwischen η_v und p_1, T_1 untersucht und dabei die nachstehend angeführten Beziehungen entwickelt.

a) Veränderung des Ansaugdruckes.

Ändert sich bei gleichbleibender Temperatur der Ansaugdruck von p_1 auf p_1', so ist

$$p_1 V_1 = p_1' \, V_1'.$$

Da u von p unabhängig angenommen wurde, *so ändern sich ohne Berücksichtigung der Dissoziation nicht die Werte von u und damit auch nicht der Wirkungsgrad.*

Bei merkbarer Dissoziation ist von der Grundgleichung für den Wirkungsgrad auszugehen. Nach p_1 differentiert ergibt sich

$$d\eta_v = -\frac{\delta \cdot du_5}{B H_u}.$$

Aus der Gleichung für die Verbrennung

$$u_4 = \frac{B(H_u + u_e)}{\delta} - A\, p_3 V_4 + \frac{1}{\delta}(u_2' + A\, p_3 V_2)$$

erhält man mit $p_3 V_4 = R' \, T_4$

$$du_4 = -A\, R' \cdot d\,T_4,$$

da die Zustandsgrößen vor der Verbrennung und die entwickelte Wärme gleichbleiben.

Nun ist

$$s_5^* = s_4^* + A\, R \cdot \ln\left(\frac{V_4 \delta}{V_1}\right),$$

$$ds_5^* = ds_4^* + A\, R\left(\frac{dV_4}{V_4} - \frac{dV_1}{V_1}\right)$$

und

$$\frac{dV_4}{V_4} = \frac{dT_4}{T_4} - \frac{dp_3}{p_3},$$

wenn die Änderung von R' vernachlässigt wird.

Mit

$$\frac{dV_1}{V_1} = -\frac{dp_1}{p_1} = -\frac{dp_3}{p_3}$$

wird

$$ds_5^* = ds_4^* + A\, R \cdot \frac{dT_4}{T_4}.$$

Das vollständige Differential von $ds_4{}^*$ mit u und V als unabhängig Veränderlichen ist nach Abb. 27

$$ds_4{}^* = \left(\frac{\partial s_4{}^*}{\partial u}\right)_V du + \underbrace{\left(\frac{\partial s_4{}^*}{\partial V}\right)_u dV}_{ds^*_{4v}}.$$

Nun ist für konstantes V mit dem früher erhaltenen Ausdruck für du_4

$$\left(\frac{\partial s_4{}^*}{\partial u}\right)_V du = \frac{du_4}{T_4} = -\frac{A R' \, dT_4}{T_4}.$$

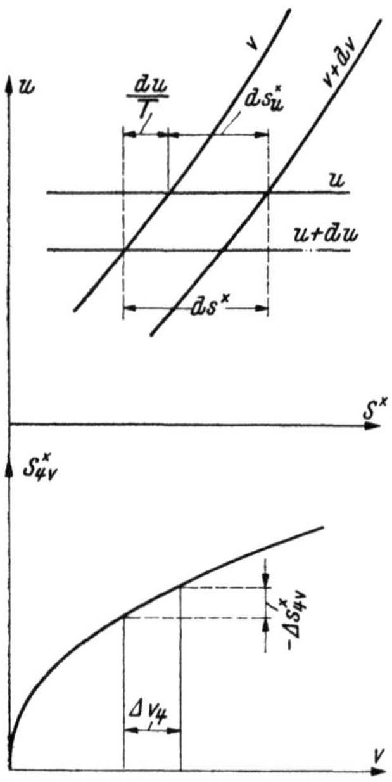

Abb. 27.

Setzt man $ds_4{}^*$ in den oben erhaltenen Ausdruck ein und vernachlässigt den Unterschied zwischen R und R', so ergibt sich

$$ds_5^* = ds^*_{4v}$$

und da bei den verhältnismäßig tiefen Expansionsendtemperaturen die Dissoziation und daher die Abhängigkeit des $ds_5{}^*$ vom Volumen klein wird

$$du_5 = ds^*_{4v} \cdot T_5.$$

Geht man auf endliche Änderungen über, so erhält man die Veränderunng des Wirkungsgrades mit dem Druck

$$\Delta \eta_p = -\frac{\delta T_5}{H_u B} \cdot \Delta s^*_{4v}. \tag{38}$$

Die Änderungen sind im allgemeinen nur klein. Für T_5 kann der Wert bei normalem Druck eingesetzt werden.

Man berechnet sich V_4 und $V_4{}'$, indem man annähernd

$$V_4{}' = \frac{p_1}{p_1{}'} V_4$$

setzt und bestimmt Δs^*_{4v} aus dem u—s^*-Diagramm des dissoziierten Abgases, indem man sich eine Hilfskurve $\Delta s_v{}^* = f(V)$ nach Abb. 27 zeichnet. Die Ableitung gilt ganz allgemein.

Die Abb. 28 und 29 enthalten $\Delta \eta_p$ für Otto- und Diesel-Motoren mit dem Brennstoff C_nH_{2n}.

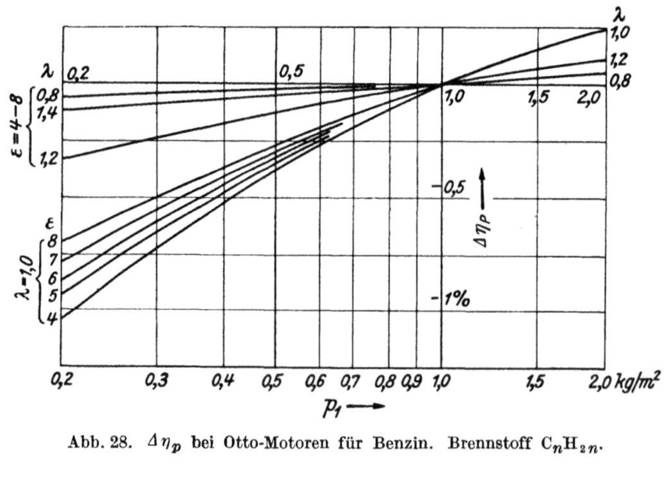

Abb. 28. $\Delta \eta_p$ bei Otto-Motoren für Benzin. Brennstoff C_nH_{2n}.

Für Otto-Motoren wurde p_1 in den Grenzen von 0,2 bis 2 at verändert und damit starke Drosselung sowie hohe Aufladung berücksichtigt.

Bei Diesel-Motoren fallen die Linien für verschiedene Werte von ε und verschiedene Höchstdrücke p_3/p_1 so eng zusammen, daß die Abhängigkeit des $\Delta \eta_p$ von ε und p_3/p_1 vernachlässigt werden kann. $\Delta\eta_p$ wurde für Anfangsdrücke zwischen den Grenzen 0,5 und 2,0 at für Verdichtungen von $\varepsilon = 10 - 22$ und zwischen den Grenzen 0,25 und 1 at bei einem Verdichtungsverhältnis von $\varepsilon = 30$ ermittelt. Damit wurde der praktisch vorkommende Bereich gedeckt, dessen Grenzen durch den Motor in großen Flughöhen und den aufgeladenen Motor gegeben sind.

b) Veränderung der Ansaugtemperatur.

Um die Abhängigkeit des η_v von der Ansaugtemperatur im Bereich von 200 bis 393° K zu ermitteln, wurde der Wirkungsgrad für $T_1 = 200°$ und 393° gerechnet und die Differenz gegenüber den Werten für 293° Anfangstemperatur bestimmt. Um die Kurve

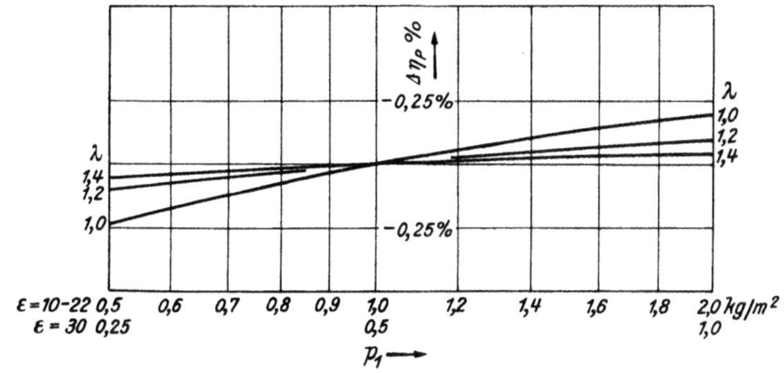

Abb. 29. $\Delta\eta$ bei Diesel-Motoren. Brennstoff C_nH_{2n}.

genau zeichnen zu können, ist es erwünscht, die Steigung ihrer Tangenten in den einzelnen Punkten bestimmen zu können. Dazu führt nach CORDIER [5] die folgende Entwicklung.

Für *Gleichraumverbrennung* gilt:

$$\eta_v = \frac{u_1' + H_u B - \delta u_5}{B H_u}.$$

Nach T_1 differentiert ergibt sich:

$$d\eta_v = \frac{1}{B H_u} \cdot [d u_1' - \delta d u_5].$$

Mit

$$d u_1' = C_{v1} \cdot d T_1, \qquad d s_2' = d s_1' = \frac{d u_1'}{T_1}$$

und $d u_3 = \frac{1}{\delta} \cdot d u_2'$ erhält man $d u_3 = \frac{1}{\delta} \cdot \frac{T_2}{T_1} \cdot d u_1'$.

Nun ist bei Dissoziation

$$d s_3{}^* = \left(\frac{\partial s_3{}^*}{\partial u_3}\right)_V \cdot d u + \left(\frac{\partial s_3{}^*}{\partial V_3}\right)_u \cdot d V_3 = \frac{d u_3}{T_3} + \left(\frac{\partial s_3{}^*}{\partial V_3}\right)_u d V_3.$$

Es läßt sich zeigen, daß das zweite Glied klein im Verhältnis zum ersten ist und daher vernachlässigt werden kann. Damit wird

$$d s_3{}^* = \frac{d u_3}{T_3}.$$

Es ist ferner

$$d s_5{}^* = \frac{d u_5}{T_5}$$

und mit $d s_5{}^* = d s_3{}^*$ wird

$$\frac{d\eta_v}{d T_1} = \frac{C_{v1}}{B H_u}\left[1 - \frac{T_2 \cdot T_5}{T_1 \cdot T_3}\right]. \tag{39}$$

Da $\frac{T_2 \cdot T_5}{T_1 \cdot T_3}$ immer größer als 1 ist, entspricht einer Temperaturzunahme, eine Abnahme des Wirkungsgrades.

In Abb. 30 und 31 wurden die Veränderungen $\Delta\eta_t$ des Wirkungsgrades bei Abweichungen von T_1 von der Normaltemperatur für Otto-Motoren und Diesel-Motoren mit Gleichraumverbrennung dargestellt. Die Kurven konstanten Luftüberschusses verschieben sich bei einer Veränderung des Verdichtungsverhältnisses relativ zueinander, da sich die Dissoziation bei verschiedenem λ nicht gleichmäßig mit der Temperatur ändert.

Für *gemischte Verbrennung* gilt:

$$\frac{d\eta_v}{dT_1} = \frac{1}{B H_u}\left[\frac{du'_1}{dT_1} - \frac{\delta \cdot du_5}{dT_1}\right].$$

Vernachlässigt man wieder wie früher die Volumsabhängigkeit von s_3^* und s_4^* und die Veränderung von R', so ist

$$\frac{du_5}{T_5} = \frac{du_4}{T_4} + A R\left(\frac{dV_4}{V_4} - \frac{dV_1}{V_1}\right)$$

und für konstante Drücke p_4 und p_1

$$\frac{du_5}{T_5} = \frac{du_4}{T_4} + A R \cdot \frac{dT_4}{T_4} - A R \cdot \frac{dT_1}{T_1}.$$

Man findet ferner aus der Verbrennungsgleichung $\delta(du_4 + A p_4 dV_4) = du_2' + A p_4 dV_2$ und erhält mit

$$du_2' = \frac{T_2}{T_1} \cdot du_1' \quad \text{sowie} \quad dV_2 = \frac{R}{\varepsilon \cdot p_1} \cdot dT_1,$$

$$\frac{du_4}{T_4} = \frac{1}{\delta}\left[\frac{T_2}{T_1 \cdot T_4} \cdot C_{v1} \cdot dT_1 + \frac{A p_4 R}{\varepsilon p_1 T_4} \cdot dT_1 - \frac{\delta \cdot A R \cdot dT_4}{T_4}\right]$$

und daraus

$$\frac{d\eta_v}{dT_1} = \frac{1}{B H_u}\left[C_{v1} - \frac{T_2 T_5}{T_1 T_4}\left(C_{v1} + A R \cdot \frac{p_4}{p_2} - \delta \cdot A R \frac{T_4}{T_2}\right)\right]. \tag{40}$$

In den Abb. 32 bis 35 sind die Werte von $\Delta\eta_t$ für verschiedene Verdichtungsverhältnisse und verschiedene Höchstdrücke aufgetragen. Zum Unterschied von der Gleichraumverbrennung ist $\frac{d\eta_v}{dT_1}$ hier nicht vorzeichenbeständig. Es beginnt bei $\lambda = 1{,}0$ positiv und wird mit zunehmendem λ immer kleiner und auch negativ.

c) Gleichzeitige Veränderung von Ansaugdruck und Ansaugtemperatur.

Die Einflüsse von Druck- und Temperaturänderungen können innerhalb des in Betracht kommenden Bereiches unabhängig voneinander angenommen werden. Der dadurch verursachte Fehler liegt innerhalb der Genauigkeit des Verfahrens.

Man erhält demnach, wenn *hier* mit η_{vn} der Wirkungsgrad bei normalem Anfangszustand (293° K, 1 at) zum Unterschied von η_v für beliebigen Anfangszustand bezeichnet wird

$$\eta_v = \eta_{vn} + \Delta\eta_p + \Delta\eta_t. \tag{41}$$

Um z. B. den Wirkungsgrad eines vollkommenen Diesel-Motors mit $\varepsilon = 14$, $\frac{p_3}{p_1} = 65$, $\lambda = 1{,}4$ beim Anfangszustand 350° K, 0,8 at zu finden, ist der Abb. 21 der Wirkungsgrad $\eta_{vn} = 50{,}7$ bei normalem Anfangszustand zu entnehmen. Aus Abb. 29 erhält man $\Delta\eta_p \sim 0$, aus Abb. 33 $\Delta\eta_t = 0{,}3\%$. Damit wird

$$\eta_v = 50{,}7 + 0{,}3 = 51{,}0\%.$$

β) Generatorgas aus Holzkohle (Gruppe II).

Grundlagen:

Zusammensetzung: $v(H_2) = 8{,}9\%$,
$v(CO) = 26{,}7\%$,
$v(CH_4) = 1{,}9\%$,
$v(CO_2) = 3{,}4\%$,
$v(N_2) = 59{,}1\%$.

Heizwert bei 20° C: $H_u = 1200$ kcal/Nm³.

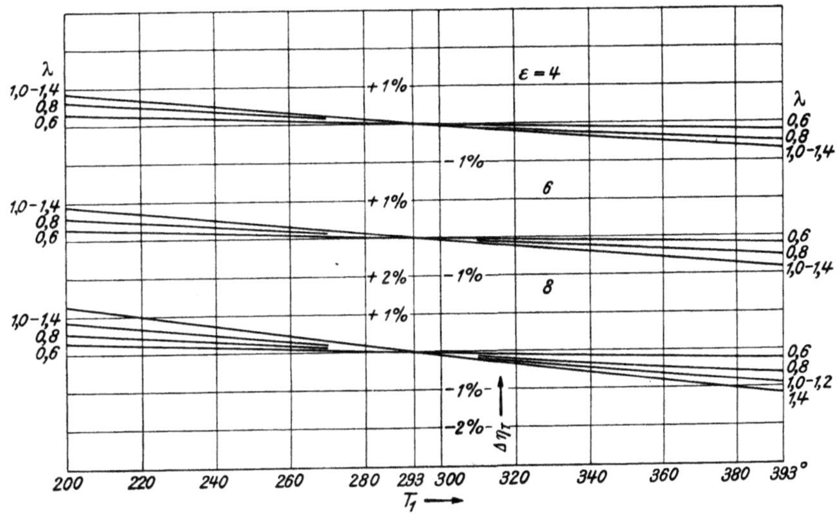

Abb. 30. Otto-Motor (Benzin). $\Delta \eta_t$ für Brennstoff C_nH_{2n}.

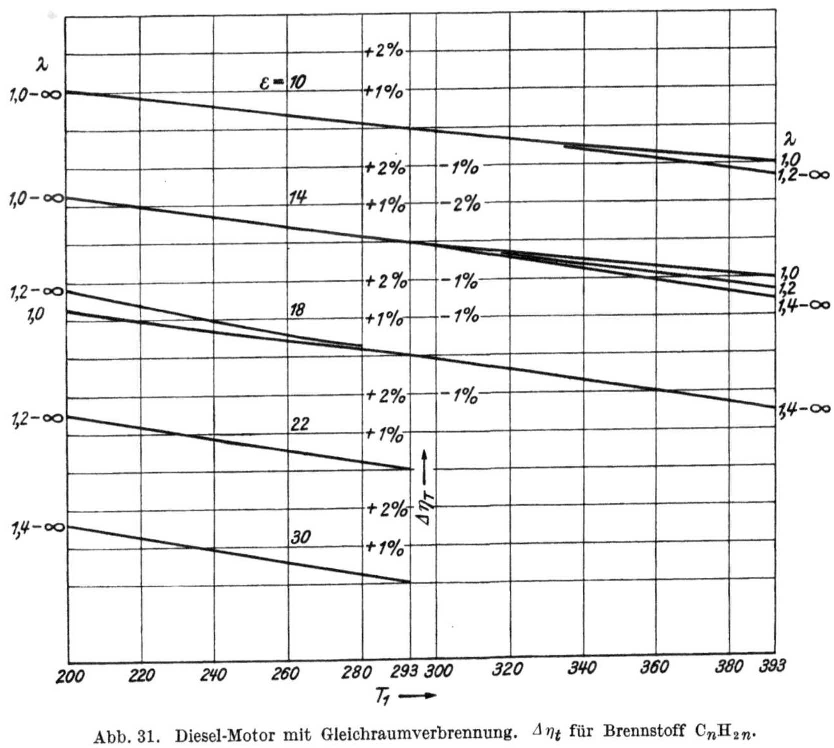

Abb. 31. Diesel-Motor mit Gleichraumverbrennung. $\Delta \eta_t$ für Brennstoff C_nH_{2n}.

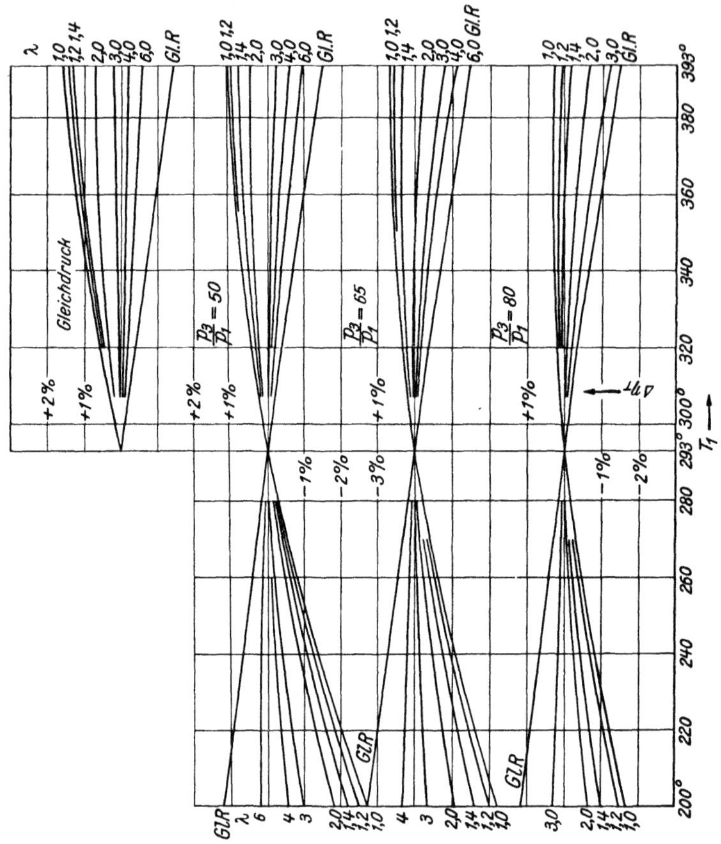

Abb. 33. Diesel-Motor $\varepsilon = 14$. $\Delta \eta_t$ für Brennstoff C_nH_{2n}.

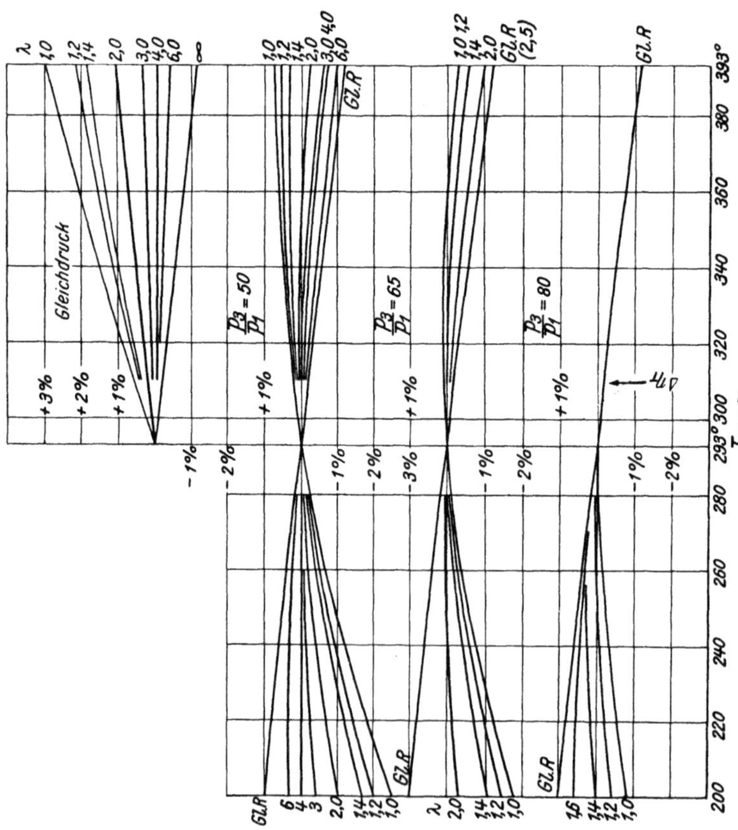

Abb. 32. Diesel-Motor $\varepsilon = 10$. $\Delta \eta_t$ für Brennstoff C_nH_{2n}.

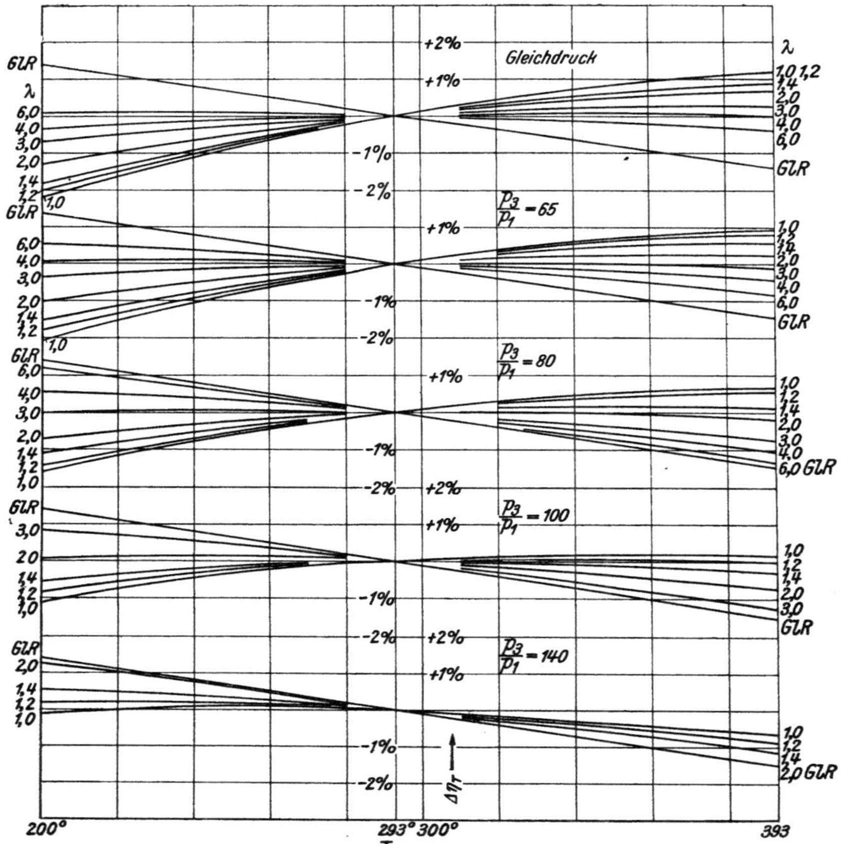

Abb. 34. Diesel-Motor $\varepsilon = 18$. $\Delta \eta_t$ für Brennstoff C_nH_{2n}.

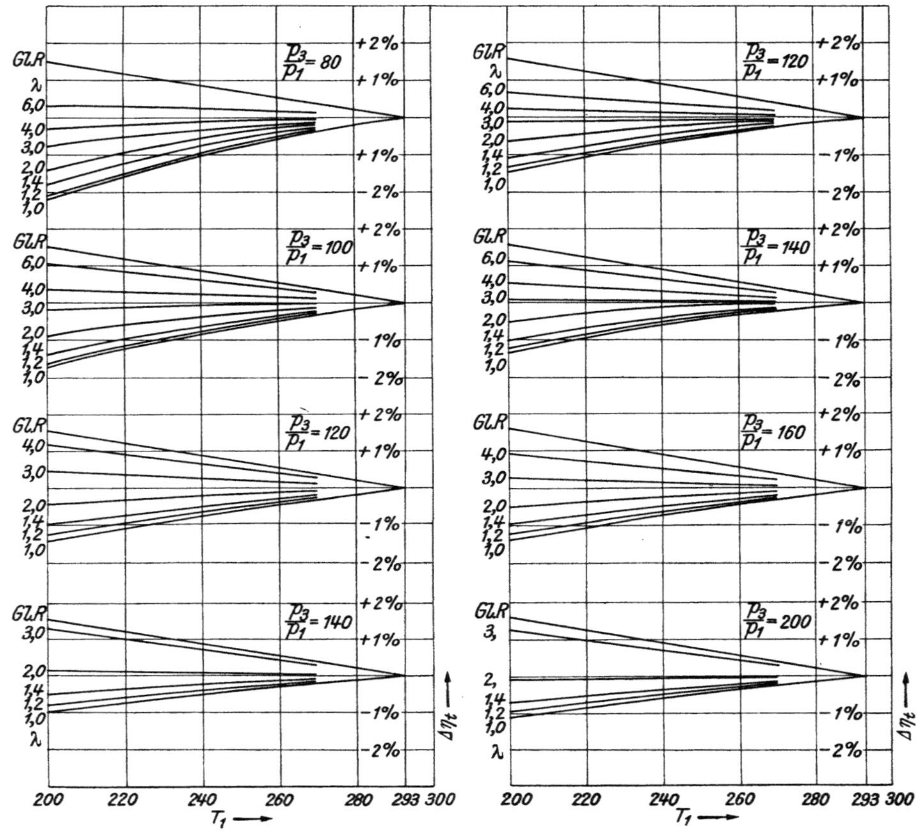

Abb. 35. Diesel-Motor $\varepsilon = 22$ (links) und $\varepsilon = 30$ (rechts). $\Delta \eta_t$ für Brennstoff C_nH_{2n}.

Die Abgaszusammensetzung ist in Zahlentafel 11 enthalten. Mittels der spezifischen Wärmen nach Zahlentafel 6 wurden von KRAUSE [9] die u- und $f(t)$-Werte für nichtdis-

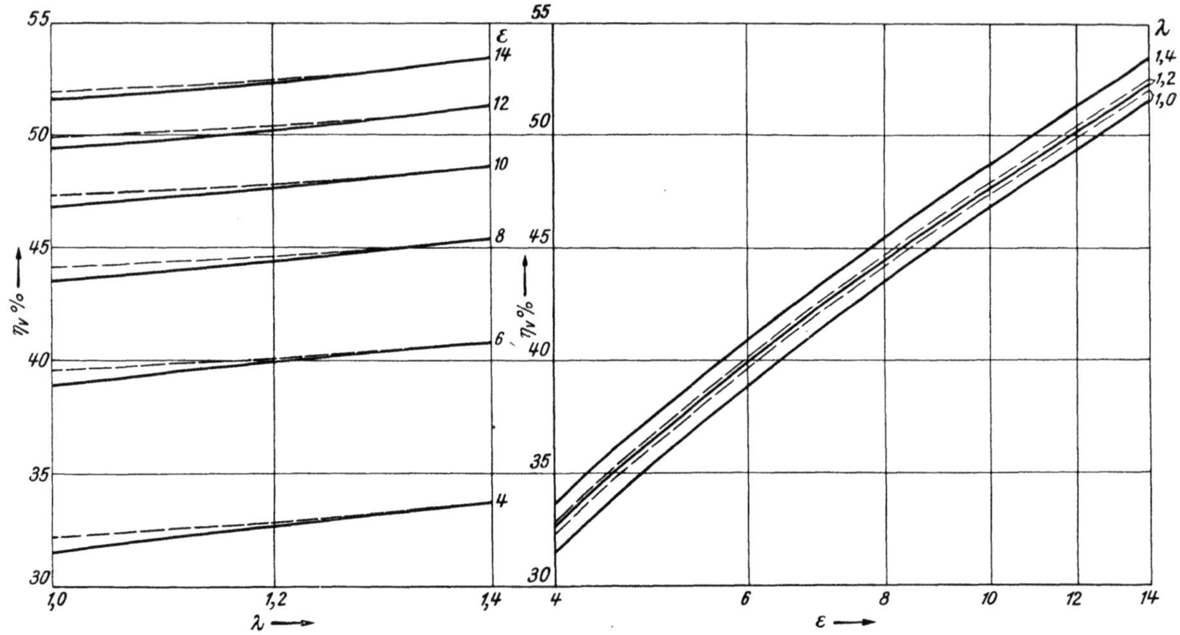

Abb. 36. η_v für ein Generatorgas aus Holzkohle.

soziiertes Gas berechnet, dann die Dissoziationsrechnung durchgeführt und schließlich die in Abb. 36 dargestellten Wirkungsgrade erhalten. Verdichtet wird hier ein Gas-Luftgemisch.

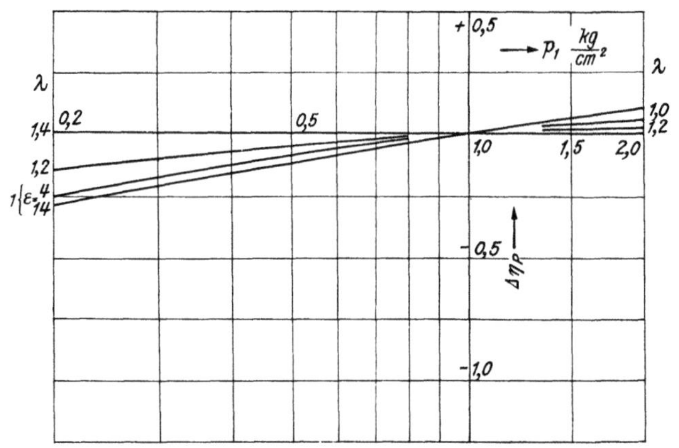

Abb. 37. $\Delta\eta_p$ für ein Generatorgas aus Holzkohle.

Die Abhängigkeit des Wirkungsgrades von ε und λ ist grundsätzlich gleich wie beim Brennstoff C_nH_{2n}, und auch die zahlenmäßige Abweichung der Werte ist nur geringfügig.

Zahlentafel 11. Abgaszusammensetzung von Generatorgas aus Holzkohle.

	$\lambda = 1,0$	1,2	1,4
$v\,(CO_2)$	0,1719	0,1547	0,1406
$v\,(H_2O)$	0,0693	0,0624	0,0567
$v\,(N_2)$	0,7588	0,7619	0,7645
$v\,(O_2)$	—	0,0210	0,0382

Die Abb. 37 und 38 enthalten $\Delta\eta_p$ und $\Delta\eta_t$. Die Abhängigkeit des Wirkungsgrades vom Anfangszustand ist der ungefähren Größe und dem Sinne nach gleich wie beim flüssigen Kohlenwasserstoff C_nH_{2n}.

d) Die vollkommene Maschine mit abnormalem Ladungswechsel.

Bei den bisherigen Ausführungen wurde vorausgesetzt, daß die *Viertaktmaschine* die frische Ladung ungedrosselt von außen ansaugt, die Abgase ungedrosselt nach außen ausschiebt. Die Ladungswechselvorgänge geben dann keine Arbeitsfläche im Diagramm. Eine solche entsteht jedoch, wenn Ansaug- und Ausschublinie nicht zusammenfallen.

Der *aufgeladenen Maschine* wird vorverdichtete Ladung zugeführt. Die Ansauglinie liegt daher nach Abb. 39 höher als die Ausschublinie, die Arbeitsfläche durch den Ladungswechsel ist positiv.

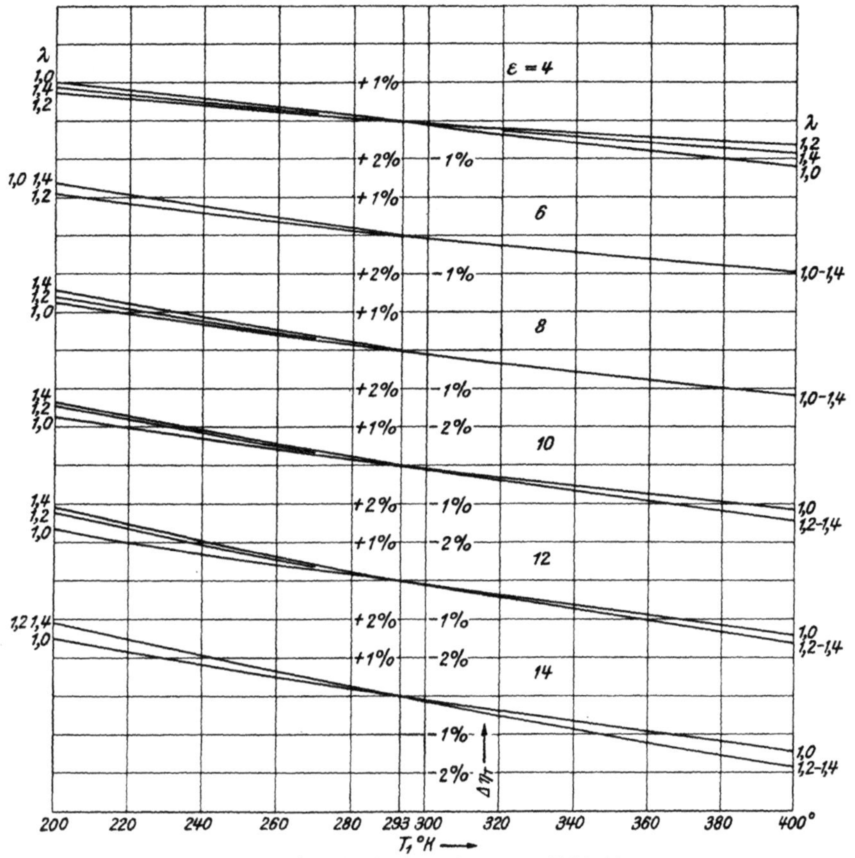

Abb. 38. $\Delta\eta_t$ für ein Generatorgas aus Holzkohle.

Bei *gedrosseltem Ansaugen* oder Zufuhr der Ladung mit Unterdruck (z. B. bei Sauggasanlagen) entsteht nach Abb. 40 eine negative Arbeitsfläche.

Bei Ermittlung des Wirkungsgrades der vollkommenen Maschine ist die gesamte an den Kolben abgegebene Arbeit zu berücksichtigen, daher auch die Arbeitsfläche des Ladungswechsels.

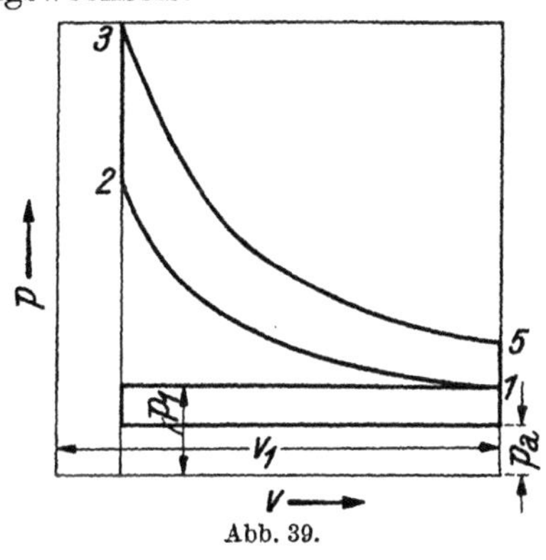

Abb. 39.

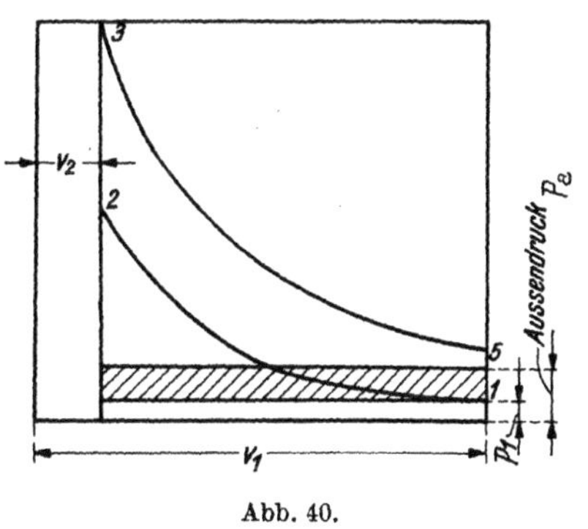

Abb. 40.

Bezeichnet man mit η_{vn} wieder den Wirkungsgrad eines vollkommenen Motors, der beim normalen Außenzustand ungedrosselt ansaugt, so ist:

$$\eta_v = \eta_{vn} + \Delta\eta_p + \Delta\eta_t + \Delta\eta_{lv}.$$

Darin ist $\Delta \eta_{lv}$ die durch den Ladungswechsel verursachte Wirkungsgradänderung der vollkommenen Maschine.

Es ist

$$\Delta \eta_{lv} = \frac{A L_l}{B H_u},$$

worin L_l die durch den Ladungswechsel bedingte Arbeitsfläche ist. In den angeführten Fällen des aufgeladenen und gedrosselten Motors wird

$$\Delta \eta_{lv} = \frac{A (p_1 - p_a) \cdot V_1}{B H_u} \cdot \frac{\varepsilon - 1}{\varepsilon},$$

darin ist p_a der Druck, gegen den ausgeschoben wird, gewöhnlich, jedoch nicht immer, ist das der Außendruck. Durch $\Delta \eta_p$ und $\Delta \eta_t$ wird eine Abweichung des Anfangszustandes p_1, T_1 von den normalen Werten 1 at, 293° K Rechnung getragen.

Bei *Zweitaktmaschinen* verändert sich bei Aufladung oder Drosselung der Anfangszustand der Ladung, eine Arbeitsfläche entsteht durch den Ladungswechsel bei der vollkommenen Maschine nicht.

Da im nachfolgenden ausschließlich die Verluste während Verdichtungs- und Arbeitshub ermittelt werden, ist bei abnormalem Ladungswechsel (Aufladung, Drosselung usw.) an Stelle von η_v von der Differenz $\eta_v - \Delta \eta_{lv}$ auszugehen. Diese entspricht dem Wirkungsgrad der energieumsetzenden Vorgänge während des Verdichtungs- und Arbeitshubes, die allein Gegenstand der Untersuchungen dieses Heftes sind.

2. Der Gütegrad η_g.

Zwischen der wirklichen und der vollkommenen Maschine bestehen folgende Unterschiede:

1. Es bleibt vom vorhergehenden Arbeitsspiel ein Abgasrest im Zylinder, der beim ungedrosselten Viertaktmotor einen kleinen, bei schlecht gespülten Zweitaktmotoren jedoch einen oft bedeutenden Teil der Zylinderladung ausmacht und den Wirkungsgrad verändert.

2. Der Anfangszustand im Punkte *1* des Diagramms entspricht nicht dem Außenzustand. Drosselung im Einlaßorgan des Viertakts, die Strömungsvorgänge beim Spülen des Zweitakts verändern den Druck, die Mischung mit den Abgasen und die Erwärmung durch die heiße Zylinderwand verändern die Temperatur der Ladung gegenüber dem Außenzustand.

3. Es ist in der wirklichen Maschine nicht möglich, den zeitlichen Verlauf der Verbrennung, das Verbrennungsgesetz so zu beherrschen, daß der Verbrennungsablauf erzielt wird, der für das Diagramm der vollkommenen Maschine erforderlich ist. In betrieblicher Beziehung wäre auch eine reine Gleichraumverbrennung wegen des harten Ganges der Maschine unerwünscht, ja gänzlich unbrauchbar.

4. Während Verdichtung, Verbrennung und Ausdehnung findet ein Austausch von Wärme zwischen Zylinderinhalt und Zylinderwand statt, der Wirkungsgrad und Diagrammform verändert.

5. Beim Ladungswechsel entstehen gegenüber der vollkommenen Maschine Verluste an Arbeitsfläche infolge unerwünschter Drosselung der Ein- und Auslaßströmungen und der vorzeitigen Eröffnung des Auslasses. Diese Arbeitsverluste durch den Ladungswechsel werden im Heft 4 (Ladungswechsel) besprochen. Bei den folgenden Ausführungen werden sie nicht berücksichtigt. *Es wird daher im weiteren auch bei der wirklichen Maschine verlustfreier Ladungswechsel und dementsprechend Ausdehnung bis zum Totpunkt angenommen* (siehe Abschnitt e).

6. Außerdem kann der Umsetzungsgrad kleiner sein als bei der vollkommenen Maschine. *Für die folgenden Ausführungen wird jedoch zur Vereinfachung der Ausdrücke* $\eta_u = \eta_{uv}$ *gesetzt, wodurch* η_u *nicht aufscheint* (siehe Abschnitt f).

Eine Trennung der Verluste, die sich aus diesen Unvollkommenheiten der wirklichen Maschine ergeben, ist zur Beurteilung des Arbeitsverfahrens notwendig.

a) Die Veränderung des Wirkungsgrades durch den Abgasgehalt der Ladung.

Eine getrennte Behandlung der Verhältnisse bei Otto- und bei Diesel-Motoren ist erforderlich, da bei ersteren auch der Betrieb bei Luftmangel in Betracht gezogen werden muß.

Otto-Motor. Die zu Beginn der Verdichtung im Zylinder befindliche Ladung besteht aus α Volumsteilen Abgas und $(1 - \alpha)$ Volumsteilen frischem Gemisch. λ ist der Luftüberschuß, der aus der Abgasanalyse ermittelt wurde. 1 Mol abgashaltige Ladung hat einen Heizwert von $(1 - \alpha) \cdot BH_u$, wenn BH_u wie früher der Heizwert von 1 Mol Gemisch ist.

Ist η_v der Wirkungsgrad der vollkommenen Maschine ohne Abgasbeimischung bei gleichem aus der Abgasanalyse ermittelten Luftüberschuß λ in den Abgasen, so ist

$$\eta_{va} = \eta_v + \Delta\eta_a \tag{42}$$

der Wirkungsgrad einer, abgesehen von der Abgasbeimischung, vollkommenen Maschine. Da bei Drosselregelung beträchtliche Abgasgehalte in der Ladung enthalten sein können, wurde $\Delta\eta_a$ in Abb. 41 bis zu $\alpha = 35\%$ dargestellt.

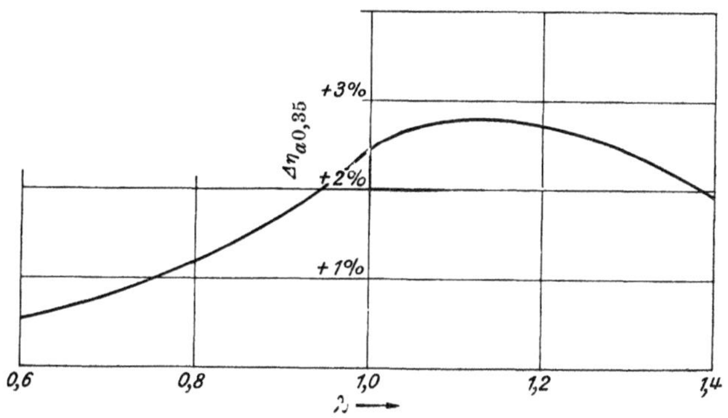

Abb. 41. $\Delta\eta_a$ bei Otto-Motoren für Benzin. Brennstoff C_nH_{2n}. $\Delta\eta_a = \frac{\alpha}{0,35} \cdot \Delta\eta_{a\,0,35}$.

Die Kurven sind für Normalzustand gerechnet, bei abweichenden Anfangszuständen muß die Berichtigung $(\Delta\eta_p, \Delta\eta_t)$, die dem gemessenen λ und dem ε entspricht, angebracht werden. Diese Berichtigungswerte $(\Delta\eta_p, \Delta\eta_t)$, die ohne Abgasbeimischung errechnet wurden, werden durch Abgasgehalte bis zu ungefähr 35% nur wenig beeinflußt (Fehler $\pm$ 0,2%), so daß es unnötig erscheint, besondere Werte dafür zu errechnen. Bei Abgasgehalten über 35% wird die Abweichung der Berichtigungswerte etwas größer.

Man sieht aus Abb. 41, daß $\Delta\eta_a$ von λ abhängt und linear mit dem Abgasgehalt zunimmt.

Diesel-Motoren. Betriebsfälle liegen nur im Bereich des Luftüberschusses. Bei der Berichtigung des Wirkungsgrades η_v ist es hier zweckmäßig, den Begriff Gasüberschußzahl λ' einzuführen. Man erhält λ' indem man die in der frischen Ladung enthaltenen Abgase als gleiches Volumen Überschußluft auffaßt. Zwischen dem Abgasgehalt α der Ladung, dem durch die Abgasanalyse in der üblichen Weise bestimmbaren Luftüberschuß λ und λ' besteht die Beziehung

$$\lambda' = \frac{\lambda}{1 - \alpha}.$$

Je Mol Ladung wird die Brennstoffmenge

$$B' = \frac{B\lambda}{\lambda'}$$

verbrannt. Darin ist B die Brennstoffmenge, die einem Mol reiner Luft bei einer Luftüberschußzahl λ zugeführt werden muß.

Ist der Wirkunsgrad der vollkommenen Maschine mit dem Luftüberschuß λ' wieder η_v, so ist der Wirkungsgrad der vollkommenen Maschine mit abgashaltiger Ladung

$$\eta_{va} = \eta_v + \Delta\eta_a.$$

Aus Abb. 42 ist $\Delta\eta_a$ für einen Abgasgehalt bis zu $\alpha = 35\%$ entnehmbar. $\Delta\eta_a$ ist negativ, denn bei gleichem Gemischheizwert, wie er ja durch gleiches λ' gegeben ist, wirkt sich die Abgasbeimischung durch die Vergrößerung der spezifischen Wärme und damit Herabsetzung der Verbrennungstemperatur thermodynamisch nachteilig aus.

Innerhalb des Bereiches von 0 bis 35% steigt $\Delta\eta_a$ nahezu linear mit α. Daher ist

$$\Delta\eta_a = \frac{\alpha}{0{,}35} \cdot \Delta\eta_{a\,35\%}.$$

$\Delta\eta_a$ ist praktisch unabhängig von ε und $\left(\frac{p_3}{p_1}\right)$. Der Einfluß einer Veränderung von Anfangsdruck und Anfangstemperatur auf $\Delta\eta_a$ ist bis zu einer Abgasbeimischung von 35% so klein (Fehler innerhalb $\pm$ 0,2%), daß er vernachlässigt werden kann.

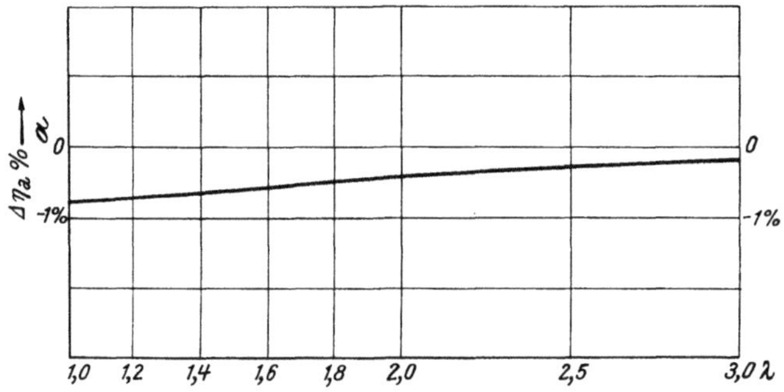

Abb. 42. $\Delta\eta_a$ bei Diesel-Motoren. Brennnstoff C_nH_{2n}. $\Delta\eta_a = \frac{\alpha}{0{,}35} \cdot \Delta\eta_a\,0{,}35$.

Es gilt demnach sowohl für Otto- als auch für Diesel-Motoren für den Wirkungsgrad bei verändertem Anfangszustand und Abgasbeimischung:

$$\eta_{va} = \eta_{vn} + \Delta\eta_p + \Delta\eta_t + \Delta\eta_a. \tag{43}$$

Dabei ist folgendes zu beachten: Bei Otto-Motoren wird vom Wirkungsgrade η_{vn} des Prozesses mit dem *gleichen gemessenen* Luftüberschuß λ ausgegangen. Bei Diesel-Motoren bedeutet η_{vn} den Wirkungsgrad des Prozesses mit einem *Luftüberschuß, der gleich dem Gasüberschuß* λ' des wirklichen Prozesses ist.

An der Maschine bestimmt man α durch Analyse von Gasproben, die während der Verdichtung entnommen werden. Bei Viertaktmotoren läßt sich α außerdem abschätzen. Bei Zweitaktmotoren ist man, da sich der Spülerfolg weder rechnerisch erfassen noch gut abschätzen läßt, allein auf den Versuch und auf Erfahrungswerte angewiesen.

b) Das angeglichene Diagramm. Der Angleichsfaktor ν.

Die Gaszustände des vollkommenen Diagramms entsprechen in keinem ausgeprägten Punkte den Gaszuständen in der wirklichen Maschine. Weder Verdichtungsbeginn, noch Verdichtungsende, noch die Zustände während der Verbrennung stimmen bei beiden überein.

Für verschiedene Anwendungen und auch zur Trennung der Verluste ist es zweckmäßig, ein Diagramm zu verwenden, das die wesentlichsten Eigenschaften eines vollkommenen Diagramms besitzt, in bezug auf Temperatur- und Drucklage jedoch besser mit den Verhältnissen der wirklichen Maschine übereinstimmt als dieses. Man erreicht eine solche Angleichung, wenn man die Zustände eines ausgeprägten Diagrammpunktes gleich denen in der wirklichen Maschine macht.

Bei der Wahl dieses Punktes hilft folgende Überlegung:

Es wird vor allem wesentlich sein, die für die Energieumsetzung wichtigsten Verhältnisse während der Verbrennung hinsichtlich ihrer Temperatur- und Drucklage möglichst wirklichkeitsgetreu zu erfassen. Daher soll der übereinstimmende Punkt in der Nähe der Verbrennungsvorgänge liegen. Er soll ferner ausgeprägt und bei der wirklichen Maschine leicht bestimmbar sein. Das *Verdichtungsende im Totpunkt* entspricht allein diesen Anforderungen. Das *angeglichene Diagramm* soll demnach gleichen Gaszustand beim Verdichtungsende im Totpunkt haben wie das Diagramm der wirklichen Maschine. Auch bei Vorzündung soll stets der Zustand in Übereinstimmung gebracht werden, der durch die Verdichtung bis zum Totpunkt erreicht worden wäre. An der wirklichen Maschine läßt sich der Verdichtungsenddruck bei abgeschalteter Zündung oder Einspritzung leicht messen. Zur vollständigen Erfassung des Zustandes am Verdichtungsende ist dann noch die Bestimmung der Ladungsmenge oder der Temperatur für einen Punkt erforderlich, für die sowohl bei der Viertakt- als auch bei der Zweitaktmaschine Verfahren ausgearbeitet wurden. Geht man von dem so festgelegten Punkt adiabatisch auf das ε-fache Volumen, so erhält man den *Anfangszustand* des angeglichenen Diagramms.

Infolge des Wärmeaustausches zwischen Luft und Wand während des Einströmens, der Drosselung im Einlaßorgan und des vom vorigen Arbeitsspiel zurückbleibenden Abgasrestes fallen die Anfangszustände von vollkommener und wirklicher Maschine nicht zusammen. Die Verdichtung erfolgt in der wirklichen Maschine nicht adiabatisch, sondern im allgemeinen unter überwiegendem Wärmeentzug durch die Wände. Das angeglichene Diagramm wird dadurch gegenüber dem Diagramm der vollkommenen Maschine versetzt, es hat eine geänderte Druck- und Temperaturlage, außerdem wird nicht reine Luft (bzw. Gemisch), sondern Luft und ein Abgasrest verdichtet. Die durch die Abgasbeimischung und die versetzte Diagrammlage bedingte Veränderung des Wirkungsgrades wird durch den *Angleichsfaktor* ν erfaßt.

Ist η_v der Wirkungsgrad der vollkommenen Maschine nach der eingangs gegebenen Beschreibung und η_{va} der Wirkungsgrad des angeglichenen Diagramms, so ist

$$\nu = \frac{\eta_{va}}{\eta_v}$$

der Angleichsfaktor.

Für das angeglichene Diagramm des Otto-Motors soll Gleichraumverbrennung angenommen werden. Das angeglichene Diagramm des Diesel-Motors hat für Untersuchungen über den Einfluß des Verbrennungsverlaufes ebenfalls Gleichraumverbrennung. Für manche Fälle ist es jedoch zweckmäßig, ein angeglichenes Diagramm mit gemischter Verbrennung und gleichem Zünddruck wie das wirkliche Diagramm zu verwenden. Der Abgasgehalt der Ladung wird in allen Fällen beim angeglichenen Diagramm berücksichtigt.

Dadurch, daß beim Vergleich des wirklichen mit dem angeglichenen Diagramm der Einfluß der Lage des Verbrennungsbeginnes ausgeschaltet ist, können die Zusammenhänge zwischen Verbrennungsverlauf und Wirkungsgrad an der wirklichen Maschine, abgesehen von Wärmeverlusten, rein erfaßt werden. Den Untersuchungen über den Einfluß des Verbrennungsverlaufes auf den Wirkungsgrad wird daher im weiteren das angeglichene Diagramm zugrunde gelegt.

Bei abnormalem Ladungswechsel (Aufladung, Drosselung usw.) verändert sich der Wirkungsgrad des angeglichenen Diagrammes gleich wie beim vollkommenen Diagramm um $\Delta\eta_{lv}$. Im Sinne der Ausführungen auf S. 50 ist dann im folgenden die Differenz $\eta_{va} - \Delta\eta_{lv}$ in die Gleichung einzusetzen und auch der Angleichsfaktor ν damit zu berechnen.

Das wirkliche Diagramm unterscheidet sich vom angeglichenen Diagramm noch in mehrfacher Hinsicht: Der Verbrennungsverlauf ist verschieden, die Wände sind nicht wärmedicht und durch Unvollkommenheiten des Ladungswechsels geht ein Teil der Diagrammfläche verloren.

c) Die Abhängigkeit des Wirkungsgrades vom Verbrennungsverlauf. Gleichraumgrad und Brenngesetz.

α) Allgemeine Beziehungen.

Aus den früheren Darstellungen hat es sich ergeben, daß die Gleichraumverbrennung bei sonst gleichen Verhältnissen die günstigste Umsetzung der Verbrennungswärme in Arbeit gibt. Es ist daher zweckmäßig, sich bei Bestimmung einer Einflußzahl für den Verbrennungsverlauf stets auf die Gleichraumverbrennung zu beziehen.

Ist η_{va} der Wirkungsgrad des angeglichenen *Gleichraumdiagramms*, so ist der Wirkungsgrad des Diagramms mit gleichem Verbrennungsverlauf wie bei der wirklichen Maschine $\eta_{va} \cdot \eta_{gl}$. Der Faktor η_{gl} soll *Gleichraumgrad* genannt werden. Beim angeglichenen Diagramm mit gemischter Verbrennung erreicht der Gleichraumgrad den höchsten Wert, den er bei gegebenem Höchstdruck p_3 haben kann. Das Verhältnis der Gleichraumgrade des wirklichen und des angeglichenen Diagramms zeigt daher die Annäherung an den, bei gegebenem Höchstdruck günstigsten Verbrennungsverlauf.

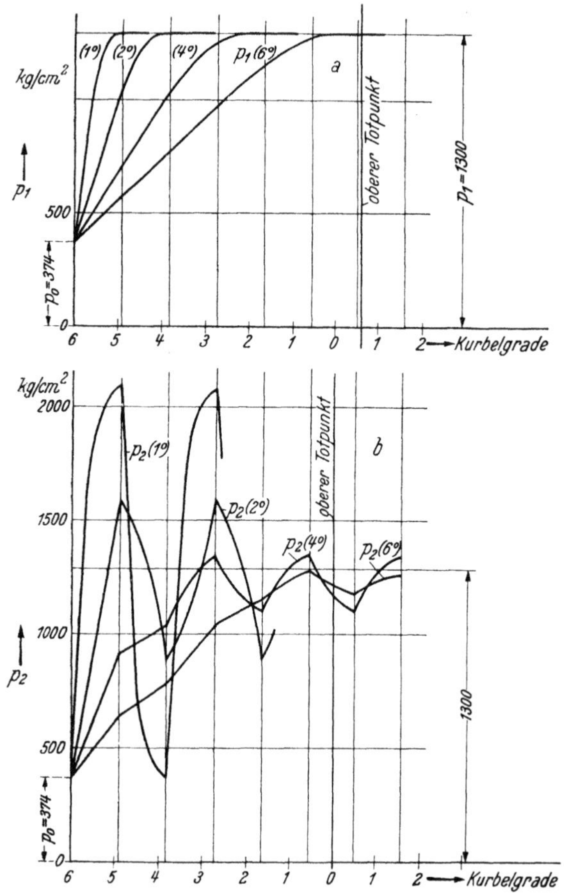

Abb. 43. Beanspruchung eines Schubstangenschachtes bei Verbrennung von verschiedener Dauer (nach PISCHINGER).

Der zeitliche Verlauf der Wärmeentwicklung durch die Verbrennung soll *Brenngesetz* genannt werden. Zur Darstellung desselben trägt man $H_u \cdot \frac{dB}{d\alpha}$ in Abhängigkeit vom Kurbelwinkel α auf. Dabei wird angenommen, daß die einzelnen Brennstoffteilchen nacheinander vollkommen verbrennen. Die Abweichungen, die dadurch entstehen, daß sich im Zylinder ein Gemisch befindet, das nicht nur unverbrannte Ladung und reine Abgase, sondern auch Zwischenprodukte der Verbrennung enthält, sind klein, brauchen daher bei der thermodynamischen Behandlung der Vorgänge nicht berücksichtigt zu werden. Zur Vereinfachung wird die Dissoziation bei den nachfolgenden Bestimmungen des Gleichraumgrades vernachlässigt. Der dadurch entstehende Fehler ist im allgemeinen sehr klein.

Der Gleichraumgrad gibt die Verkleinerung des Wirkungsgrades an, die dadurch verursacht ist, daß nicht der thermodynamisch günstigste Verlauf der Verbrennung, nämlich die Gleichraumverbrennung, verwirklicht wurde. Die Verluste, die dadurch entstehen können, sind bei ungünstigen Brenngesetzen recht bedeutend, eine genaue Untersuchung der Zusammenhänge zwischen Brenngesetz und Gleichraumgrad wird demnach erforderlich. Es ist eine der wichtigsten, aber auch schwierigsten Aufgaben des Motorenbaues, den Verlauf der Verbrennung so zu steuern, daß sich günstige Brenngesetze ergeben. Es sind dabei nicht nur einseitige Rücksichten auf den Gleichraumgrad zu nehmen, sondern es ist auch notwendig, auf die Beanspruchung des Triebwerkes zu achten. Für diese sind zwei Größen maßgebend. Die statische Beanspruchung wird durch den Verbrennungshöchstdruck, den sogenannten Zünddruck p_3 bestimmt. Eine genaue Untersuchung der Verhältnisse zeigt, daß auch die Geschwindigkeit des Druckanstieges $\frac{dp}{dz}$ oder ihr relatives Zeitmaß $\frac{dp}{d\alpha}$ von Einfluß auf die Beanspruchung des Triebwerkes ist. Steigt $\frac{dp}{dz}$ über gewisse Werte, so treten Schwingungen im Triebwerk auf, die zusätzliche Beanspruchungen hervorrufen. Man bezeichnet die dabei auftretenden Geräusche als „harter Gang“ der Maschine. PISCHINGER [15] hat diese Verhältnisse rechnerisch untersucht. In Abb. 43 ist die Beanspruchung eines Schubstangenschaftes von 1,5 cm² Querschnitt für einen Motor von 100-mm-Bohrung, $n = 2500$ U/min für verschiedene Kolbendrücke angegeben. Durch die Zündung steigt der Druck im Totpunkt von 7,2 auf 25 at, was mittleren Verhältnissen eines Otto-Motors bei Benzinbetrieb entspricht. Für die Druckanstiege in der Dauer von 1, 2, 4 und 6 Kurbelgraden sind die Beanspruchungen angegeben.

Bei den steilen Druckanstiegen von 1 und 2° treten starke Schwingungsbeanspruchungen auf, die an sich ungünstig sind, außerdem weit über die statische Beanspruchung hinausgehen. Allzu plötzliche Druckanstiege sind daher zu vermeiden, der Wert von $\frac{dp}{d\alpha}$ darf über eine durch Erfahrung gegebene Grenze nicht hinausgehen.

Für ein beliebiges Brenngesetz kann der Gleichraumgrad wie folgt berechnet werden: Wendet man auf ein Intervall von $\Delta\alpha$ Kurbelgraden den ersten Wärmehauptsatz an, so erhält man

$$\Delta x \cdot B H_u = \delta_{II} u_{II} - \delta_I u_I + A p_m \Delta V. \tag{44}$$

Δx ist die verbrannte Brennstoffmenge in Bruchteilen der Gesamtmenge B, der Zeiger II bedeutet den Zustand am Ende, der Zeiger I den zu Beginn des Intervalls, p_m ist der Mittelwert des Druckes im Intervall, den man durch Aufzeichnen der Druckkurve im p, v-Diagramm erhalten kann. Das arithmetische Mittel an Stelle von p_m gibt bei großen Intervallen nicht unbedeutende Fehler.

ΔV ist die Volumsänderung und ist aus

$$\Delta V = V_1 \cdot \frac{\varepsilon - 1}{\varepsilon} \cdot \frac{\pi}{360} \cdot \left(\sin\alpha + \frac{r}{2l} \frac{\sin 2\alpha}{\sqrt{1 - \frac{r^2}{2l^2}\sin^2\alpha}}\right) \Delta\alpha \tag{45}$$

zu berechnen. (V_1 Molvolumen der angesaugten Ladung, r/l Schubstangenverhältnis.)

Die Berechnung von u_4 erfolgt schrittweise: Man nimmt p_m zunächst an und rechnet nach Gl. (44) ein vorläufiges (u_{II}). Mit t_{II} aus der u/t-Tafel bestimmt man ein neues p_m und erhält u_{II} in zweiter Annäherung, die meist schon genügt.

Die inneren Energien u_I und u_{II} des Gemisches von Abgas und Frischladung können durch Interpolation zwischen den u/t-Kurven für Frischgas und Abgas gefunden werden. δ_{II} und δ_I ergeben sich aus den bisher verbrannten Brennstoffmengen:

$$\delta_I = 1 + (\delta - 1) x_I.$$

Dabei ist δ das Molverhältnis bei Verbrennung der gesamten Brennstoffmenge. Man erhält auf diese Weise den Druckverlauf während der Verbrennung und die innere Energie u_4 am Ende derselben. Aus dem Expansionsverhältnis $\frac{\delta V_4}{V_1}$ läßt sich der Zustand am Ende der Expansion finden.

Es ist ohne Berücksichtigung der Dissoziation

$$f(t_5) = f(t_4) - 1{,}986 \ln\left(\frac{V_1}{\delta V_4}\right).$$

Der $f(t_5)$ zugeordnete Wert von u_5 läßt sich aus dem $f(t)$-u-Diagramm unmittelbar abgreifen. Der Wirkungsgrad der Maschine mit endlicher Brenndauer ist

$$\eta_{va} \cdot \eta_{gl} = \frac{B[H_u + u_e] + u_1' - \delta u_5}{B H_u}.$$

Darin ist η_{gl} der *Gleichraumgrad des Brenngesetzes.*

Diese genaue Berechnung des Gleichraumgrades ist etwas umständlich. Für viele praktische Anwendungen genügen vereinfachte Verfahren.

Es wurde früher gezeigt, daß bei geeigneter Wahl von k auch mit der einfachen Formel für den Wirkungsgrad der Gleichraumverbrennung

$$\eta_v = 1 - \frac{1}{\varepsilon^{k-1}}$$

brauchbare Ergebnisse erhalten werden können.

Mit Hilfe dieses Ausdruckes läßt sich der Gleichraumgrad beliebiger Brenngesetze annähernd ermitteln.

Während des Differentials $d\alpha$ wird im Brenngesetz Abb. 44 die Wärmemenge $dB \cdot H_u$ entwickelt. Schneidet man nun aus einem Diagramm einen durch 2 Adiabaten und 2 Isochoren begrenzten Elementarprozeß heraus, so ist sein Wirkungsgrad

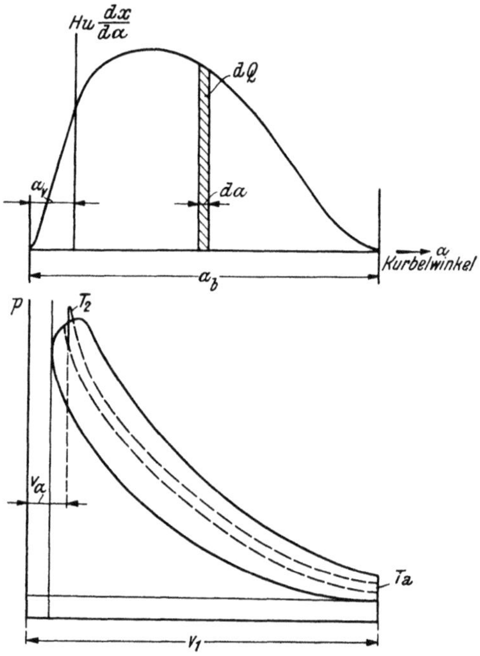

Abb. 44.

$$\eta_{v\alpha} = 1 - \frac{1}{\varepsilon_\alpha^{k-1}},$$

wenn k gleichbleibend angenommen wird und $\varepsilon_\alpha = \frac{V_1}{V_\alpha}$ ist. Multipliziert man die Ordinaten des Brenngesetzes mit den entsprechenden Wirkungsgraden, so gibt das Verhältnis der so erhaltenen Fläche zur Gesamtfläche unter der Brennlinie den Wirkungsgrad des Diagramms und damit auch seinen Gleichraumgrad. Er ist

$$\eta_{gl} = \frac{1}{B \cdot \eta_{va}} \int \frac{dB}{d\alpha} \cdot \left(1 - \frac{1}{\varepsilon_\alpha^{k-1}}\right) \cdot d\alpha. \tag{46}$$

Bei beliebig gegebenem Brenngesetz kann diese Ermittlung leicht graphisch durchgeführt werden. In Abb. 45 ist

$$\eta_{gl\alpha} = \frac{1 - \frac{1}{\varepsilon_\alpha^{k-1}}}{1 - \frac{1}{\varepsilon^{k-1}}}$$

für verschiedene Werte von ε aufgetragen. Die Kurven sind für $k = 1{,}30$ gerechnet. Zur Umrechnung auf anderes k dienen die Differenzdiagramme im oberen Teil der Abbildung. Man erhält

$$\eta_{gl} = \frac{1}{B} \int \eta_{gl\alpha} \cdot \frac{dB}{d\alpha} \cdot d\alpha + \frac{10\,(k - 1{,}3)}{B} \int \Delta\eta_{gl\alpha} \frac{dB}{d\alpha} \cdot d\alpha \,\%. \tag{47}$$

Der lineare Zusammenhang zwischen dem Berichtigungswert $\Delta\eta_{gl\alpha}$ und k besteht annähernd im Bereich zwischen 1,2 und 1,4. Das zweite Glied kann in vielen Fällen vernachlässigt werden. Die Ermittlung des Gleichraumgrades mit diesen Hilfskurven ist infolge der nicht zutreffenden Annahme eines konstanten k nicht sehr genau (Fehler bis zu einigen Prozent) und im allgemeinen nur für überschlägige Rechnungen anwendbar. Bei ausgedehnten Brenngesetzen erhält man die beste Übereinstimmung, wenn k so gewählt wird, daß

$$\eta_{v\,\lambda=\infty} = 1 - \frac{1}{\varepsilon^{k-1}}$$

dem Wirkungsgrad bei unendlich kleiner Wärmezufuhr entspricht. Dieser ist gleich dem Wirkungsgrad des Carnotschen Kreisprozesses

$$\eta_{v\,\lambda=\infty} = 1 - \frac{T_1}{T_2},$$

worin T_1, T_2 die Temperaturen zu Beginn und am Ende der Verdichtung sind.

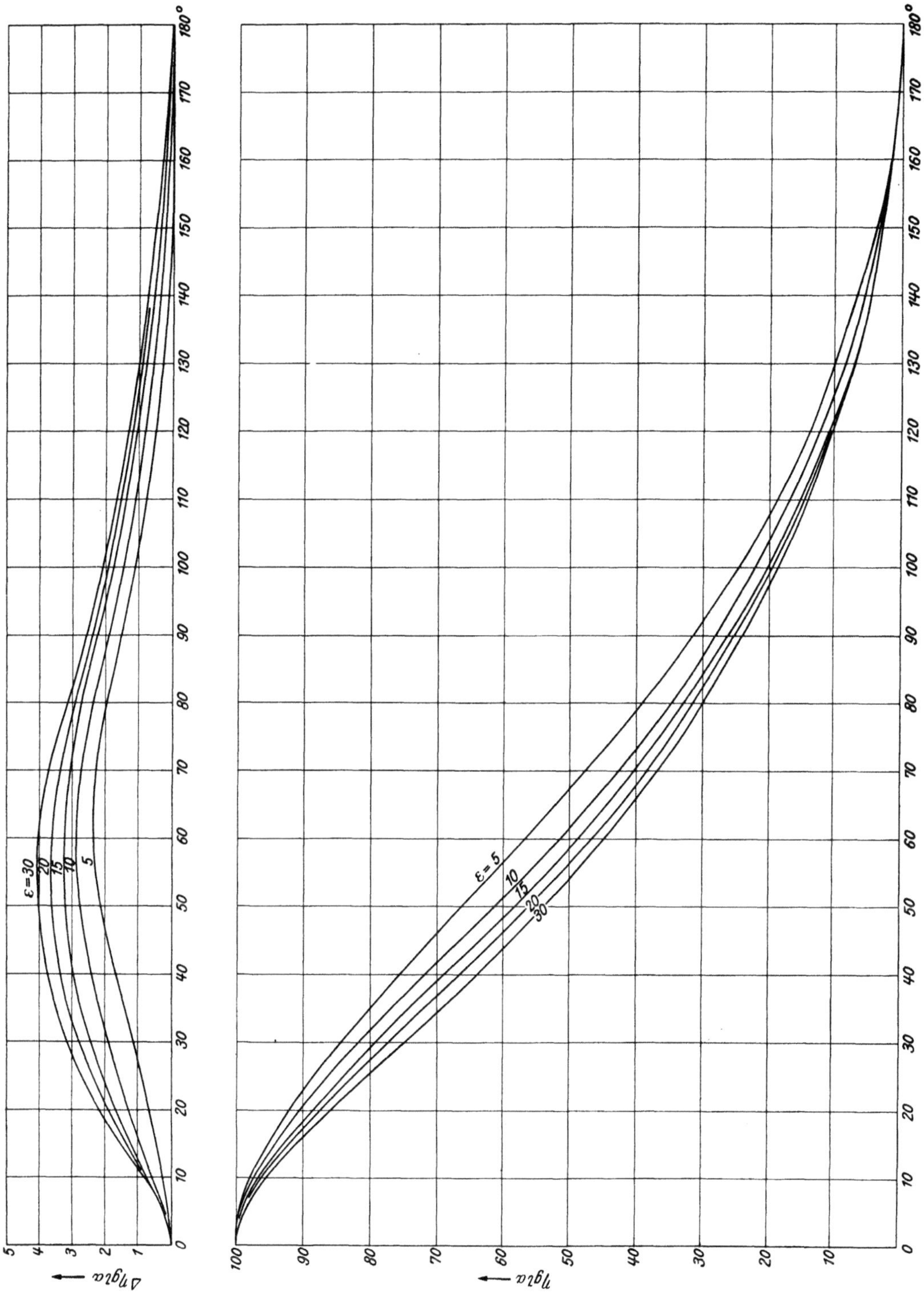

Abb. 45. Hilfskurven zur Gleichraumgradermittlung. $\eta_{gl\,a} = f(\alpha)$.

Mit Hilfe dieses Verfahrens kann der Gleichraumgrad sowohl für *zugeführte* wie auch für *abgeführte* Wärmemengen bestimmt werden. Bei der später gezeigten Auswertung von Diagrammen wird z. B. der Arbeitswert der an die Wand übergegangenen Verlustwärme mittels ihres Gleichraumgrades bestimmt.

Man erreicht etwas höhere Genauigkeiten als durch Verwendung der Hilfskurven in Abb. 45, wenn man sich den Arbeitswert der Wärme mit Hilfe des Wirkungsgrades elementarer CARNOT-Prozesse bestimmt.

Es ist

$$A\,d\,L = d\,Q\left(1 - \frac{T_a}{T_z}\right),$$

darin ist T_z die obere Temperatur, bei welcher die Wärme zu- oder abgeführt wurde. T_z kann aus dem Diagramm erhalten werden. T_a ermittelt man als Endtemperatur nach der adiabatischen Expansion mittels der Beziehung

$$f(T_a) = f(T_z) - A\,R \cdot \ln \varepsilon_\alpha.$$

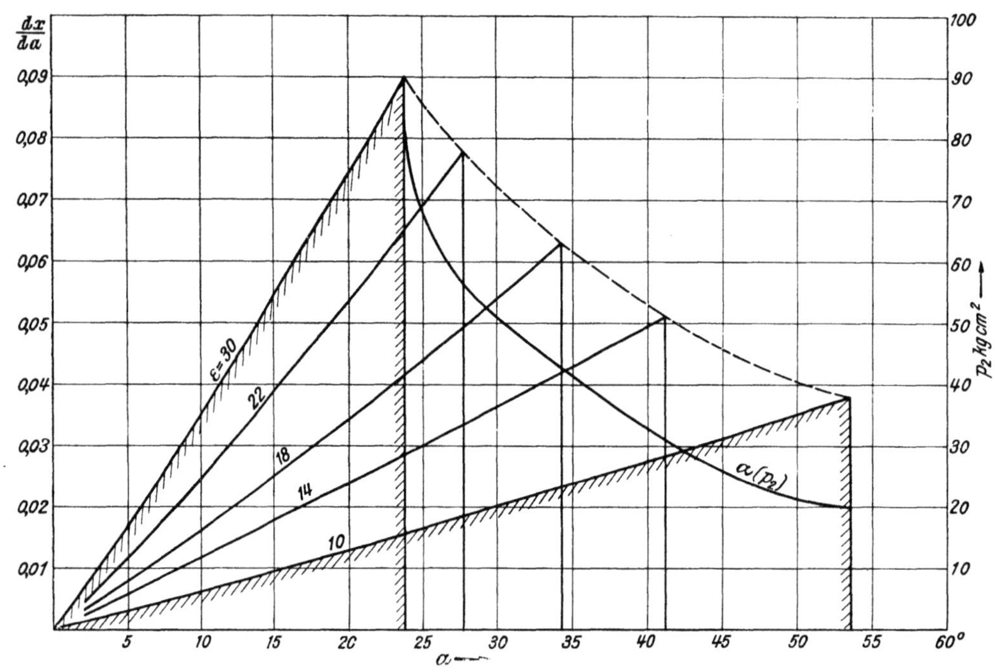

Abb. 46. Brenngesetze für Gleichdruckdiagramme. $\lambda = 1{,}4$.

Damit läßt sich die Kurve $\eta_{v\alpha} = f(\alpha)$ für jedes Diagramm zeichnen. Die Multiplikation der Ordinaten des Wärmezufuhr- oder Abfuhrgesetzes mit $\eta_{v\alpha}$ oder $\frac{\eta_{v\alpha}}{\eta_{v a}}$ gibt unmittelbar Arbeitswert oder den Gleichraumgrad der zu- oder abgeführten Wärme.

β) Sonderfälle.

Nun soll die Wirkungsgrad- und Gleichraumgradberechnung für einige idealisierte Brenngesetze besprochen werden.

Als Diagramm mit dem besten Wirkungsgrad für den Diesel-Motor mit gegebenem Höchstdruck wurde das *Gleichdruckdiagramm* mit einem *Verdichtungsdruck gleich dem Höchstdruck* schon früher gefunden. Zur Verwirklichung dieses Diagramms ist ein ganz bestimmtes Brenngesetz erforderlich, das durch Anwendung des 1. Wärmehauptsatzes ermittelt werden kann. Die in einem Intervall $\Delta\,\alpha$ verbrannte Brennstoffmenge $\Delta\,x \cdot B \cdot H_u$ berechnet sich nach der Gleichung (44):

$$\Delta\,x \cdot B\,H_u = \delta_{II}\,u_{II} - \delta_I\,u_I + A\,p \cdot \Delta V.$$

Man erhält die Volumsänderung mittels des Ausdruckes (45), p ist konstant. Die Temperatur am Ende des Intervalls ist in 1. Annäherung

$$(T_{II}) = \frac{p\,(V_I + \Delta V)}{(\delta_I)\,R}.$$

Daraus läßt sich Δx in erster Annäherung berechnen, man erhält x_{II} und damit δ_{II}. Eine nochmalige Durchrechnung mit diesem Wert liefert mit

$$T_{II} = \frac{p\,(V_I + \Delta V)}{\delta_{II}\,R}$$

nun einen genaueren Wert von u_{II} und damit von Δx. Abb. 46 zeigt Brenngesetze für verschiedene Verdichtungsverhältnisse. In Anlehnung an die Verhältnisse der wirklichen Maschine wurde dabei angenommen, daß die Verdichtung bei 1 at, 350° K beginnt und einer Polytrope $p\,v^{1,3}$ folgt. Zur annähernden Berücksichtigung des Wärmeverlustes bei der Verbrennung wurden 10% der entwickelten Wärme pauschal abgezogen. Man sieht, daß die Verbrennung allmählich beginnt, ihre Geschwindigkeit fast linear ansteigt und daß sie am Schluß plötzlich abbricht. Das Brenngesetz ist nahezu dreieckförmig, die Brennkurve zeigt eine schwache Krümmung nach oben. Je höher die Verdichtung ist, desto stärker ist die Neigung der Kurve, desto kürzer die gesamte Brenndauer, denn bei höheren Drücken ist ein größerer Wärmeaufwand erforderlich, um den Druck konstant zu halten. Die Brennkurven sind im wesentlichen nur vom Enddruck der Verdichtung abhängig.

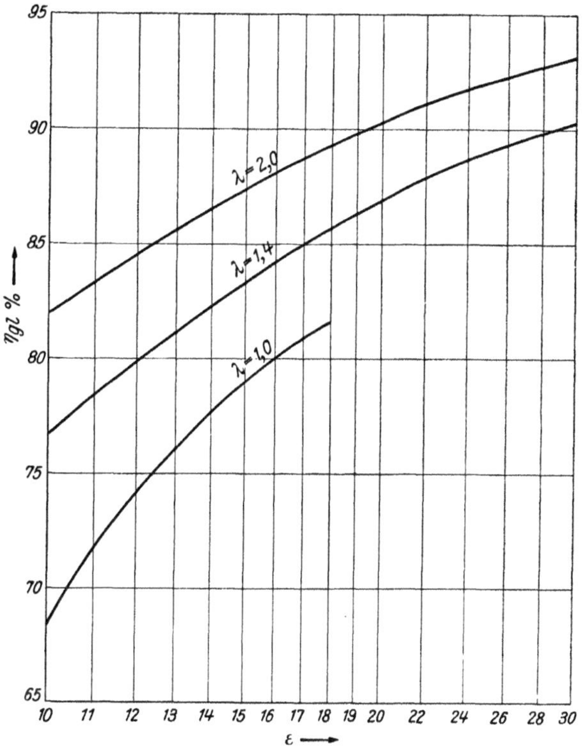

Abb. 47. Gleichraumgrade für Gleichdruckverbrennung.

Bei *gemischter Verbrennung* gibt der im Totpunkt in unendlich kurzer Zeit verbrannte Brennstoff die Drucksteigerung auf p_3 bei konstantem Volumen. Es ist

$$x_3 \cdot B\,H_u = \delta_3\,u_3 - u_2',$$

$$T_3 = \frac{p_3\,V_1}{R\,\delta_3\,\varepsilon}.$$

δ_3 kann zunächst geschätzt werden, man erhält dann (T_3) und damit x_3 in erster Annäherung. Eine neuerliche Durchrechnung mit dem daraus erhaltenen Wert von δ_3 gibt x_3 hinreichend genau. Der Gleichdruckteil wird wie früher gerechnet und erfordert wieder ein annähernd dreieckförmiges Brenngesetz.

Die Gleichraumgrade für den Gleichdruck und die gemischte Verbrennung lassen sich aus den früher ermittelten Wirkungsgraden η_v leicht bestimmen. Aus Abb. 47 sieht man, daß der Gleichraumgrad der Gleichdruckverbrennung mit steigendem Verdichtungsverhältnis ansteigt. Abb. 48 zeigt den Verlauf des Gleichraumgrades für $\varepsilon = 18$, abhängig von λ und p_3. Die Kurven ermöglichen ebenso wie die Wirkungsgradschaubilder eine Beurteilung des theoretischen Leistungsgewinns bei gegebenem Verdichtungsverhältnis und veränderlichem Höchstdruck. Auch hier sieht man, daß eine Steigerung des Höchstdruckes über den Verdichtungsenddruck einen zuerst großen, dann aber abnehmenden Leistungsgewinn gibt. Mit Rücksicht auf die Triebwerksbeanspruchung ist es bei gegebenem ε daher angezeigt, den Druckanstieg durch den Gleichraumteil der Verbrennung verhältnismäßig nieder zu halten, da ein Druckanstieg im oberen Bereich nur einen kleinen Leistungsgewinn bringt, die Triebwerksbeanspruchung jedoch bedeutend erhöht.

Bisher wurde von der Diagrammform ausgegangen und das zugehörige Brenngesetz bestimmt. Im Motor ist nun das Brenngesetz die Ursache, die Diagrammform deren Auswirkung. Für die weitere Untersuchung der Zusammenhänge zwischen Brenn-

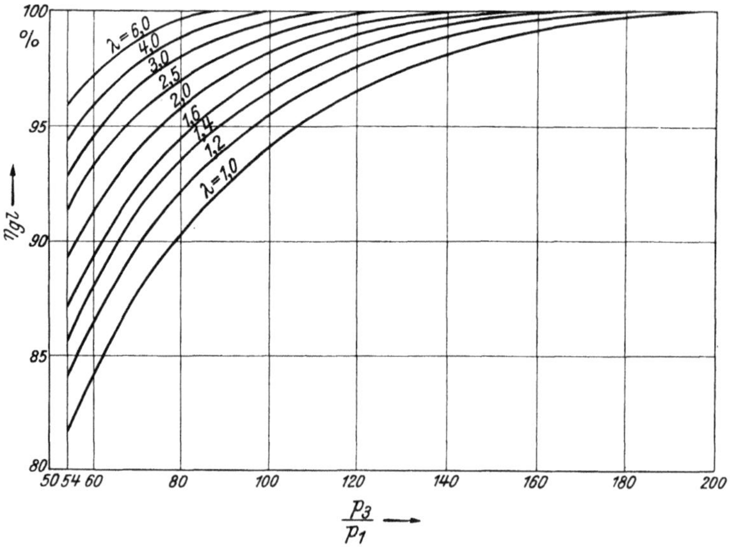

Abb. 48. Gleichraumgrad für gemischte Verbrennung bei verschiedenen Höchstdrücken. $\varepsilon = 18$.

gesetz, Brenngrad und Diagrammform wird es daher zweckmäßig sein, vom *Brenngesetz* auszugehen. Dabei sollen zunächst die Verhältnisse im *Diesel-Motor* berücksichtigt werden.

Da es sich hier um eine allgemeine Untersuchung handelt, genügt es, ein Gesetz mit einer einfachen Form, die genügend Möglichkeiten zu Veränderungen bietet, anzunehmen. Die Verbrennung wird aus chemischen und physikalischen Gründen mit kleiner Geschwindigkeit beginnen und mit kleiner Geschwindigkeit enden. Die Brenngeschwindigkeit wird demnach einen Höchstwert haben, der je nach dem Verlauf näher oder weiter vom Beginn entfernt ist. Das einfachste Brenngesetz, das diesen Verhältnissen entspricht, ist dreieckförmig. Eine besondere Form desselben wurde annähernd schon bei der Gleichdruckverbrennung erhalten. NEUMANN [13] und SCHMIDT [20] haben durch Messungen an der Maschine gefunden, daß auch dort das Brenngesetz ziemlich genau dreieckförmig sein kann. In vielen Fällen wird die Übereinstimmung nicht so gut sein wie bei den Versuchen von NEUMANN, es wird sich jedoch fast stets ein Dreieck mehr oder weniger gut der Form des Brenngesetzes anpassen lassen. Außerdem handelt es sich hier um die Feststellung grundsätzlicher Abhängigkeiten, die sich aus den Untersuchungen mit dreieckförmigem Brenngesetz einfach und klar ergeben.

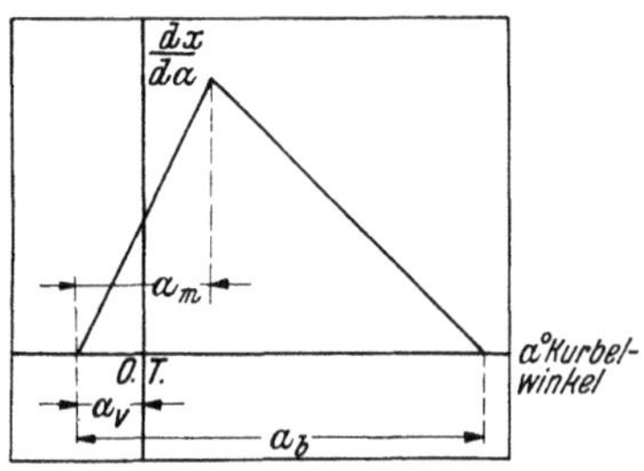

Abb. 49. Dreiecksbrenngesetz.

In Abb. 49 ist ein solches Dreieckbrenngesetz dargestellt. Durch die Veränderungen von α_v, $\varrho = \alpha_m/\alpha_b$ und α_b lassen sich die Einflüsse von Vorzündung, Dreiecksform und Brenndauer auf den Gleichraumgrad ermitteln. Es wurden nun zunächst für $\alpha_v = 0$ und für $\varepsilon = 14$, 18 und 22 bei $\lambda = 1{,}4$ die Gleichraumgrade für verschiedene Werte von α_b und ϱ ermittelt. Aus Abb. 50 sieht man, daß mit zunehmendem ϱ und mit zunehmender Brenndauer α_b der Gleichraumgrad kleiner wird. Vor allem ist der bedeutende Einfluß der Brenndauer zu erkennen. Selbst bei $\varrho = 0{,}0$ werden bei einer Brenndauer von 100° nur zirka 77% der bei Gleichraumverbrennung erzielbaren Leistung erreicht. Es ist

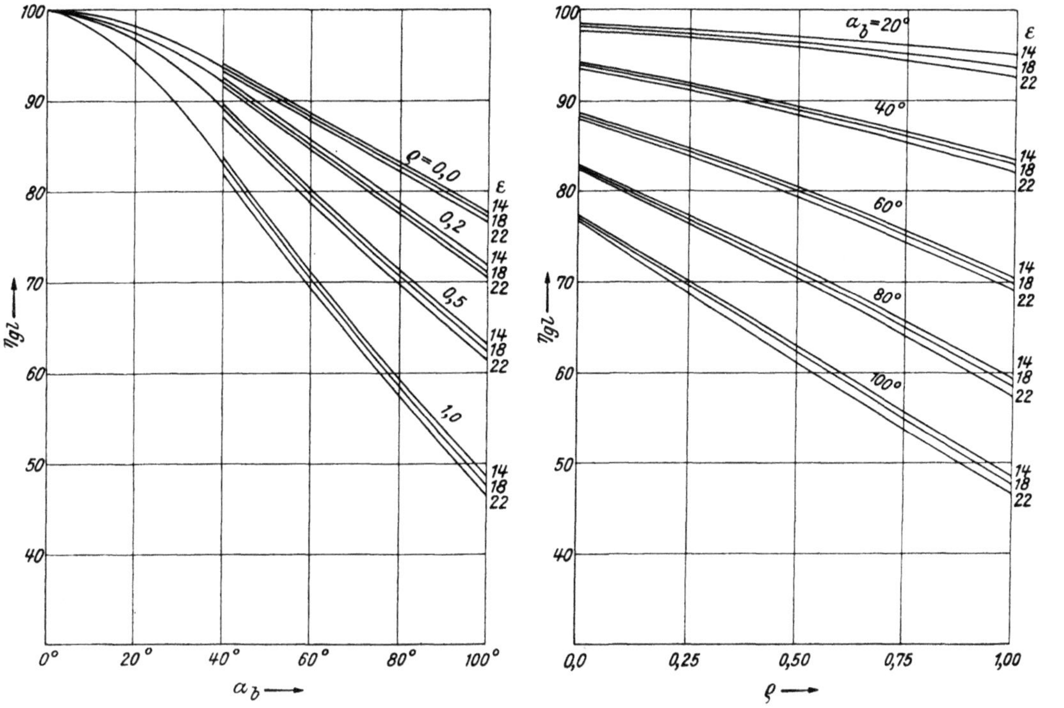

Abb. 50. Gleichraumgrad η_{gl} für Dreieckbrenngesetze.

daher außerordentlich wichtig, die Verbrennung rechtzeitig zu beenden und die Wärme in der Nähe des Totpunktes zuzuführen, wo sie thermodynamisch wertvoll ist. Aus dem Vergleich der Kurven für $\varepsilon = 14$, 18 und 22 gewinnt man eine wichtige Erkenntnis: *Der Gleichraumgrad ist nahezu unabhängig vom Verdichtungsverhältnis.* Bei $\alpha_b = 100°$ und $\varrho = 1{,}0$ sind die Unterschiede des Gleichraumgrades bei verschiedenen Werten von ε am größten, betragen aber zwischen $\varepsilon = 14$ und 22 nur zirka 1,5%.

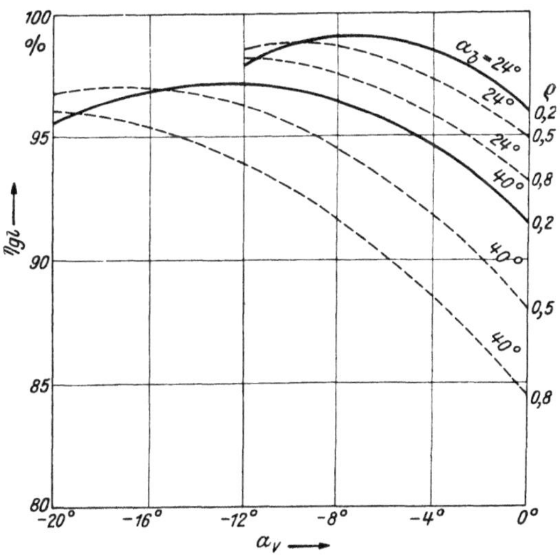

Abb. 51. Einfluß der Vorzündung auf den Gleichraumgrad. $\varepsilon = 22$, $\lambda = 1{,}4$.

Um den Einfluß der Vorzündung α_v zu zeigen, wurden in Abb. 51 für $\varepsilon = 22$, $\lambda = 1{,}4$ die Gleichraumgrade für 24 und 40° Brenndauer und verschiedener Vorzündung dargestellt. Ein Vergleich dieser Diagramme mit denen in Abb. 50 zeigt, daß durch entsprechende Vorzündung der Gleichraumgrad bei schleichender Verbrennung mit großem α_b nicht unerheblich verbessert werden kann, ein Mittel, das in solchen Fällen auch angewendet wird. Es sei dabei allerdings vorweggenommen, daß durch größere Vorzündung mit einem wesentlich höheren Verlust durch den Wärmeübergang zu rechnen ist.

Mittels dieser Angaben läßt sich ermitteln, wie weit der Wirkungsgrad durch Veränderung eines Brenngesetzes noch erhöht werden kann. Das Brenngesetz hängt beim Diesel-Motor vom zeitlichen Verlauf der Brennstoffeinspritzung, der Luftbewegung im

Verbrennungsraum und von dessen Form ab. Es kann durch Änderung dieser Verhältnisse beeinflußt werden. Es gelingt im allgemeinen nicht, theoretisch als richtig erkannte Brenngesetze im Motor restlos zu verwirklichen.

Beim *Otto-Motor* mit seinen wesentlich niederen Verdichtungen liegen die Verhältnisse anders als beim Diesel-Motor. Mit Rücksicht auf den Wirkungsgrad wäre eine möglichst kurzzeitige Verbrennung des ganzen Zylinderinhaltes erwünscht, der sich dabei ergebende Höchstdruck wäre bei nicht zu hoher Aufladung durchaus tragbar, so daß die statische Triebwerksbeanspruchung der Brennzeit α_b keine untere Grenze setzen würde. Es wurde jedoch früher erwähnt, daß für die Triebwerksbeanspruchung nicht allein p_3, sondern auch $\frac{dp}{d\alpha}$ maßgebend ist. Ricardo [17] hat die Zusammenhänge zwischen relativem Druckanstieg und dem harten Gang der Maschine untersucht und gefunden, daß eine Drucksteigerung von zirka 2 at je Kurbelgrad am günstigsten ist und praktisch brauchbare Werte des Druckanstieges zwischen 1,75 und 2,45 at/° KW liegen. Wenn auch diese Zahlen nur Durchschnittswerte sind, die sich nach Bauart, Motorgröße und Drehzahl verändern, so geben sie doch wenigstens die praktisch in Betracht kommenden Werte größenordnungsmäßig wieder.

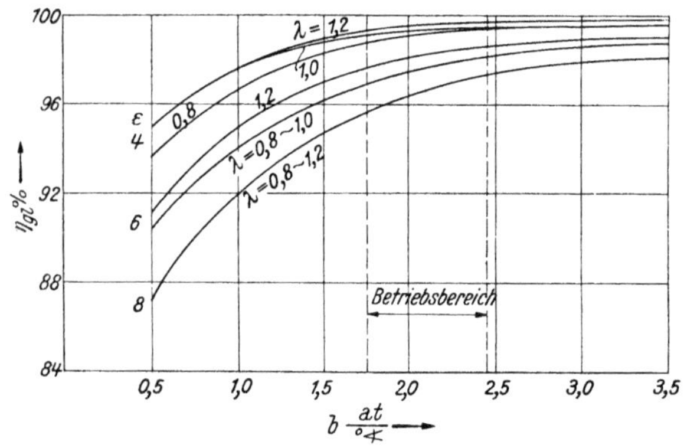

Abb. 52. Der Gleichraumgrad von Otto-Motoren (Brennstoff C_nH_{2n}) in Abhängigkeit vom Druckanstieg. $b = \frac{dp}{d\alpha}$.

Es sollen nun die Zusammenhänge zwischen Gleichraumgrad und relativem Druckanstieg ermittelt werden. Letzterer sei gegeben durch

$$\frac{dp}{d\alpha} = b.$$

Wir nehmen an, daß b während der ganzen Dauer der Verbrennung konstant ist, denn es ist offenbar erwünscht, den zulässigen Wert von b weder zu überschreiten noch auch mit Rücksicht auf den Wirkungsgrad darunter zu bleiben. Mit p_2 als Verdichtungsenddruck wird:

$$p = p_2 + b\,\alpha.$$

Durch Anwendung des 1. Hauptsatzes ergibt sich

$$B\,H_u = \delta\,u_3 - u_2' + A\int_0^{\alpha_3} p\,dV$$

und mit der Näherungsformel $\left(\frac{r}{l}\ \text{Schubstangenverhältnis}\right)$

$$dV = V_1\,\frac{\varepsilon - 1}{2\,\varepsilon}\cdot\left(\sin\alpha + \frac{r}{2\,l}\cdot\sin 2\,\alpha\right)d\,\alpha.$$

$$BH_u = \delta\,u_3 - u_2' + A\,V_1\,\frac{\varepsilon-1}{2\,\varepsilon}\left[p_2\left(1 - \cos\alpha_3 + \frac{r}{2\,l}\sin^2\alpha_3\right) + b\,c\,(\alpha_3)\cdot\frac{180}{\pi}\right]. \qquad (48)$$

Darin ist

$$c\,(\alpha_3) = \sin\alpha_3 - \alpha_3\cos\alpha_3 + \frac{r}{2\,l}\,[\sin 2\,\alpha_3 - 2\,\alpha_3\cos\alpha_3].$$

Dabei ist vorausgesetzt, daß die Verbrennung im Totpunkt beginnt. Aus dieser Gleichung kann α_3 (Verbrennungsende) durch Probieren ermittelt werden.

In Abb. 52 sind die Brenngrade für die verschiedenen Verdichtungsverhältnisse und Luftüberschüsse als Funktion von b bei Zündung im Totpunkt aufgetragen. Die Einbuße an Wirkungsgrad durch den endlichen Druckanstieg gegenüber der Gleichraumverbrennung ist im praktisch in Betracht kommenden Bereich 1 bis 4%, um so größer, je höher das Verdichtungsverhältnis ist und nur wenig vom Luftüberschuß abhängig.

Der Gewinn an Wirkungsgrad durch eine Erhöhung von b innerhalb der überhaupt verbrennungstechnisch möglichen Grenzen ist so geringfügig, daß es sich nicht lohnt, allein zur Steigerung des Wirkungsgrades auf den weichen Gang der Maschine zu verzichten. Die verschiedenen Werten von b zugeordneten Brenngesetze sind annähernd dreieckförmig und brechen plötzlich ab. Die Neigung der Brennkurve ist natürlich wesentlich größer als beim Brenngesetz der entsprechenden Gleichdruckverbrennung. Vorzündung erhöht den Gleichraumgrad.

Der Verlauf der Verbrennung beim Otto-Motor kann durch die Lage des Zündpunktes im Verbrennungsraum, die Form desselben durch Zustand und Wirbelung der Ladung und durch den Wärmezustand der Wände beeinflußt werden.

Überstreicht die Flamme in gleichen Zeiten gleiche Räume, so ist die je Zeiteinheit verbrannte Brennstoffmenge konstant, das Brenngesetz wird ein Rechteck. Es ist zweckmäßig, auch diesen Fall zu untersuchen, da sich, wie später gezeigt werden wird, beliebige Brenngesetze durch Rechteckgesetze ersetzen lassen.

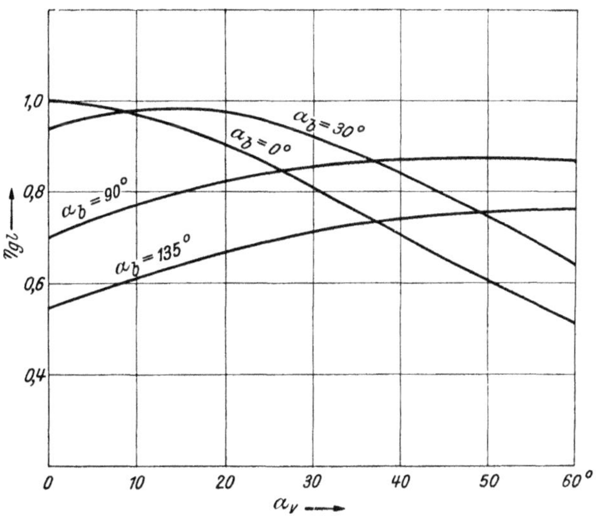

Abb. 53. Gleichraumgrad η_{gl} bei Rechteckbrenngesetzen mit verschiedener Vorzündung. Holzgas.

Es ist

$$\Delta \alpha \frac{B H_u}{\alpha_b} = u_{II}\,\delta_{II} - u_I\,\delta_I + A\,p_m\,\Delta V, \quad (49)$$

wobei α_b die gesamte Brenndauer ist.

Man schätzt zunächst p_m und rechnet sich aus den bekannten Größen u_I, δ_I, δ_{II} das (u_{II}) in erster Annäherung, schließt dann von der Temperatur auf den mittleren Druck p_m und wiederholt die Rechnung in zweiter Annäherung.

Große Brenndauer und infolgedessen großer Vorzündungswinkel kommen vor allem für Gasmaschinen mit Armgasen in Betracht. Es wurden daher für eine solche die Gleichraumgrade von rechteckigen Brenngesetzen in Abhängigkeit von dem Vorzündungswinkel und der Brenndauer α_b berechnet. Die zugrunde liegenden Annahmen sind:

Generatorgas aus Holz

$$v_0\,(H_2) = 15{,}2\%,\quad v_0\,(CO) = 19{,}1\%,$$
$$v_0\,(CH_4) = 3{,}0\%,\quad v_0\,(CO_2) = 12{,}3\%,$$
$$v_0\,(N_2) = 50{,}4\%.$$

$\lambda = 1{,}0,\ \varepsilon = 10,\ \frac{r}{l} = 0{,}25.$

Abb. 53 zeigt die Gleichraumgrade. Bei Zündung im Totpunkt fällt der Gleichraumgrad mit zunehmender Brenndauer ganz bedeutend, bei 135° KW Brenndauer werden nur 55% des bei Gleichraumverbrennung möglichen Wirkungsgrades erreicht. Durch Vorverlegung der Zündung ist es jedoch möglich, den Gleichraumgrad wesentlich zu verbessern. Der Größtwert desselben wird erreicht, wenn die Vorzündung annähernd gleich der halben Brenndauer wird. Auch hier ist zu beachten, daß dem Anwachsen des Gleichraumgrades mit steigender Vorzündung eine Vergrößerung der Verluste durch den Wärmeübergang an die Wand gegenübersteht, so daß die in bezug auf den Innenwirkungsgrad günstigste Vorzündung kleiner ist als die, welche den günstigsten Gleichraumgrad ergibt.

γ) Allgemeine Gesetze des Gleichraumgrades.

Durch ausführliche Untersuchungen über den Gleichraumgrad vor allem des Diesel-Motors konnten allgemeine Gesetzmäßigkeiten abgeleitet werden. Diese gelten mit einer Genauigkeit, die für die meisten Anwendungen genügt.

Zur Aufdeckung der Gesetze wurde das Näherungsverfahren benützt. Die Prüfung ihrer Genauigkeit erfolgte durch eine größere Zahl von Rechnungen nach dem genauen Verfahren. Einige Ergebnisse derselben, die den Grad der Genauigkeit der Gesetze erkennen lassen, werden jeweils angeführt.

Abb. 50 zeigt, daß η_{gl} bei gleichbleibendem Brenngesetz innerhalb des für Diesel-Maschinen brauchbaren Bereiches nahezu unabhängig von ε ist. So z. B. ist für

$$\alpha_v = 0, \ \alpha_b = 60°, \ \varrho = 0{,}5, \quad \varepsilon = 14, \quad \eta_{gl} = 80{,}0\%,$$
$$\varepsilon = 22, \quad \eta_{gl} = 78{,}5\%.$$

Die Kurven

$$\eta_{gl\alpha} = \frac{1 - \frac{1}{\varepsilon_\alpha^{k-1}}}{1 - \frac{1}{\varepsilon^{k-1}}}$$

für verschiedene Werte von ε, zeigen nach Abb. 45 ebenfalls innerhalb des Diesel-Bereiches nur kleine Unterschiede.

Bei gleichem Brenngesetz ist der Gleichraumgrad auch nahezu unabhängig von λ: Ein rechteckiges Gesetz ergibt z. B.:

$$\alpha_v = 0, \ \alpha_b = 100°, \ \varepsilon = 18, \quad \lambda = 1{,}0, \quad \eta_{gl} = 61{,}8\%,$$
$$\lambda = 2{,}0, \quad \eta_{gl} = 62{,}7\%,$$
$$\lambda = 3{,}0, \quad \eta_{gl} = 63{,}4\%.$$

Für den Vollastbereich $\lambda = 1$ bis $\lambda = 2$ ist die Abweichung demnach annähernd 1%.

Der Gleichraumgrad ist auch nahezu unabhängig von dem verwendeten Brennstoff. Man erhält z. B. für ein rechteckiges Gesetz $\alpha_v = 0$, $\alpha_b = 50°$.

Rohöl C_nH_{2n} $\varepsilon = 18$, $\lambda = 1{,}0$, $\eta_{gl} = 83{,}3$.
Generatorgas aus Holz $\varepsilon = 18$, $\lambda = 1{,}0$, $\eta_{gl} = 83{,}7$.

Es gilt daher allgemein der Satz:

Der Gleichraumgrad eines beliebigen Brenngesetzes ist nahezu unabhängig vom Verdichtungsverhältnis (Bereich $\varepsilon = 14$ bis 22), vom Luftüberschuß (Bereich $\lambda = 1$ bis 2) und vom Brennstoff.

Die Kurven in Abb. 45 gelten für gleichen Winkel vor und nach dem Totpunkt. Daher muß der Gleichraumgrad symmetrisch zum Totpunkt liegender Brenngesetze annähernd gleich groß sein.

Ein rechteckiges Gesetz mit $\alpha_b = 50°$ ergab

$$\alpha_v = 50°, \quad \eta_{gl} = 81{,}0,$$
$$\alpha_v = 0°, \quad \eta_{gl} = 83{,}0.$$

Im allgemeinen werden Brenngesetze nur zum Teil vor dem Totpunkt liegen, so daß die Abweichungen noch wesentlich kleiner werden. Es läßt sich daher der vor dem Totpunkt liegende Teil eines Brenngesetzes durch einen in bezug auf den Totpunkt symmetrisch liegenden Teil hinsichtlich des Gleichraumgrades ersetzen.

Der Gleichraumgrad zweier spiegelbildlich gleicher, also symmetrisch zum Totpunkt liegender Brenngesetze ist annähernd gleich.

Aus den früher mitgeteilten graphischen Näherungsverfahren zur Bestimmung des Gleichraumgrades ergibt sich ferner, daß der Gleichraumgrad eines beliebigen Brenngesetzes aus den Gleichraumgraden der einzelnen Teile des Brenngesetzes gefunden werden kann.

Sind f_1, f_2 die Flächenstücke unter der Brennkurve, η_{gl1} und η_{gl2} die entsprechenden Gleichraumgrade, so ist:

$$f_1 \eta_{gl1} + f_2 \eta_{gl2} = \eta_{gl}(f_1 + f_2).$$

Das gleiche gilt, wenn eine der beiden Flächen negativ ist, das Brenngesetz daher aus der Differenz zweier Brenngesetze gebildet wird. Man kann natürlich in diesem Falle eine größere Genauigkeit nur dann erwarten, wenn die abzuziehende Fläche verhältnismäßig klein ist (wie z. B. bei Berücksichtigung der Wärmeverluste), da sich sonst die Ungenauigkeiten in der Differenz besonders stark auswirken können.

Ersetzt man in Abb. 45 den Teil der Kurven, der innerhalb der Brenndauer eines einseitig vom Totpunkt liegenden Brenngesetzes liegt, annähernd durch eine Gerade mit der Gleichung

$$\eta_{gl\alpha} = a - b\,\alpha,$$

so ergibt sich der Gleichraumgrad des Brenngesetzes

$$\eta_{gl} = a - b\,\alpha_s,$$

worin α_s der Schwerpunktsabstand des Brenngesetzes in Kurbelgraden ist. Das läßt die Folgerung zu, daß Brenngesetze mit gleichem Schwerpunkt auch annähernd gleichen Gleichraumgrad haben werden.

Die genaue Berechnung gab z. B. folgende Gleichraumgrade für flächengleiche Brenngesetze mit gleichem Schwerpunkt und verschiedener Form:

$$\varepsilon = 18, \qquad \lambda = 1{,}4,$$

$$\alpha_v = 0,\ \alpha_b = 100^\circ \text{ Rechteck}, \qquad \eta_{gl} = 62{,}2\%,$$

$$\alpha_v = 0,\ \alpha_b = 75^\circ \text{ Dreieck},\ \varrho = 1{,}0,\ \eta_{gl} = 61{,}0\%,$$

$$\alpha_v = 0,\ \alpha_b = 100^\circ \text{ Dreieck},\ \varrho = 0{,}5,\ \eta_{gl} = 61{,}2\%.$$

Die Übereinstimmung wird um so besser sein, je ähnlicher die Form ist. Die Abweichungen von reiner Gleichraumverbrennung im Schwerpunkt sind gegenüber einem sehr ausgebreiteten Rechtecksgesetz immerhin erheblich. Es gilt also folgendes:

Brenngesetze, die einseitig zum Totpunkt liegen, haben bei gleichem Schwerpunkt und nicht allzusehr verschiedener Längsausdehnung auch annähernd gleichen Gleichraumgrad.

Mit diesen Sätzen ist es nun möglich, den Gleichraumgrad jedes beliebigen, nicht zu langen Brenngesetzes innerhalb der Bereiche von $\varepsilon = 14 - 22$ und $\lambda = 1 - 2$ auf den Gleichraumgrad eines dreieckförmigen Brenngesetzes der Abb. 50 zurückzuführen und damit annähernd zu ermitteln.

Dabei wird aus dem doppelseitigen Brenngesetz ein einseitig zum Totpunkt liegendes gemacht, indem man den kleineren Teil um die Totpunktordinate klappt und zu dem anderen Teil hinzuzählt. Dann bestimmt man den Schwerpunkt des so gebildeten Brenngesetzes und entnimmt aus Abb. 50 den Gleichraumgrad eines schwerpunktgleichen Dreieckes möglichst angenäherter Form. Für Gasmaschinen gelten die gleichen Abhängigkeiten, hier wird man sich auf Abb. 53 beziehen.

Ändert man die Vorzündung eines Brenngesetzes, so erhält man eine Reihe von Gleichraumgraden. Zahlreiche Berechnungen haben ergeben, daß der günstigste Wert des Gleichraumgrades annähernd dann erreicht wird, wenn *der Schwerpunkt des Brenngesetzes im Totpunkt* liegt.

Mit Rücksicht auf den mit steigender Vorzündung wachsenden Wärmeübergang und mit Rücksicht auf den zunehmenden Höchstdruck empfiehlt es sich jedoch im allgemeinen nicht, die Vorzündung bis zum günstigsten Gleichraumgrad zu erhöhen.

δ) Brenngesetz und Druckverlauf.

Bei gegebenem Brenngesetz erhält man nach dem genauen Verfahren (S. 55) den Druckverlauf durch punktweise Ermittlung der aufeinanderfolgenden Zustände.

Die Bestimmung des ungefähren Druckverlaufes ist mit einem Näherungsverfahren möglich, bei dem konstante Werte von k und C_v Verwendung finden. Durch geeignete Wahl von Mittelwerten dafür, läßt sich eine Übereinstimmung des Druckverlaufes mit dem nach dem genauen Verfahren berechneten erreichen, die für viele Anforderungen ausreicht.

Durch Zufuhr von Wärme bei konstantem Volumen im Punkt mit dem Kurbelwinkel α wird nach Abb. 54 eine Drucksteigerung dp_α erreicht. Der Zustandsverlauf, der bisher auf der Adiabate 1 lag, wird auf die Adiabate 2 gehoben, dadurch ergibt sich in einem bestimmten Punkt mit dem Kurbelwinkel α_1 eine Drucksteigerung dp_{α_1}. Der gesamte Druckanstieg im Punkte α_1 wird durch Integration über den Gesamtverlauf der Wärmezufuhr erhalten.

Es ist

$$dp = \frac{H_u \cdot B \cdot R \cdot \delta}{C_v \cdot V_\alpha} \cdot dx,$$

mit

$$V_\alpha = \frac{V_1}{\varepsilon_\alpha} \quad \text{und} \quad dp_\alpha \cdot \left(\frac{\varepsilon_{\alpha_1}}{\varepsilon_\alpha}\right)^k = dp_{\alpha_1}$$

wird

$$dp_{\alpha_1} = \frac{B \cdot H_u \cdot R \cdot \delta}{C_v \cdot V_1} \cdot \varepsilon_\alpha \left(\frac{\varepsilon_{\alpha_1}}{\varepsilon_\alpha}\right)^k \cdot dx.$$

Dabei wird schon von Beginn der Verbrennung an mit reinem Abgas gerechnet und, da sich V_1 auf unverbrannte Ladung bezieht, das Molverhältnis δ eingeführt. Ändert man δ

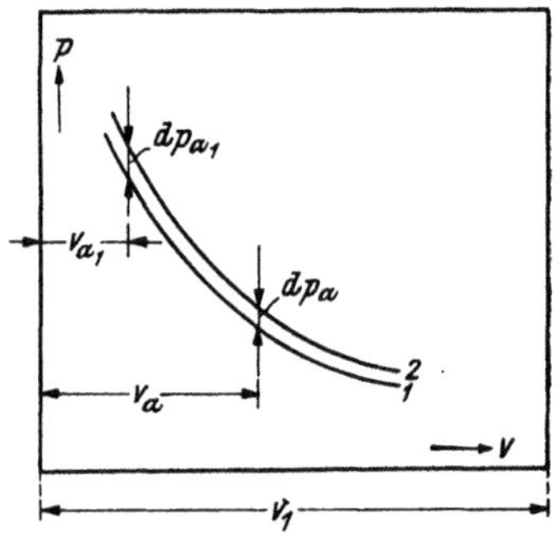

Abb. 54.

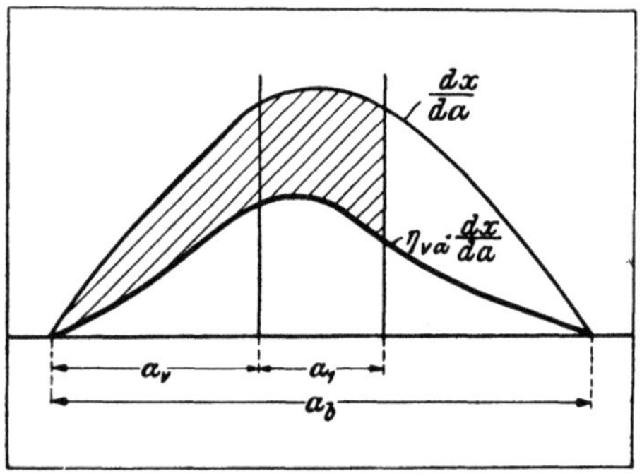

Abb. 55.

mit fortschreitender Verbrennung, so erhält man eine bessere Übereinstimmung, das Verfahren wird allerdings dann etwas umständlicher.

Nun ist

$$\frac{1}{\varepsilon_\alpha^{k-1}} = 1 - \eta_{v\alpha}$$

und daher

$$dp_{\alpha_1} = \frac{B \cdot H_u \cdot R \cdot \delta}{C_v \cdot V_1} \cdot \varepsilon_{\alpha_1}^k \cdot (1 - \eta_{v\alpha}) \cdot dx.$$

Die gesamte Drucksteigerung ist daher mit α_v als Vorzündungswinkel:

$$\Delta p_{\alpha_1} = \frac{B \cdot H_u \cdot R \cdot \delta}{C_v \cdot V_1} \cdot \varepsilon_{\alpha_1}^k \int_{\alpha_v}^{\alpha_1} (1 - \eta_{v\alpha}) \frac{dx}{d\alpha} \cdot d\alpha.$$

Ist p_2 der Verdichtungsdruck im Totpunkt, so ist

$$p_{\alpha_1} = p_2 \cdot \left(\frac{\varepsilon_{\alpha_1}}{\varepsilon}\right)^k + \frac{B \cdot H_u \cdot R \cdot \delta}{C_v \cdot V_1} \cdot \varepsilon_\alpha^k \int_{\alpha_v}^{\alpha_1} (1 - \eta_{v\alpha}) \frac{dx}{d\alpha} \cdot d\alpha,$$

setzt man $\frac{p_2}{\varepsilon^k} = p_1'$ (wobei p_1' nicht mit dem Anfangsdruck identisch ist, da für k im allgemeinen ein anderer Mittelwert gewonnen wird, als er für die Verdichtung gilt), so ist

$$p_{\alpha_1} = \left[p_1' + \frac{B \cdot H_u \cdot R \cdot \delta}{C_v \cdot V_1} \int_{\alpha_v}^{\alpha_1} (1 - \eta_{v\alpha}) \frac{dx}{d\alpha} \cdot d\alpha\right] \varepsilon_{\alpha_1}^k. \tag{50}$$

Ist das Brenngesetz gegeben, so erhält man nach Abb. 55 den Ausdruck $\int (1 - \eta_{v\alpha}) \frac{dx}{d\alpha} \cdot d\alpha$ als schraffierten Flächenstreifen zwischen der Brennkurve und der Kurve der Arbeitswerte der zugeführten Wärme. Letztere ergibt sich, wenn die Ordinaten der Brennkurve mit den zugehörigen $\eta_{v\alpha}$, den Wirkungsgraden der Gleichraumverbrennung im betreffenden Punkt α multipliziert werden.

Trägt man sich in einem Diagramm, Abb. 56,

$$A = p_1' + \frac{H_u \cdot B \cdot R \cdot \delta}{C_v \cdot V_1} \int_{\alpha_v}^{\alpha_1} (1 - \eta_{v\alpha}) \frac{dx}{d\alpha} \cdot d\alpha$$

als Ordinate, $\varepsilon_{\alpha_1}^{-k}$ als Abszisse auf, so entspricht jeder Strahl von 0 einem bestimmten Druck. Dieser ist proportional $\mathrm{tg}\,\varphi$. Man erhält demnach den Höchstdruck nach Lage und Größe, wenn man von 0 aus eine Tangente an die Kurve legt und den Berührungspunkt bestimmt.

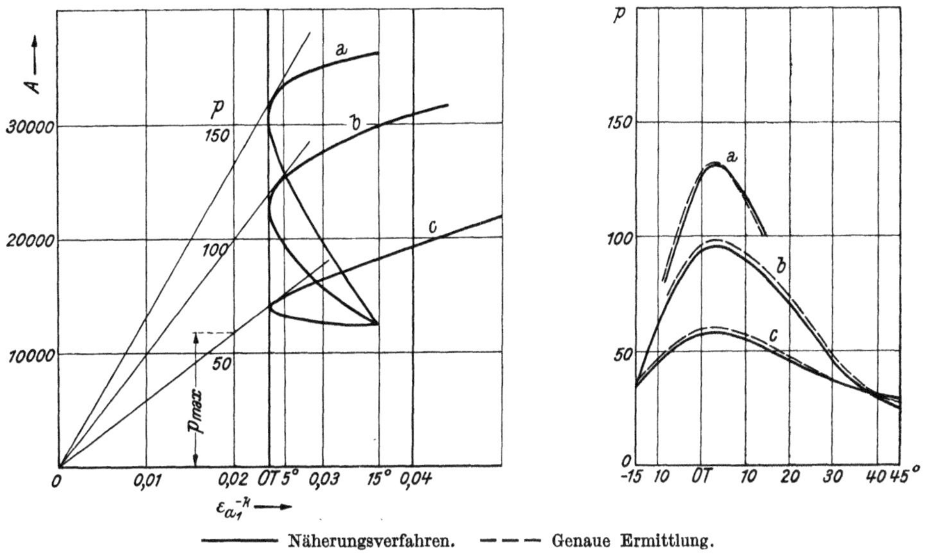

Abb. 56. Näherungsverfahren zur Ermittlung des Druckverlaufes.

In Abb. 56 sind für drei Fälle die Druckverläufe eingetragen, die durch das genaue und durch das Näherungsverfahren erhalten wurden. Die Übereinstimmung ist befriedigend, wenn für k

$$k = 1 - \frac{\ln (1 - \eta_v)}{\ln \varepsilon}$$

gesetzt wird, wobei η_v der Wirkungsgrad der Gleichraumverbrennung im Totpunkt mit gleichem Luftüberschuß ist. Aus k bestimmt man C_v durch

$$C_v = \frac{1{,}981}{k - 1}.$$

Die oben gefundene Beziehung zeigt, daß der Druckanstieg über den Enddruck der Verdichtung für ähnliche Heizgesetze proportional $C = \frac{H_u \cdot B \cdot R \cdot \delta}{C_v \cdot V_1}$ ist. Sie ermöglicht daher die rasche Ermittlung des Druckverlaufes für beliebige Werte von C, wenn dieser für einen Wert von C gegeben ist.

Bei ähnlichen Brenngesetzen hängen die Drücke ungefähr linear von der verbrannten Brennstoffmenge ab. Daher wird die Druckverminderung bei Teillasten gegenüber der Höchstlast um so größer sein, je stärker der Anteil der Verbrennung an der Drucksteigerung zum Höchstdruck ist.

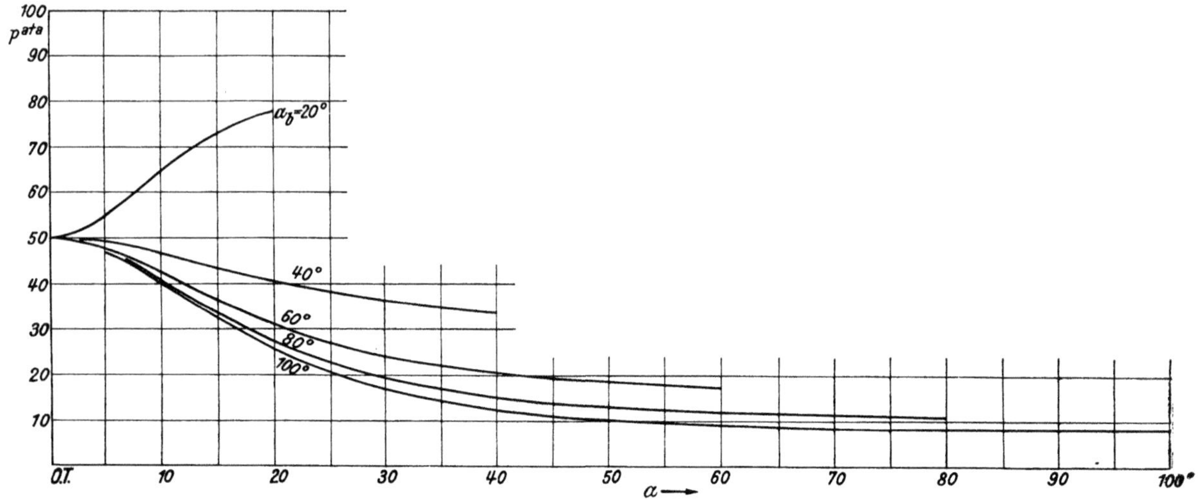

Abb. 57. Druckverlauf bei Dreieckbrenngesetzen. $\varepsilon = 22$, $p_2 = 50$ at, $\lambda = 1{,}4$, $\varrho = 1{,}0$, $\alpha_v = 0$.

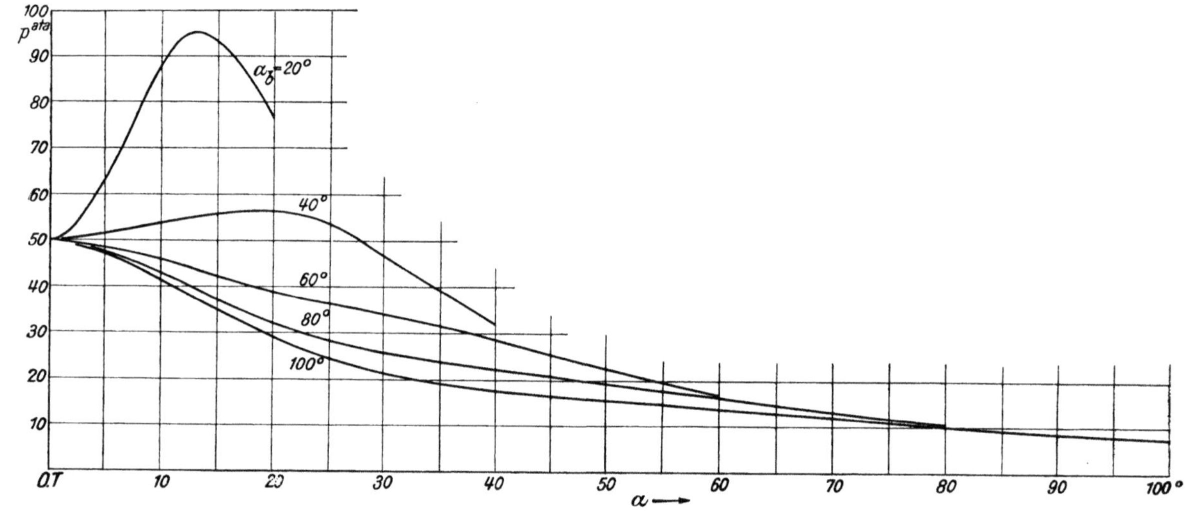

Abb. 58. Druckverlauf bei Dreieckbrenngesetzen. $\varepsilon = 22$, $p_2 = 50$ at, $\lambda = 1{,}4$, $\varrho = 0{,}5$, $\alpha_v = 0$.

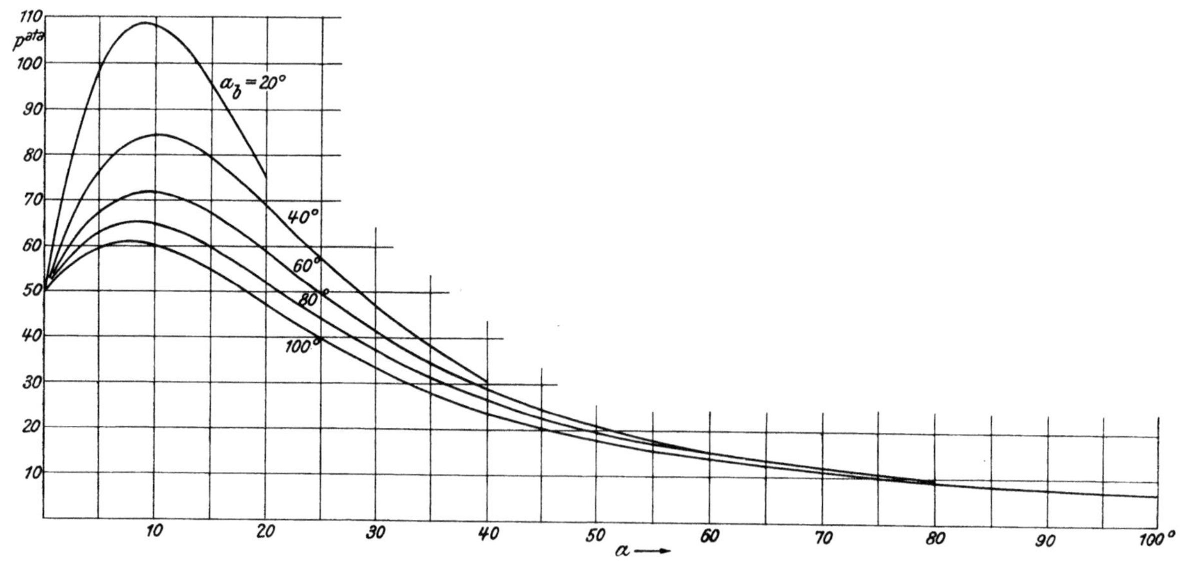

Abb. 59. Druckverlauf bei Dreieckbrenngesetzen. $\varepsilon = 22$, $p_2 = 50$ at, $\lambda = 1{,}4$, $\varrho = 0{,}0$, $\alpha_v = 0$.

Die Abhängigkeit des Druckverlaufes von der Form eines Dreieckbrenngesetzes und von der Brenndauer wird in den Abb. 57, 58 und 59 gezeigt. Der Druckverlauf und der Höchstdruck hängt von der Form des Brenngesetzes, hauptsächlich aber von der Brenndauer ab. Der Wärmeübergang wurde durch einen pauschalen Abzug von 10% der Verbrennungswärme annähernd berücksichtigt. Die Verbrennung beginnt im Totpunkt.

Die Abb. 60 zeigt den starken Einfluß der Vorzündung auf den Druckverlauf und Höchstdruck. Zunehmende Vorzündung bewirkt starkes Ansteigen des Höchstdruckes.

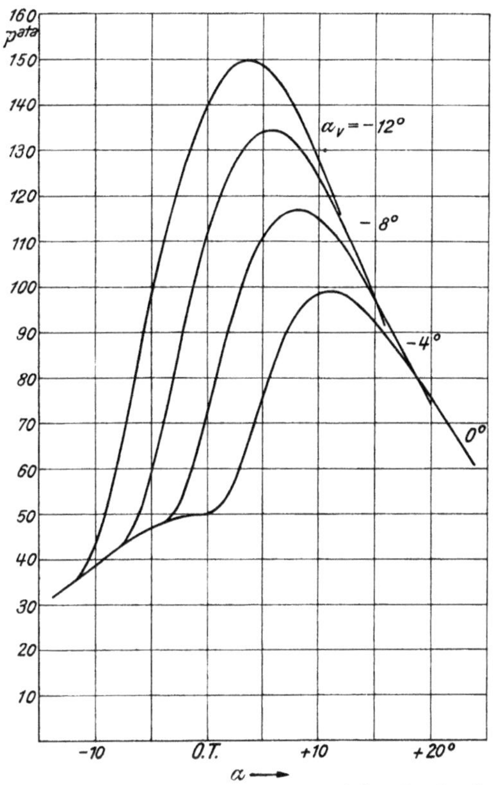

Abb. 60. Einfluß der Vorzündung α_v auf den Druckverlauf. $\varepsilon = 22$, $p_2 = 50$ at, $\lambda = 1{,}4$, $\alpha_b = 24°$, $\varrho = 0{,}2$.

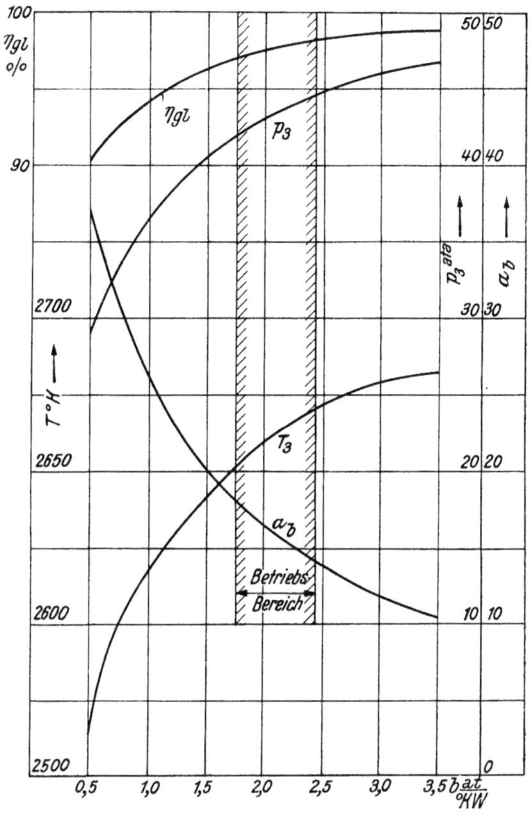

Abb. 61. Verbrennungsendzustand bei Otto-Motoren für Benzin. Brennstoff C_nH_{2n}. $\varepsilon = 6{,}2$, $\lambda = 1{,}0$, $\frac{dp}{d\alpha} = b$.

Abb. 61 enthält für Otto-Motoren (Brennstoff C_nH_{2n}) und Zündung im Totpunkt die Zusammenhänge zwischen dem Winkel α_b, bei welchem die Verbrennung bei konstantem $\frac{dp}{d\alpha} = b$ beendet ist, dem Höchstdruck p_3, der Verbrennungsendtemperatur und dem Gleichraumgrad η_{gl}. Der Kurbelwinkel, bei welchem der Höchstdruck auftritt, liegt bei den zulässigen Werten von $\frac{dp}{d\alpha}$ annähernd 15 bis 20° nach dem oberen Totpunkt. Wieder wurden zur ungefähren Berücksichtigung des Wandeinflusses 10% der Wärme pauschal abgezogen. Die Werte stimmen mit an der Maschine gemessenen Werten gut überein. Man sieht, daß eine weitere Steigerung der Verbrennungsgeschwindigkeit über $\frac{dp}{d\alpha} = 2{,}50$ at/° KW den Wirkungsgrad nur wenig verbessern würde, hingegen würde der Gang der Maschine hart und das Triebwerk stark beansprucht.

Nun stellt sich die Frage nach dem in bezug auf Höchstdruck und Gleichraumgrad günstigsten Verbrennungsgesetz. Bei *Otto-Motoren* ist die Antwort verhältnismäßig einfach, die Beziehungen sind sehr klar. Man hat mit so starkem Druckanstieg zu verbrennen, als dies mit Rücksicht auf das Laufgeräusch der Maschine zulässig ist. Der Höchstdruck soll dabei 15 bis 20° nach Totpunkt eintreten.

Bei *Diesel-Motoren* scheinen die Beziehungen zunächst weniger durchsichtig, da hier auch der Höchstdruck berücksichtigt werden muß. Bei gegebener Verdichtung und gegebenem Höchstdruck hätte das ideale Brenngesetz eine Drucklinie zu verwirklichen, wie sie in Abb. 62 dargestellt ist. Zunächst ein Druckanstieg, bei dem $\frac{dp}{d\alpha}$ mit Rücksicht auf die Ganghärte unter einem bestimmten Wert b liegen muß, daran anschließend eine Gleichdruckverbrennung. Abb. 62 zeigt das dazu erforderliche Brenngesetz. Der Gleichraumgrad ist bei nicht sehr hohem Druckanstieg und dem zulässigen Höchstwert von $\frac{dp}{d\alpha}$ nur unbedeutend kleiner als der Gleichraumgrad der vollkommenen, gemischten Verbrennung. Letzterer stellt die obere Grenze dar, die bei gleichem Verdichtungsverhältnis und gleichem Höchstdruck erreicht werden kann. Er läßt sich aus den Abb. 20 bis 24 unmittelbar berechnen.

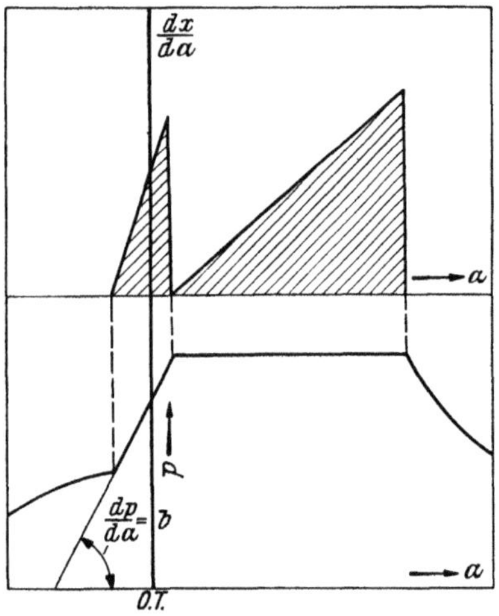

Abb. 62. Ideales Brenngesetz und zugehörige Drucklinie für Diesel-Motoren.

Der Verbrennungsvorgang im Diesel-Motor kann im allgemeinen noch nicht so beherrscht werden, daß es möglich ist, ein als zweckmäßig erkanntes Brenngesetz auch zu verwirklichen.

Um Anhaltspunkte für die günstigste Wahl des Höchstdruckes zu finden, wurde in Abb. 63 (links) für Zündung im Totpunkt η_{gl} in Abhängigkeit von $\frac{p_3}{p_2}$ für verschiedene Verbrennungsdrücke aufgetragen. Die Kurven steigen anfänglich stark an und biegen zwischen $\frac{p_3}{p_2} = 1{,}6$ bis 2,0 um. Dort wird nahezu unabhängig vom Verdichtungsverhältnis und von der

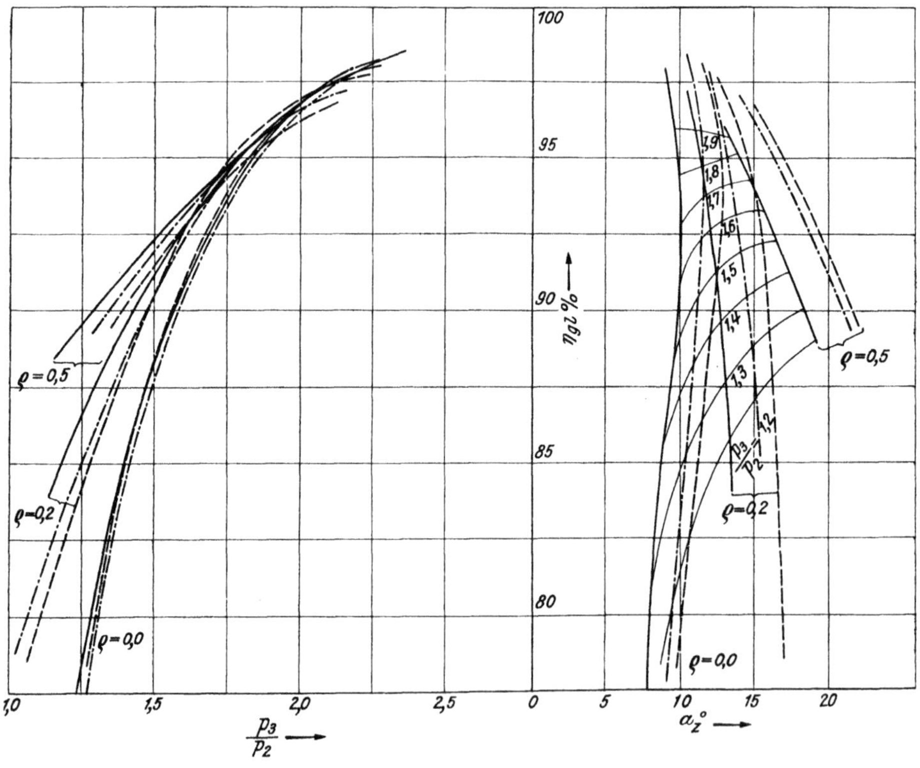

Abb. 63. Zusammenhänge zwischen Höchstdruck und Gleichraumgrad bei Diesel-Motoren. Zündung im Totpunkt. $\lambda = 1{,}4$, $\varepsilon = 22$ ———, $\varepsilon = 18$ —·—·—, $\varepsilon = 14$ — — —.

Form des dreieckförmigen Brenngesetzes ein Brenngrad von 95 bis 97% erreicht. Eine weitere Steigerung des Druckes erscheint nicht mehr lohnend, da sie den Wirkungsgrad nur mehr unwesentlich, wenn überhaupt verbessert, hingegen die Triebwerksbeanspruchung wesentlich steigert.

Eine weitere Untersuchung ergab, daß der Höchstdruck nach Abb. 63 (rechts) ungefähr zwischen 10 und 17° KW nach Totpunkt auftritt und daß bei einer mittleren Drucksteigerung von $\frac{p_3}{p_2} = 1{,}8$ der Gleichraumgrad nahezu unabhängig von der Lage des Höchstdruckes innerhalb dieses Bereiches ist. Die Schlüsse gelten für den gebräuchlichen Verbrennungsbeginn im Totpunkt und für $\lambda = 1{,}4$. Es ist anzunehmen, daß sich auch bei kleiner Vorzündung die Werte nicht wesentlich ändern werden. Sie stimmen mit den Verhältnissen an Motoren mit günstigem Verbrennungsablauf gut überein.

d) Der Einfluß des Wärmeüberganges auf den Wirkungsgrad. Der Wandwirkungsgrad η_w.

Zwischen dem arbeitenden Gas und den Wänden des Verbrennungsraumes wird Wärme durch Leitung, durch die Gasbewegung und durch Strahlung übertragen. Die dem Gas zugekehrte Wandoberfläche nimmt infolge des veränderlichen Wärmeüberganges wechselnde Temperaturen an. Wegen des verhältnismäßig schlechten Wärmeüberganges vom Gas auf die Wand, der raschen Fortleitung der Wärme im Baustoff derselben und ihrer hohen Wärmekapazität sind die Schwankungen der Wandtemperatur nur klein. Es kann daher mit einer zeitlich mittleren Wandtemperatur gerechnet werden. Bei nach außen isolierten Wänden würde sich eine, der zeitlich mittleren Gastemperatur annähernd entsprechende mittlere Wandtemperatur einstellen. Diese wäre so hoch, daß man aus Betriebsgründen, wegen der Festigkeit des Baustoffes, der Schmierung und der Gefahr von Vorzündungen gezwungen ist, durch einen starken Wärmeabfluß nach außen, durch Kühlung mit Wasser oder Luft die Wandtemperatur abzusenken.

Die zulässige Wandtemperatur liegt während des überwiegenden Teiles der Hochdruckvorgänge niederer als die Gastemperatur. Es geht daher während der Verdichtung und Ausdehnung, abgesehen vom Beginn der Verdichtung, stets die Wärme vom Gas auf die Wand über.

Die Gesetze dieses Wärmeüberganges, seine Abhängigkeit vom Gaszustand, Wandoberfläche und Wandtemperatur sollen zunächst außer Betracht bleiben.

Die Wärmezufuhr durch die Verbrennung ist während der Kurbeldrehung um $d\alpha$:

$$dQ_b = BH_u \cdot dx.$$

Der Wärmeverlust ist $dQ_w = q_w \cdot d\alpha$.
Demnach ist der Innenwirkungsgrad:

$$\eta_i = \frac{\eta_{va}}{Q_b} \int (dQ_b - dQ_w)\, \eta_{gl\alpha}. \tag{51}$$

Darin ist $\eta_{gl\alpha}$ der Gleichraumgrad der jeweils zugeführten Wärme $dQ_b - dQ_w$. Unter zugeführter Wärme ist demnach entwickelte Wärme weniger Wärmeverlust verstanden.

Die zeitliche Abhängigkeit der zugeführten Wärme wird als *Heizgesetz* bezeichnet. Der Gleichraumgrad des Heizgesetzes sei η_{glh}.

Es ist

$$\eta_i = \eta_{va} \cdot \frac{Q_b - Q_w}{Q_b} \int \frac{dQ_b - dQ_w}{Q_b - Q_w} \cdot \eta_{gl\alpha}.$$

$$\int \frac{dQ_b - dQ_w}{Q_b - Q_w} \cdot \eta_{gl\alpha} = \eta_{glh}.$$

$$\eta_i = \eta_{va} \cdot \left(1 - \frac{Q_w}{Q_b}\right) \eta_{glh}.$$

$\varphi_w = \frac{Q_w}{Q_b}$ ist der verhältnismäßige Wärmeverlust.

$$\eta_i = \eta_{va}\,(1 - \varphi_w) \cdot \eta_{glh}. \tag{52}$$

Der Gleichraumgrad des Heizgesetzes muß aus den zugeführten und abgeführten Wärmemengen während Verdichtung und Ausdehnung ermittelt werden. Die Zusammenhänge zwischen Brenngesetz, Heizgesetz und den entsprechenden Gleichraumgraden ergeben sich durch eine Trennung von Verbrennungswärme und Wärmeverlust.

$$\eta_i = \eta_{va} \cdot \int \frac{dQ_b}{Q_b} \eta_{gl\alpha} - \eta_{va} \frac{Q_w}{Q_b} \int \frac{dQ_w}{Q_w} \eta_{gl\alpha}.$$

Sinngemäß kann der Ausdruck

$$\int \frac{dQ_w}{Q_w} \cdot \eta_{gl\alpha} = \eta_{glw}$$

als Gleichraumgrad des Wärmeverlustes bezeichnet werden. Er ist das Verhältnis des Verlustes, der bei dem wirklichen Wärmeabfuhrgesetz entsteht, zum Verlust, der dann entstünde, wenn die Wärme im Totpunkt verlorenginge. Damit ist:

$$\eta_i = \eta_{va} (\eta_{gl} - \varphi_w \cdot \eta_{glw}). \tag{53}$$

Zwischen den Gleichraumgraden von Brenn- und Heizgesetz besteht die Beziehung:

$$\eta_{glh} = \eta_{gl} \frac{\left(1 - \varphi_w \cdot \frac{\eta_{glw}}{\eta_{gl}}\right)}{1 - \varphi_w}. \tag{54}$$

Die Gleichraumgrade des Heiz- und Brenngesetzes würden nur dann gleich sein, wenn die Wärme nach der gleichen Gesetzmäßigkeit abgeführt würde, wie sie durch die Verbrennung entsteht, wenn also stets ein bestimmter Bruchteil der Verbrennungswärme verloren ginge. Um den Einfluß des Wärmeüberganges, also der Wandwirkung auf den Innenwirkungsgrad, mit *einer* Zahl zu erfassen, wird der *Wandwirkungsgrad* η_w eingeführt. Es ist

$$\eta_i = \eta_{va} \cdot \eta_{gl} \cdot \eta_w$$

und daher

$$\eta_w = 1 - \varphi_w \cdot \frac{\eta_{glw}}{\eta_{gl}} \quad \text{oder} \quad \eta_w = \frac{\eta_{glh}}{\eta_{gl}} (1 - \varphi_w).$$

Bei Rechnungen mit dem Wärmeabfuhrgesetz ist es vorteilhaft, den *Wirkungsgradverlust durch den Wärmeübergang* als subtraktives Glied $\Delta\eta_w$ einzuführen. Es ist

$$\eta_i = \eta_{va} \cdot \eta_{gl} - \Delta\eta_w$$

und daher

$$\Delta\eta_w = \eta_{va} \cdot \varphi_w \cdot \eta_{glw}.$$

Zwischen η_w und $\Delta\eta_w$ besteht die Beziehung

$$\eta_w = 1 - \frac{\Delta\eta_w}{\eta_{va} \cdot \eta_{gl}}.$$

In manchen Fällen ist es zweckmäßig, den Arbeitsverlust durch den Wärmeübergang während der Verdichtung und während der Verbrennung und Ausdehnung zu trennen. Es ist

$$\Delta\eta_w = \frac{A L_{w1-2}}{H_u B} + \frac{A L_{w2-5}}{H_u B} = \Delta\eta_{w1-2} + \Delta\eta_{w2-5}.$$

Dabei ist AL_{w1-2} die Arbeitsverminderung durch den Wärmeverlust an die Wand während der Verdichtung, AL_{w2-5} während der Verbrennung und Ausdehnung.

Bei der thermodynamischen Untersuchung der Vorgänge in der Maschine wird vom Zeit-Druck-Diagramm, das durch Meßeinrichtungen unmittelbar erhalten werden kann, ausgegangen. Es wird später an Beispielen gezeigt, wie daraus die Temperatur und die innere Energie ermittelt werden kann. Trägt man sich außer diesen Größen die vom Verdichtungsbeginn an aufgenommene und abgegebene Arbeit auf, so erhält man das Schaubild Abb. 64.

Nach dem ersten Wärmehauptsatz ist vom Verdichtungsbeginn an gerechnet:

$$\delta \cdot u_\alpha - u_1' = Q_{b\alpha} - Q_{w\alpha} - A L_{1-\alpha}.$$

Damit wird $Q_{b\alpha} - Q_{w\alpha}$ als Differenz zwischen der u_α- und der $AL_{1-\alpha}$-Kurve gefunden.

Aus $(Q_b - Q_w)_\alpha = f(\alpha)$ läßt sich das Heizgesetz als Differentialkurve zeichnen

Die unmittelbare Ermittlung des Heizgesetzes ist durch folgende Beziehung möglich. Aus dem ersten Wärmehauptsatz folgt

$$\frac{dQ_b}{d\alpha} - \frac{dQ_w}{d\alpha} = \frac{A}{k-1} \cdot \left(k \cdot p \cdot \frac{dV}{d\alpha} + V \cdot \frac{dp}{d\alpha}\right). \tag{55}$$

Darin ist

$$\frac{dV}{d\alpha} = V_1 \cdot \frac{\varepsilon - 1}{\varepsilon} \cdot \left[\sin\alpha + \frac{r}{2l} \cdot \sin(2\alpha)\right].$$

$\frac{dp}{d\alpha}$ kann aus dem Zeit-Druck-Diagramm unmittelbar entnommen werden. Es ist

$$k = \frac{1{,}985}{C_v} + 1.$$

C_v ist die wahre spezifische Wärme bei der entsprechenden Temperatur. Befriedigende Ergebnisse, die auch in bezug auf die Wärmesumme stimmen, werden nur bei sehr genauen Diagrammen erwartet werden können.

Um das Brenngesetz zu bestimmen, muß der Wärmeübergang an die Wand bekannt sein. Während der Verdichtung wird keine Wärme durch die Verbrennung zugeführt. Zwischen den Größen im Punkt *2* zu Beginn der Verbrennung und den Zustandsgrößen in Punkt *5* am Ende der Ausdehnung besteht die Beziehung

$$B H_u - Q_{w\,2-5} = \delta u_5 + A L_{2-5} - u_2'.$$

BH_u läßt sich aus der Abgasanalyse und der Brennstoff- und Luftmessung bestimmen, die Größen der rechten Gleichungsseite ergeben sich aus dem Diagramm. Es ist dabei vor allem wichtig, die inneren Energien in den Punkten *2* und *5* genau zu bestimmen. Hierzu werden am besten genaue Punktindizierverfahren verwendet. Die Summe der Wärmeverluste zwischen *2* und *5* ist damit bekannt. Die zeitliche Abhängigkeit des Wärmeüberganges kann nur ermittelt werden, wenn das Wärmeübergangsgesetz gegeben ist. Da genau geltende Gesetze für den Wärmeübergang noch nicht gefunden sind, ist es nach ZINNER [22] zweckmäßig, in die verwendeten Ansätze Koeffizienten einzuführen, die so zu wählen sind, daß die Summe der berechneten Wärmeverluste mit dem aus obiger Gleichung erhaltenen Wert übereinstimmt. Aus dem Heizgesetz kann bei gegebenem Wärmeübergang dann das Brenngesetz ermittelt werden. Aus dem Brenngesetz erhält man mittels der früher angegebenen Verfahren η_{gl}. Der Gleichraumgrad des Heizgesetzes η_{glh} kann in gleicher Weise unmittelbar berechnet werden.

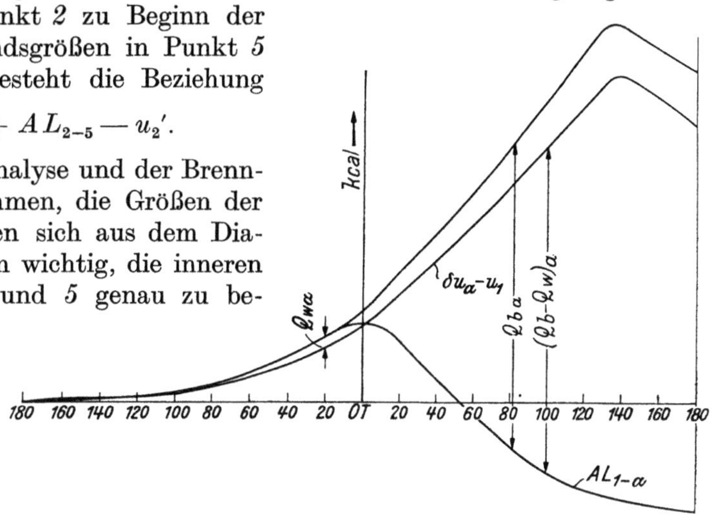

Abb. 64. Schema der thermodynamischen Auswertung von Diagrammen.

Aus dem Gleichraumgrad des Brenngesetzes und der Wärmeverlustzahl φ_w erhält man den Gleichraumgehalt des Wärmeverlustes nach Gleichung (53).

Bei bekanntem Verlauf des Wärmeüberganges kann der Arbeitsverlust durch denselben auch unmittelbar erhalten werden. Zwischen zwei Intervallen ist

$$A L_{w\,\alpha_I - \alpha_{II}} = \eta_{va} \int_{\alpha_I}^{\alpha_{II}} d\,Q_w \cdot \eta_{gl\,\alpha}, \tag{56}$$

und daraus ist

$$\eta_{va} \cdot \varphi_w \cdot \eta_{gl\,w} = \frac{A L_{w\,1-5}}{B H_u} = \Delta \eta_w.$$

Durch diese Zergliederung läßt sich die Einwirkung des Wärmeüberganges auf den Wirkungsgrad übersichtlich darstellen.

Eine unmittelbare Bestimmung des Brenngesetzes an der Maschine ist derzeit nicht möglich. Das Entnehmen von Gasproben während jeder Phase der Verbrennung würde keine richtigen Ergebnisse liefern, da es nicht möglich ist, örtliche Mittelwerte der Gaszusammensetzung zu erhalten und die Ladung nicht in allen Punkten des Zylinderraumes gleichen Verbrennungsverlauf hat.

Da die an die Wand abgegebene Wärme im allgemeinen nur ein kleiner Bruchteil der während der Hauptbrennzeit entwickelten Wärme ist (im Mittel 10%), haben Heizgesetz und Brenngesetz annähernd gleichen Charakter während der Hauptbrennzeit. Es kann daher bei verhältnismäßig schwachem Nachbrennen für die Ermittlung des Gleichraumgrades η_{gl} das Brenngesetz annähernd durch das Heizgesetz ersetzt werden. Berechnungen haben gezeigt, daß bei Brenngesetzen ohne Nachbrennen (bei denen also in jedem Zeitpunkt die entwickelte Wärme erheblich größer als der Wärmeverlust ist) nur ein Fehler innerhalb $\pm 0{,}2\%$ gemacht wird, wenn man an Stelle des Brenngesetzes das Heizgesetz zwischen Verbrennungsbeginn und Verbrennungsende der Ermittlung von η_{gl} zugrunde legt.

Im Heft 3 des Werkes wird der Wärmeübergang ausführlich behandelt. Hier soll, um die für die Diagrammauswertung notwendigen Grundlagen vollständig zu haben, nur ein Ansatz von NUSSELT [14] zu seiner Berechnung mitgeteilt werden, der oft verwendet wird.

Es ist

$$dQ_w = F\,a_\alpha \cdot (T - T_w)\,dz$$

(F Oberfläche in m², z Zeit in Stunden) der allgemeingültige Ausdruck für den Wärmeübergang. NUSSELT fand für die Wärmeübergangszahl

$$a_\alpha = \frac{0{,}362 \cdot \left[\left(\frac{T}{100}\right)^4 - \left(\frac{T_w}{100}\right)^4\right]}{T - T_w} + 0{,}99 \cdot \sqrt[3]{p^2 \cdot T}\,(1 + 1{,}24\,c).$$

Darin ist T die Gastemperatur, T_w die Wandtemperatur, p der Gasdruck in kg/cm², c die mittlere Kolbengeschwindigkeit in m/sek.

Für die je Mol arbeitendes Frischgas abgeführte Wärmemenge erhält man

$$dQ_w = 1{,}54 \cdot 10^{-6}\,\frac{V_1}{c} \cdot \frac{\varepsilon - 1}{\varepsilon} \cdot (\beta + 4\,\xi \cdot x_\alpha)\,a_\alpha \cdot (T - T_w)\,d\alpha.$$

Darin ist D der Kolbendurchmesser, $\frac{\beta D^2 \cdot \pi}{4}$ die Oberfläche des Verdichtungsraumes (Kolben im Totpunkt), ξ das Hubverhältnis $\frac{S}{D}$, x_α der verhältnismäßige Kolbenweg vom oberen Totpunkt und V_1 das Molvolumen beim Gaszustand zu Verdichtungsbeginn.

Vernachlässigt man mit dem ersten Glied der Wärmeübergangsahl die Strahlung, die im allgemeinen klein ist, und führt einen Koeffizienten C ein, mit dem der errechnete an den gemessenen Gesamtwert angepaßt werden kann, so erhält man

$$dQ_w = C \cdot V_1 \cdot \frac{\varepsilon - 1}{\varepsilon} \cdot (\beta + 4\,\xi\,x_\alpha)\sqrt[3]{p^2\,T}\left(\frac{1}{c} + 1{,}24\right) \cdot (T - T_w)\,d\alpha$$

oder durch Zusammenfassung aller von α unabhängigen Größen in einen Koeffizienten

$$dQ_w = K \cdot \left(1 + \frac{4\,\xi}{\beta}\,x_\alpha\right) \cdot \sqrt[3]{p^2\,T} \cdot (T - T_w)\,d\alpha. \tag{57}$$

Mit diesem Ausdruck kann der Wärmeübergang rechnerisch verfolgt werden. Dabei ist jedoch zu beachten, daß er den Vorgang nur recht unvollkommen erfaßt. Die Gasströmungen im Zylinder, wie sie insbesondere bei Diesel-Motoren mit geteilten Verbrennungsräumen auftreten, scheinen in dem Ausdruck nicht auf und können nur durch die Wahl von K berücksichtigt werden. Es war bis jetzt nicht möglich, einen Ausdruck zu finden, der die Strömungsabhängigkeit des Wärmeüberganges befriedigend erfaßt.

Man muß sich demnach bei allen Wärmeübergangsrechnungen der beschränkten Wirklichkeitstreue bewußt bleiben.

Der Verlauf der Verdichtungs-, Verbrennungs- und Ausdehnungslinie läßt sich unter Berücksichtigung eines gesetzmäßigen Wärmeüberganges punktweise berechnen. Für einen kleinen Abschnitt gilt

$$\Delta x \cdot B H_u - \Delta Q_w = u_{II}\,\delta_{II} - u_I\,\delta_I + A\,p_m\,\Delta V.$$

Man ermittelt sich damit den Endzustand und erhält

$$\eta_i = \frac{B H_u - Q_w + u_1' - \delta_5 u_5}{B H_u},$$

worin $Q_w = \Sigma \Delta Q_w$ ist.

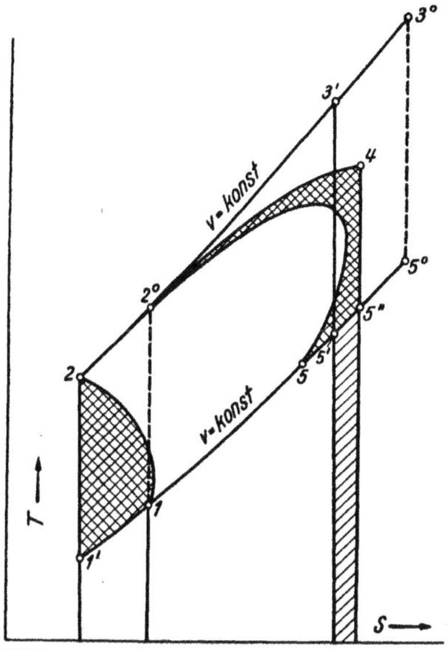

Verlust durch $\eta_{gl} < 1$.
Verlust durch Wärmeübergang.

Abb. 65.

Zur Berechnung des Wärmeüberganges in einer Maschine, deren Diagramm vorliegt, ist das Temperaturdiagramm zu zeichnen. Man bestimmt sich dann für jeden Punkt $\frac{dQ_w}{d\alpha}$, trägt diesen Wert in Abhängigkeit von α auf (Wärmeverlustgesetz) und bestimmt die Fläche, die man mit der aus dem Diagramm berechenbaren Summe des Wärmeüberganges in Einklang bringen muß.

Durch den Wärmeübergang wird die Temperatur- und Drucklage des gesamten Arbeitsvorganges herabgesetzt. Das Gleichraumdiagramm der vollkommenen Maschine hätte bei gleichem Anfangszustand die Eckpunkte *1*, 2_0, 3_0, 5_0 des Entropiediagramms in Abb. 65. Infolge der Wärmeverluste während der Verdichtung rückt das angeglichene Diagramm auf den Anfangspunkt *1'* und umfaßt die Punkte *1'*, *2*, *3'*, *5'*. Durch die endliche Dauer der Verbrennung liegt der Endpunkt derselben in *4* so, daß sich gegenüber der Gleichraumverbrennung ein zusätzlicher Wärmeverlust ergibt, der gleich dem Flächenstreifen unter *5'* bis *5''* ist. Durch den Wärmeübergang während der Verdichtung entsteht der Arbeitsverlust entsprechend der schraffierten Fläche *1'*, *1*, *2*, durch den Wärmeübergang während Verbrennung und Ausdehnung ein Arbeitsverlust entsprechend der Fläche *2*, *4*, *5''*, *5*.

Bei Vorzündung könnte das angeglichene Diagramm beim Punkt $1_v'$ (Abb. 66) beginnen. Da bei den üblichen Vorzündungen die Unterschiede in den Wirkungsgraden der Diagramme mit den Anfangspunkten *1'* und $1_v'$ nur gering sein werden, wird das angeglichene Diagramm in *allen Fällen* durch den Endpunkt der Verdichtung im Totpunkt gelegt. Dieser kann bei Vorzündung durch Ausschalten der Brennstoffzufuhr oder der Zündung bestimmt werden.

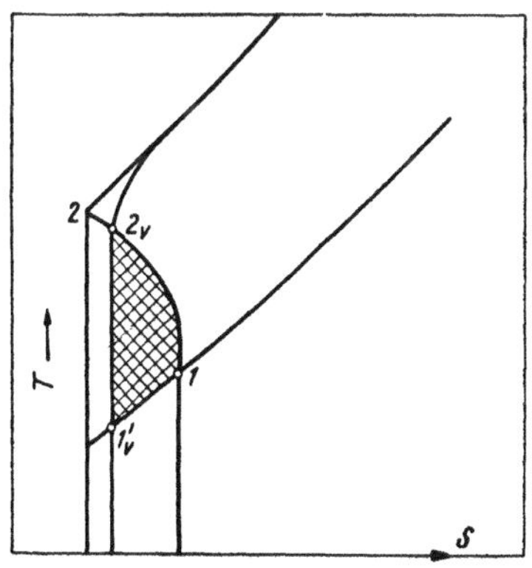

Abb. 66.

Der Wärmeverlust in den einzelnen Abschnitten läßt sich summarisch bestimmen, wenn die Verbrennungswärme bekannt ist. Für die Verdichtung ist

$$Q_{w\,1-2} = A L_{1-2} - u_2' + u_1',$$

worin L_{1-2} die Verdichtungsarbeit ist. Der Arbeitsverlust durch die Wärmeabfuhr ist gegenüber adiabatischer Verdichtung auf *2*,

$$A L_{w\,1-2} = A L_{1-2} - u_2' + u_1'$$

die in Abb. 65 schraffierte Fläche. Bei größerer Vorzündung sind entsprechend Abb 66 die inneren Energien u_{2v}' und u_{1v}' einzusetzen.

Der Arbeitsverlust durch den Wärmeübergang während der Verbrennung und Ausdehnung ist

$$A L_{w\,2-5} = u_5 - u_5'' + Q_{w\,2-5}.$$

u_5 und $Q_{w\,2-5}$ sind aus dem Diagramm zu berechnen. u_5'' kann vom Punkt *2* ausgehend punktweise ermittelt werden, wenn das Brenngesetz bekannt ist. Da eine direkte Bestimmung derzeit nicht möglich ist, muß aus dem Heizgesetz mittels eines angenommenen Wärmeverlustgesetzes auf das Brenngesetz geschlossen werden.

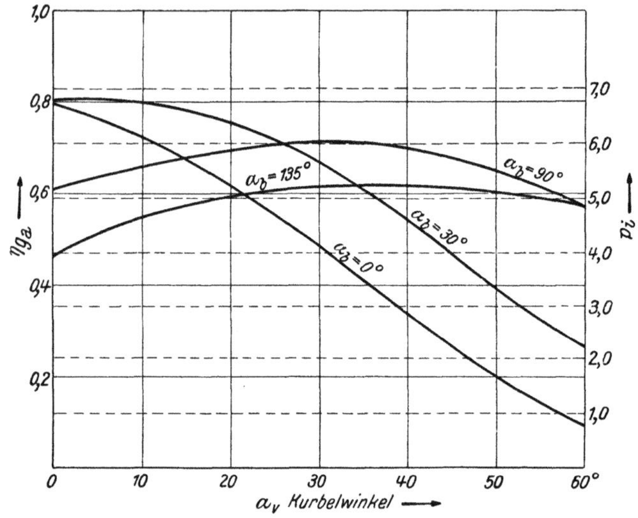

Abb. 67. Gütegrade η_{ga} bei verschiedener Brenndauer und Vorzündung. Beispiel Holzgas.

Zur näherungsweisen Bestimmung des Arbeitsverlustes durch den Wärmeübergang während der *Verdichtung* kann die Verdichtungslinie durch eine Polytrope ersetzt werden. Dann ist

$$A L_{w\,1-2} = \frac{A R T_1}{m-1}(\varepsilon^{m-1} - 1) + u_{1'}' - u_{2}'. \quad (58)$$

Bei größerer Vorzündung ist das entsprechende Verdichtungsverhältnis ε_v einzusetzen.

Eine näherungsweise Bestimmung der Arbeitsverluste $A L_{w\,1-2}$ und $A L_{w\,2-5}$ ist bei bekanntem Wärmeübergangsgesetz nach Früherem dadurch möglich, daß man sich den Gleichraumwert der Verlustwärme ermittelt.

Es ist dann z. B.

$$A L_{w\,2-5} = Q_{w\,2-5} \cdot \eta_{va} \cdot \eta_{glw}. \quad (59)$$

Man erhält dadurch einen besonders guten Überblick über die Auswirkungen der Wärmeverluste.

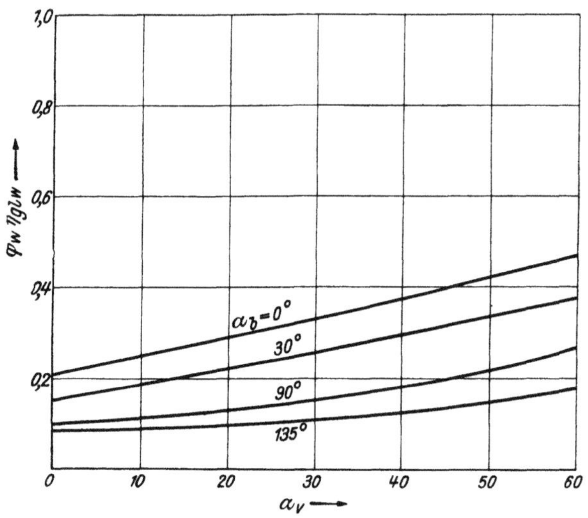

Abb. 68. $\varphi_w \cdot \eta_{glw}$ bei verschiedener Brenndauer und Vorzündung. Beispiel Holzgas.

Aus den Kurven Abb. 45 sieht man, daß Wärmeverluste sich dann besonders schädlich auswirken werden, wenn sie in der Nähe des oberen Totpunktes auftreten, da dann ihr Gleichraumgrad hoch ist. Vorzündung wird in dieser Beziehung sehr ungünstig sein, die Nachteile starken Nachbrennens werden dadurch herabgemindert. In einem Beispiel soll das veranschaulicht werden.

Ein Gasmotor wird mit Generatorgas aus Holz von der auf S. 63 angegebenen Zusammensetzung betrieben. Der Motor hat 113 mm Bohrung, 135 mm Hub, eine Drehzahl von 1800 U/min, ein Schubstangenverhältnis $\frac{r}{l} = 0{,}25$ und eine Verdichtung $\varepsilon = 10$. Die Kennzahl für die Oberfläche des Verdichtungsraumes ist $\beta = 2{,}52$, die Wandtemperatur $T_w = 400°\,K$. Der Zustand des Holzgas-Luft-Gemisches mit $\lambda = 1{,}0$ ist zu Beginn der Verdichtung $p_1 = 0{,}9$ at, $T_1 = 350°\,K$.

Zur Vereinfachung wurde angenommen, daß das NUSSELTsche Wärmeübergangsgesetz mit dem von NUSSELT gefundenen Koeffizienten $C = 0{,}99$ nur während der Verbrennung und Ausdehnung gilt und die Verdichtung nach einer Polytrope $p\, v^{1,22}$ erfolgt.

Für das angeführte Diagramm ergeben sich die folgenden Werte:

Es ist

$$T_2 = T_1 \cdot \varepsilon^{m-1}, \qquad p_2 = p_1 \cdot \varepsilon^m$$

und daraus $T_1 = 581°\,K$, $p_1 = 14{,}95$ at. Geht man von diesem Zustand adiabatisch auf das zehnfache Volumen, so erhält man aus den s/u- und u/T-Tafeln, die für das Holzgas-Luft-Gemisch zu zeichnen sind, $T_1' = 245°\,K$ und $p_1' = 0{,}63$ at als Anfangszustand des angeglichenen Diagramms. Der Wirkungsgrad desselben ist:

$$\eta_{va} = \eta_v + \Delta\eta_p + \Delta\eta_t.$$ [1]

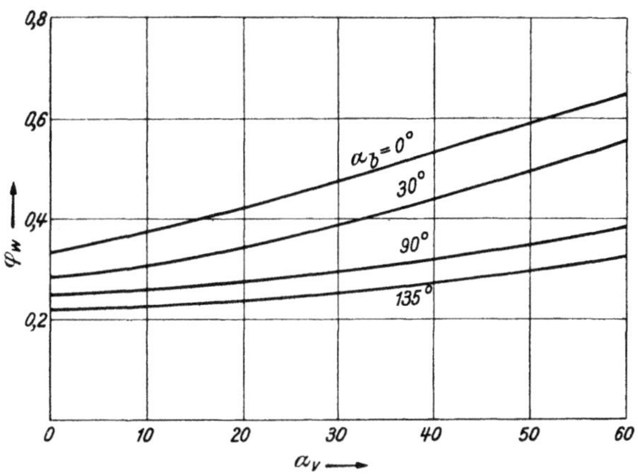

Abb. 69. φ_w beim Beispiel Holzgas.

Die genaue Berechnung von η_v gab 46,6%. Aus Abb. 36, die für etwas abweichende Gaszusammensetzung gilt, konnte der nur wenig abweichende Wert 46,8% entnommen werden.

Aus Abb. 37 und 38 ist

$$\Delta\eta_p \sim 0\%,$$
$$\Delta\eta_t = +\,0{,}6\%,$$

daher ist $\eta_{va} = 47{,}2\%$.

Durch die punktweise Berechnung der Zustände wurde nun der Innenwirkungsgrad, η_i für verschiedene Vorzündungen $\alpha_v = 0°, 20°, 40°, 60°$ und verschiedener Werte der Brenndauer $\alpha_b = 0°, 30°, 60°, 90°$ und 135° ermittelt und der auf das angeglichene Diagramm bezogene Gütegrad

$$\eta_{ga} = \frac{\eta_i}{\eta_{va}}$$

berechnet. Abb. 67 zeigt die starke Abhängigkeit des Gütegrades von der Vorzündung und der Brenndauer. Um die Verluste durch die endliche Brenndauer und durch den Wärmeübergang zu trennen, benützt man die früher erhaltene Beziehung (53). Setzt man dann für $\eta_i = \eta_{va} \cdot \eta_{ga}$ ein, so ist

$$\eta_{ga} = \eta_{gl} - \varphi_w \cdot \eta_{glw}.$$

η_{gl} ist in Abb. 53 dargestellt. Die Differenz $\eta_{gl} - \eta_{ga}$ gibt den Einfluß des Wärmeüberganges, der nach Abb. 68 mit zunehmender Vorzündung ansteigt

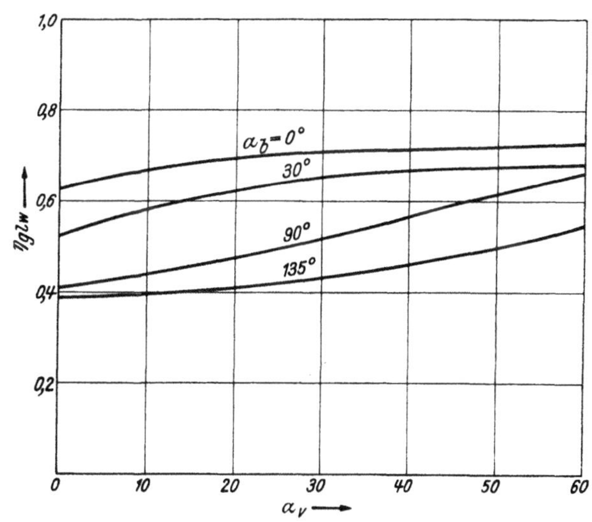

Abb. 70. η_{glw} beim Beispiel Holzgas.

und bei kurzer Brenndauer wesentlich größer ist als bei langer Brenndauer. In den Abb. 69 und 70 ist der Verlust durch den Wärmeübergang in seine beiden Faktoren, übergegangene Wärme und ihr Gleichraumgrad, zergliedert.

Ein Vergleich von Abb. 53 und 67 zeigt, daß die *günstigste* Vorzündung wesentlich kleiner ist als die, welche dem höchsten Gleichraumgrad entspricht. Der flache Ver-

[1] Der Einfluß des Abgasgehaltes wurde vernachlässigt.

lauf der Kurven in Abb. 67 in der Nähe des Höchstwertes zeigt bei langer Brenndauer Unempfindlichkeit gegenüber kleineren Abweichungen der Vorzündung von günstigstem Wert. Versuche an der Maschine haben dies bestätigt. Je kürzer die Brenndauer, desto empfindlicher ist die Einstellung der Zündung.

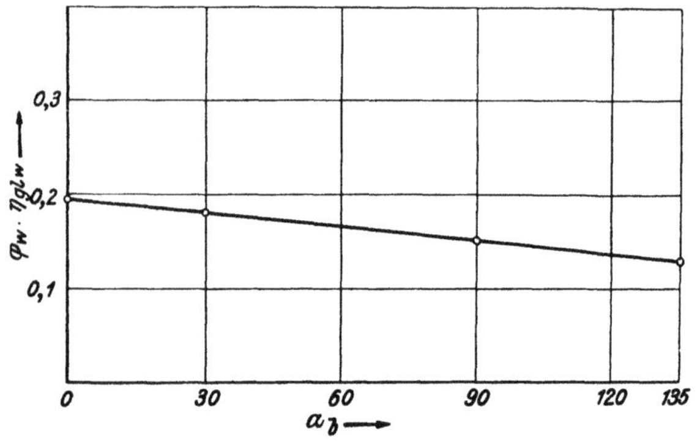

Abb. 71. Verlustwerte $\eta_w \cdot \eta_{glw}$ für günstigste Vorzündung.

Ein Vergleich der Verlustwerte $\varphi_w \cdot \eta_{glw}$ für die günstigste Vorzündung bei verschiedener Brenndauer in Abb. 71 zeigt, daß die Verlustwerte mit zunehmender Brenndauer abnehmen. Dadurch wird der ungünstige Einfluß der langen Brenndauer etwas herabgesetzt.

Der flache Verlauf der Kurve in Abb. 68 läßt es möglich erscheinen, die Verluste durch den Wärmeübergang durch ein konstantes Glied dann zu erfassen, wenn die Brenndauer sich nicht in großen Bereichen verändert. Das kann bei Untersuchungen an Benzinmotoren, die durchwegs sehr kurze Brennzeiten haben, und auch bei Dieselmotoren in vielen Fällen benützt werden, um die thermodynamische Berechnung des Wirkungsgrades auf einfach Weise den wirklichen Verhältnissen anzupassen.

e) Zusammenfassung der Teilwirkungsgrade zum Gütegrad.

Der auf die vollkommene Maschine bezogene Gütegrad ist

$$\eta_g = \frac{\eta_i}{\eta_v}$$

oder durch die Teilwirkungsgrade ausgedrückt

$$\eta_g = \frac{\eta_{va}}{\eta_v} \cdot \eta_{gl} \cdot \eta_w,$$

das ist

$$\eta_g = \nu \cdot \eta_{gl} \cdot \eta_w.$$

Bisher wurde in den Ausführungen angenommen, daß die Verbrennung so vollständig wie in der vollkommenen Maschine verläuft, dadurch wird $\eta_u = 1$ bei $\lambda > 1$. Weicht η_u davon ab, so wird

$$\eta_g = \eta_u \cdot \nu \cdot \eta_{gl} \cdot \eta_w$$

oder, wenn der Wärmeübergangsverlust durch $\Delta \eta_w$ erfaßt wird,

$$\eta_g = \eta_u \cdot \nu \cdot \eta_{gl} - \frac{\Delta \eta_w}{\eta_v}.$$

In manchen Fällen ist es aufschlußreicher, den Gütegrad auf das angeglichene Diagramm zu beziehen, man erhält dann

$$\eta_{ga} = \eta_u \cdot \eta_{gl} \cdot \eta_w$$

oder

$$\eta_{ga} = \eta_u \cdot \eta_{gl} - \frac{\Delta \eta_w}{\eta_{va}}.$$

Wenn im Otto-Motor $\lambda < 1$ wird, ist an Stelle von η_u überall η_u/η_{uv} einzuführen.

Die angewandte Verlustteilung ermöglicht dennoch eine einfache, übersichtliche Darstellung der Einflüsse der einzelnen Verluste auf den Gütegrad.

f) Der Einfluß des Ladungswechsels auf den Wirkungsgrad.

Durch den Ladungswechsel entsteht im allgemeinen eine positive (Aufladung) oder negative (Drosselung, natürliches Ansaugen) Arbeitsfläche im Diagramm, die bei der

Ermittlung des Innenwirkungsgrades durch das Indikatordiagramm berücksichtigt wird. Ist diese in Abb. 72 schraffierte (hier negative) Fläche L_l, so ist

$$\Delta\,\eta_l = \frac{A\,L_l}{B\,H_u}$$

der Wirkungsgradeinfluß des Ladungswechsels. Bei den bisherigen Ausführungen wurde dieser Wert, sowohl für die vollkommene wie auch für die wirkliche Maschine Null gesetzt. Mit endlichen Werten dieser Größen, also z. B. bei Auflademaschinen, ist der Innenwirkungsgrad

$$\eta_i = (\eta_{va} - \Delta\,\eta_{lv}) \cdot \eta_{gl} \cdot \eta_v + \Delta\,\eta_l.$$

Für die Teilung der Verluste während Verdichtungs- und Arbeitshub sind demnach bei endlichen $\Delta\eta_{lv}$ und $\Delta\eta_l$ die Differenzen $\eta_{va} - \Delta\eta_{lv}$ und $\eta_i - \Delta\eta_l$ an Stelle von η_{va} und η_i in die früher ermittelten Ausdrücken einzusetzen.

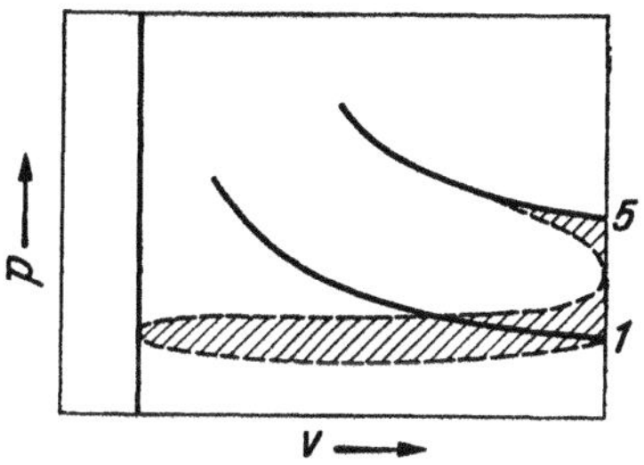

Abb. 72.

Der Gütegrad $\frac{\eta_i}{\eta_v}$ einer Maschine mit nicht vernachlässigbarer Ladungswechselfläche und endlicher, vollkommener Ladungswechselarbeit ist zur Beurteilung der energieumsetzenden Vorgänge während des Verdichtungs- und Arbeitshubes ungeeignet, da er auch den Einfluß des Ladungswechsels auf den Wirkungsgrad beinhaltet. Es ist daher zweckmäßig, einen *Gütegrad der Energieumsetzung* η_{g-l} einzuführen. Wobei „— l" ohne Ladungswechsel bedeuten soll. Es ist

$$\eta_{g-l} = \frac{\eta_i - \Delta\,\eta_l}{\eta_v - \Delta\,\eta_{lv}} \quad \text{und} \quad \eta_{ga-l} = \frac{\eta_i - \Delta\,\eta_l}{\eta_{va} - \eta_{lv}}.$$

Für $\Delta\eta_{lv} = 0$ und $\Delta\eta_l \sim 0$ wird $\eta_{g-l} \sim \eta_g$.

Durch diese Zusammenhänge ist es möglich, die vorangegangenen Ausführungen auch auf Maschinen mit abnormalem Ladungswechsel und endlicher Ladungswechselarbeit zu beziehen. Über $\Delta\eta_l$ wird Näheres im Heft 4 mitgeteilt.

3. Brennstoffverbrauch, Wärmeverbrauch und mittlerer indizierter Druck.

Es ist im praktischen Motorenbau gebräuchlich, an Stelle des Wirkungsgrades bei flüssigen Brennstoffen den Verbrauch je PS/Stunde anzugeben, wobei man sich auf einen Brennstoff von bestimmtem Heizwert, meist 10000 kcal/kg, bezieht. Bei gasförmigen Brennstoffen drückt man den Verbrauch meist durch die Wärmemenge aus, die je PS-Stunde zugeführt werden muß. Es bestehen die Beziehungen:

$$b_i = \frac{632}{\eta_i \cdot H_u}, \quad W_i = \frac{632}{\eta_i}.$$

Darin ist b_i der Brennstoffverbrauch in kg/PS_i-Stunde, W_i der Wärmeverbrauch in kcal/PS_i-Stunde.

Die Ergiebigkeit der Arbeitsvorgänge in der Maschine wird neben der Brennstoffausnützung durch die Arbeit gekennzeichnet, die je Einheit des Hubraumes von einem Arbeitsspiel erzeugt wird. Von dieser Arbeit und von der Drehzahl, also der Zahl der Arbeitsvorgänge in der Zeiteinheit, hängt die Ausnützung des Hubraumes der Maschine ab. Denkt man sich die Arbeit je Arbeitsspiel durch Verdrängen des Hubraumes gegen einen gleichbleibenden Druck p_i geleistet, so ist p_i die Arbeit je Arbeitsspiel und Einheit des Hubraumes. Man bezeichnet p_i als Innendruck der Maschine und gibt p_i in kg/cm^2 an.

Eine *Viertaktmaschine*, die 1 Mol Ladung zu Beginn der Verdichtung faßt, hat das Hubvolumen

$$V_1 \cdot \frac{\varepsilon - 1}{\varepsilon}.$$

Darin ist V_1 das Molvolumen der Ladung im Zustand zu Beginn der Verdichtung. Es muß daher

$$10\,000 \cdot V_1 \frac{\varepsilon - 1}{\varepsilon} \cdot p_i = 427 \cdot B \cdot H_u (1 - \alpha) \eta_i$$

sein, woraus man

$$p_i = \frac{427 \cdot B \cdot H_u}{10\,000 \cdot V_1} (1 - \alpha) \eta_i \frac{\varepsilon}{\varepsilon - 1} \text{ kg/m}^2 \qquad (60)$$

erhält. B ist die Brennstoffmenge (kg, Nm³) je ein Mol reiner Ladung, α die Abgasbeimischung. Der Ausdruck gilt für alle Brennstoffe.

Der mittlere indizierte Druck der vollkommenen Maschine wird mit p_v, der des angeglichenen Diagramms mit p_{va} bezeichnet. An Stelle von η_i ist in den Ausdruck 60 η_v bzw. η_{va} einzusetzen.

Das p_i der im vorigen Abschnitt durchgerechneten Gasmaschine ist demnach:

$$p_i = \frac{427 \cdot 13{,}086 \cdot 0{,}472 \cdot \eta_{ga} \cdot (1 - \alpha)}{33{,}0} \cdot \frac{\varepsilon}{\varepsilon - 1} \text{ kg/m}^2$$

und mit einem geschätzten Abgasgehalt von 5%

$$p_i = 8{,}4 \cdot \eta_{ga} \cdot \text{kg/cm}^2.$$

Der entsprechende Maßstab von p_i ist in Abb. 67 eingetragen.

Das wirksame Hubvolumen der *Zweitaktmaschine* ist nach S. 22 $V_h (1 - \sigma_e)$, daher verkleinert sich der auf das tatsächliche Hubvolumen V_h bezogene Innendruck. Für V_1 ist der Zustand p_1', T_1' nach Ausdruck 30 maßgebend. Man erhält

$$p_i = \frac{427 \cdot B H_u}{V_1} (1 - \alpha) \eta_i \cdot \frac{\varepsilon}{\varepsilon - 1} \cdot (1 - \sigma_e) \text{ kg/cm}^2.$$

4. Der Einfluß der Kolbengeschwindigkeit auf η_v und η_i.

Bisher wurde die Geschwindigkeit der Arbeitsvorgänge bei der Wirkungsgradermittlung nicht berücksichtigt. Es muß nun untersucht werden, ob sich die gewonnenen Ergebnisse ohne wesentlichen Fehler auch auf die rasch ablaufenden Vorgänge in der Maschine übertragen lassen.

Abweichungen vom statischen Verhalten des Arbeitsgases können entstehen: durch die Beschleunigung des Gases im Zylinder, ferner dann, wenn die durch die Kolbenbewegung erzeugte Gasgeschwindigkeit nicht wieder in Druck umgesetzt, sondern die kinetische Energie durch innere Reibung in Wärme verwandelt wird, und schließlich dadurch, daß energiebindende Längsschwingungen im Zylinder auftreten. Eine Untersuchung von Eichelberg [6] läßt den Schluß zu, daß Längsschwingungen bei mittleren Kolbengeschwindigkeiten c bis zu 20 m/sec wie sie kaum überschritten werden, nur ganz geringe, vernachlässigbare Energiemengen aufnehmen können. Zur ungefähren Ermittlung der übrigen Einflüsse sehen wir daher von Längsschwingungen ab und können dann gleiche Gasdichte in jedem Punkt des Zylinderinneren annehmen. Dadurch ist eine einfache Berechnung der auftretenden Geschwindigkeiten und Beschleunigungen möglich. Bei unendlicher Schubstangenlänge und zylindrischem Verdichtungsraum wird der Größtwert des Gasbeschleunigungsdruckes an den beiden Totpunkten

$$\Delta p_b = \frac{2{,}5}{10\,000} \cdot \gamma_1 \cdot c^2 \cdot \frac{\varepsilon}{\varepsilon - 1} \cdot \text{kg/cm}^2.$$

Darin ist γ_1 das spezifische Gewicht im Anfangszustand. Mit dem Grenzwert $c = 20$ m/sek, dem Wert von γ_1, für Luft von 20° C, 1 at und dem Verdichtungsverhältnis $\varepsilon = 4$ wird $\Delta p_b = 0{,}156$ kg/cm², bleibt also sehr klein. Wird die an das Gas abgegebene kinetische Energie bei der Verzögerung des Kolbens wieder in Verdichtungsarbeit umgesetzt, so entsteht kein Arbeitsverlust und daher auch keine Verringerung des Wirkungsgrades. Bei der Umwandlung des in der Mitte des Kolbenhubes auftretenden Höchstwertes der kinetischen Energie in Wärme vermindert sich der Innendruck je Hub um den Wert

$$\Delta p = \frac{0{,}042}{10\,000} \cdot \gamma_1 \cdot c^2 \cdot \frac{\varepsilon}{\varepsilon - 1} \cdot \text{kg/cm}^2.$$

Dieser Verlust ist mit den obigen Zahlenwerten 0,00263 kg/cm² während eines Hubes, daher während Verdichtungs- und Ausdehnungshub 0,00526 kg/cm². Der wirkliche Verlust ist kleiner. Da eine vollständige Vernichtung der kinetischen Energie durch die innere Reibung nicht wahrscheinlich ist, außerdem die erzeugte Wärme zum Teil wieder in Arbeit umgewandelt wird. Bei der vollkommenen Maschine wird stets auch eine vollkommene Rückumsetzung der kinetischen Energie im Gas anzunehmen sein.

Über den Einfluß der Kolbengeschwindigkeit auf die Verluste in der Maschine und damit auf den Wirkungsgrad läßt sich daher zusammenfassend folgendes sagen: *Die in der vollkommenen Maschine durch Kolbengeschwindigkeiten bis zu den ausgeführten und in nächster Zeit zu erwartenden Höchstwerten entstehenden Verluste sind vernachlässigbar. Bei der wirklichen Maschine entsteht gegenüber der vollkommenen Maschine ein zusätzlicher Verlust durch die innere Reibung des bewegten Gases. Dieser ist jedoch auch bei sehr hohen Kolbengeschwindigkeiten so gering, daß er immer vernachlässigt werden kann.*

In mehreren Arbeiten wurde ein wesentlich größerer Arbeits- und damit Wirkungsgradverlust durch die Kolbengeschwindigkeit errechnet. Dabei wurde jedoch ruhendes Gas im Zylinder vorausgesetzt, so daß sich der Kolben mit seiner Geschwindigkeit relativ zum Gas bewegt, wobei, je nach der Richtung der Bewegung, aus der kinetischen Gastheorie eine erhebliche Verminderung oder Vermehrung des Druckes auf den Kolben folgt. Die Annahme ruhenden Zylinderinhalts trifft jedoch nicht zu. Das Gas im Zylinder wird durch den Kolben beschleunigt und die den Kolben berührenden Schichten bewegen sich mit diesen. Daher sind auch die unter dieser Voraussetzung gezogenen Folgerungen hinfällig, wie dies auch von den Verfassern einer dieser Arbeiten mitgeteilt wurde.

C. Anwendungen.

Die in dem vorigen Abschnitt dargestellten Ergebnisse ermöglichen eine Beurteilung der verschiedenen Einflüsse auf Leistung und Verbrauch der Maschine.

Im nachfolgenden sollen einige Anwendungen gezeigt werden. Aus dem Vergleich mit Meßergebnissen an der Maschine wird dabei die Einsicht gewonnen werden können, daß es der Theorie gelungen ist, die Arbeitsvorgänge in der Maschine recht gut zu erfassen. Könnte die Unsicherheit in der theoretischen Behandlung des Wärmeüberganges beseitigt werden, so wäre es möglich, Wirkungsgrade und Leistungen bei gegebenen Anfangszuständen und gegebenen Brenngesetzen mit großer Genauigkeit vorauszuberechnen. Doch auch bei dem jetzigen Stand der Erkenntnis vermag die thermodynamische Behandlung der Arbeitsvorgänge an der Maschine viele Zusammenhänge zu klären, fast alle Abhängigkeiten dem Sinne, vielfach aber auch der Größe nach richtig wiederzugeben.

1. Der Mitteldruck p_{va} und der Wirkungsgrad des angeglichenen Diagramms η_{va} bei verschiedenen Belastungen.

Zur Veränderung der Leistung des Motors stehen zwei Möglichkeiten offen. Bei der *Füllungsregelung* wird die Ladungsmenge verändert, die Mischung (der Luftüberschuß) gleichgehalten, bei der *Gemischregelung* bleibt die Ladungsmenge angenähert gleich und es wird der Brennstoffgehalt der Ladung der verlangten Leistung angepaßt. Diese beiden grundsätzlichen Regelungsverfahren können entweder in reiner Form oder miteinander verbunden verwendet werden (kombinierte Regelung). Im nachfolgenden werden die bei den einzelnen Motorenarten verwendeten und möglichen Regelungen untersucht.

Zur Annäherung an die Verhältnisse der wirklichen Maschine wird den Untersuchungen das angeglichene Diagramm zugrunde gelegt.

Der Anfangszustand der Ladung und die Abgasbeimischung wurden entsprechend mittleren Erfahrungswerten der wirklichen Maschine gewählt. *Bei Verwendung der Ergebnisse sind stets diese Grundlagen zu beachten.*

Es ist

$$p_{va} = \frac{427\, B \cdot H_u \cdot (1-\alpha)}{10000 \cdot V_1} \cdot \eta_{va} \cdot \frac{\varepsilon}{\varepsilon - 1}\ \text{kg/cm}^2. \qquad (61)$$

Dieser Ausdruck ist thermodynamisch ermittelbar. Durch Schätzung von η_{ga} kann weiters auf p_i und η_i der wirklichen Maschine geschlossen werden.

Schaubilder mit den Koordinaten η_{va} und p_{va} geben die Zusammenhänge übersichtlich wieder. Jedem λ entspricht ein bestimmter Wert von B. Demnach sind bei gleichbleibendem Anfangsvolumen V_1 und bei gleichbleibendem ε und α die Linien konstanten Luftüberschusses Strahlen durch den Koordinaten-Anfangspunkt.

Diesel-Motoren.

Wie später gezeigt wird, ist die Gemischregelung thermodynamisch günstiger als die Füllungsregelung, demnach überall dort anzuwenden, wo dies mit Rücksicht auf die Verbrennung möglich ist.

In der verdichteten, hocherhitzten Luft des Diesel-Motors entzünden sich die kleinsten Brennstoffmengen, dem Luftüberschuß sind daher verbrennungstechnisch keine oberen Grenzen gesetzt. Die Regelung kann demnach allein durch Veränderung der Brennstoffmenge erfolgen, während die Luftmenge und damit der wesentlich größere Teil der Ladung nahezu unverändert bleibt. Der Diesel-Motor arbeitet demnach mit Gemischregelung.

Das angeglichene Diagramm muß am Verdichtungsende mit dem wirklichen Diagramm übereinstimmen. Dazu wird die Zustandsänderung während der Verdichtung durch eine Polytrope $p\, v^m$ ersetzt und m den Verhältnissen der wirklichen Maschine entsprechend gewählt. Aus den gemessenen Anfangs- und Enddrücken der Verdichtung läßt sich m aus Abb. 73 bestimmen.

Der Polytropenexponent m hängt von der Größe des Zylinders, der Form des Brennraumes und der Motordrehzahl ab, die Werte liegen im allgemeinen zwischen 1,38 und 1,20 und fallen mit zunehmender Kühlwirkung der Wände, also mit abnehmenden Abmessungen, zunehmender verhältnismäßiger Oberfläche des Brennraumes und zunehmender Gasbewegung im Zylinder.

Gemessene Werte streuen außerordentlich, einfache Zusammenhänge zwischen m und anderen Größen lassen sich nicht finden.

Aus Gründen, die im Heft 1 und 7 angeführt sind, ist ein möglichst kleiner Zündverzug erwünscht, d. h. das eingespritzte Öl soll sich in möglichst kurzer Zeit entzünden. Kleiner Zündverzug setzt genügend hohe Temperaturen und Luftdichten am Ende der Verdichtung voraus. Demnach wird man bei starker Kühlung, also kleinem m im allgemeinen höhere Verdichtungen anzuwenden haben, um entsprechende Zündverhältnisse zu schaffen. Dieser grundsätzliche Zusammenhang wurde zu einer Zuordnung mittlerer Werte von m zu den Verdichtungsverhältnissen bei den nachfolgenden Schaubildern benützt. Um den Einfluß von m auf p_{va} und η_{va} zu zeigen, wurden für mehrere Werte von ε Schaubilder mit den zwei Werten von m gezeichnet, welche den wirklichen Bereich eingrenzen.

Zur Ermittlung der Abgasbeimischung wurde angenommen, daß der Verdichtungsraum beim Beginn des Einsaugens mit Abgas von annähernd zweifacher absoluter Ladungstemperatur erfüllt ist. Das stimmt ungefähr mit gemessenen Werten überein.

Weiters liegen den Schaubildern folgende Annahmen zugrunde:

Brennstoff C_nH_{2n} mit auf S. 33 gegebenem Heizwert und Zusammensetzung,

Anfangszustand der Ladung: $p_1 = 0{,}95$ at, $T_1 = 350^\circ K$, $\alpha = \frac{1}{2\varepsilon}$.

Die Verbrennungswärmen BH_u sind:

λ	1	1,2	1,4	1,6	2,0	2,5	3,0	4,0	6,0	
BH_u	20,681	17,235	14,772	12,926	10,341	8272	6894	5170	3447	kcal/Mol

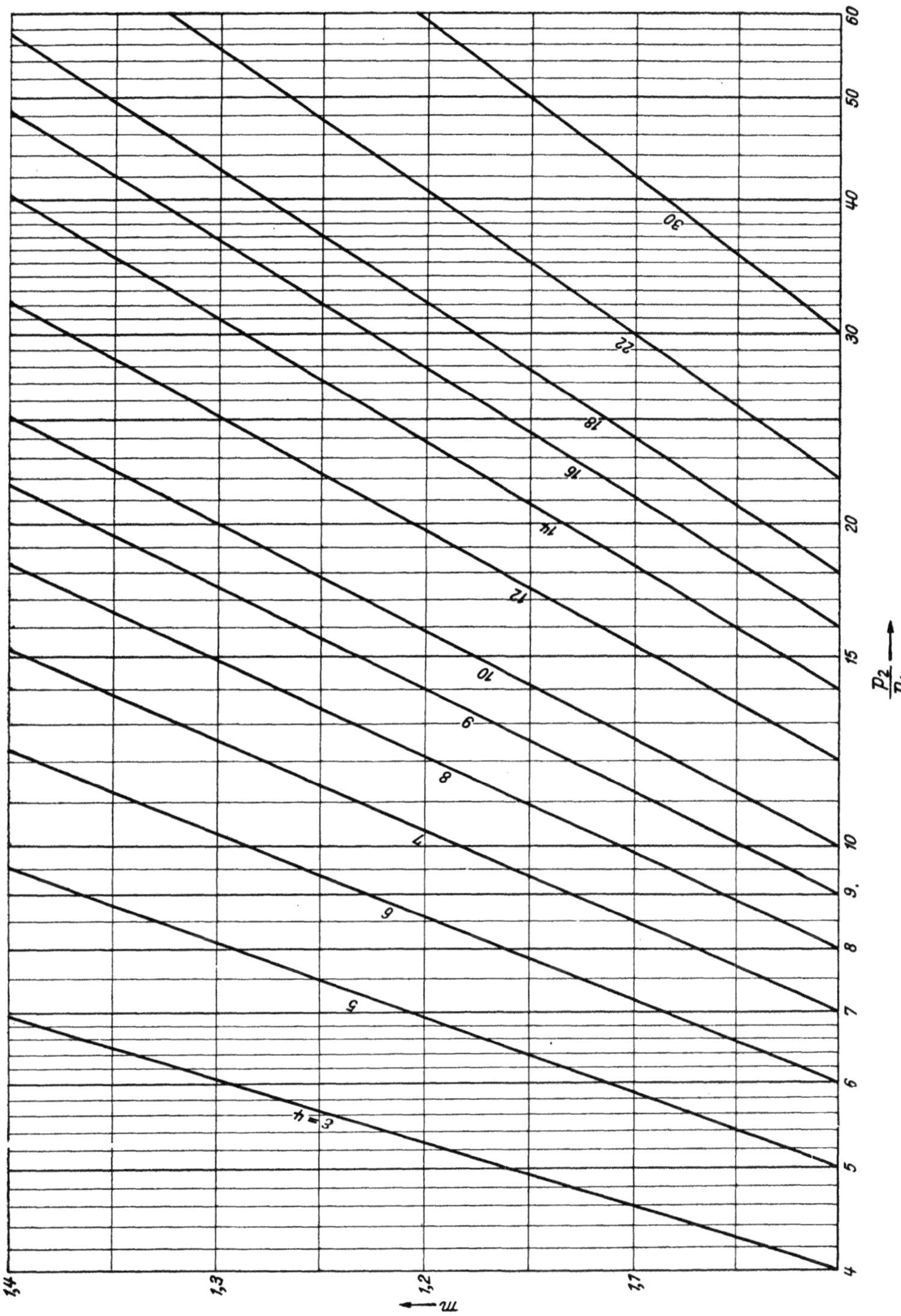

Abb. 73. Zusammenhänge zwischen $\frac{p_2}{p_1}$, s und m bei Polytropen.

Der Anfangszustand des angeglichenen Diagramms T_1', p_1' kann mit Hilfe der Abb. 74 ermittelt werden. Mit den angenommenen Werten von m erhält man folgende Zustandsgrößen für Verdichtungsende und Verdichtungsbeginn des angeglichenen Diagramms:

$\varepsilon =$	10	14	18		22		30
$m =$	1,36	1,33	1,20	1,35	1,20	1,30	1,20
$p_2 =$	22,0	32,0	30,5	47,5	38,5	53,0	57,0 at
$T_2 =$	752	794	603	973	645	891	700° K
$p_1' =$	0,91	0,84	0,545	0,89	0,527	0,745	0,495 at
$T_1' =$	335	310	200	327	195	275	185° K

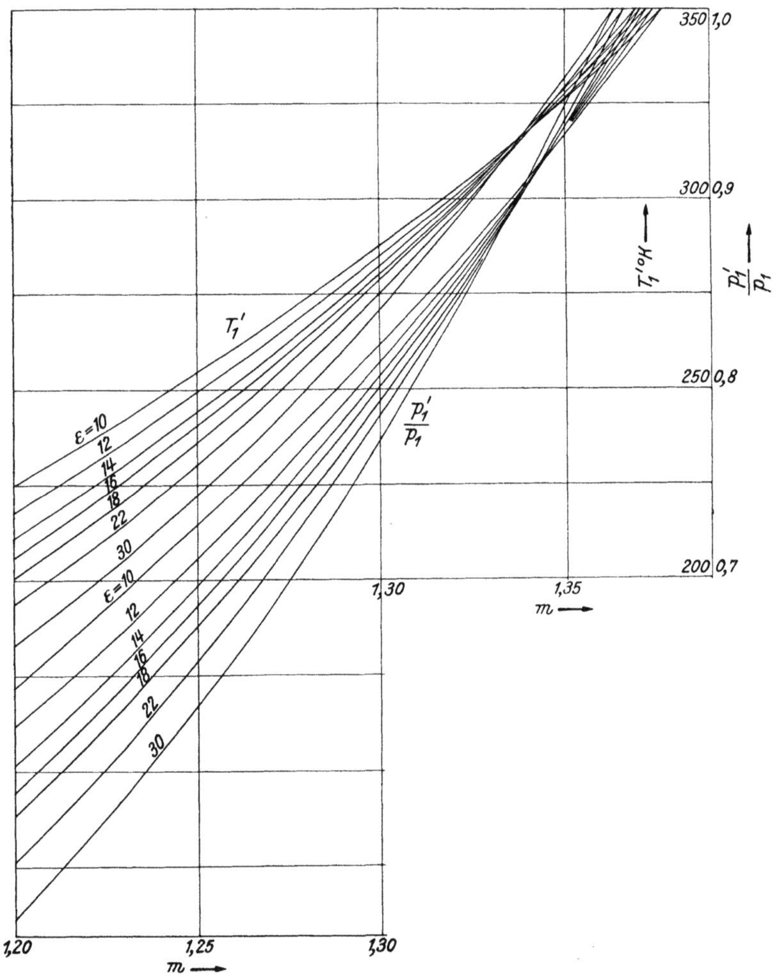

Abb. 74. Anfangszustand des angeglichenen Diagramms bei Diesel-Motoren. $T_l = 350°\ K$.

Die mit diesen Werten von m gezeichneten Schaubilder genügen höheren Ansprüchen an die Genauigkeit nur für gleiche Anfangszustände. Es kann daher für abweichende Anfangszustände notwendig werden, andere Schaubilder zu entwerfen. Das Verfahren soll daher für einen Fall: $\varepsilon = 18$, $m = 1,20$ ausführlich besprochen werden:

Die Abgasbeimischung beträgt hier $\alpha = \frac{1}{2 \cdot 18} = 2,8\%$. Nach S. 51 muß zunächst der Wirkungsgrad für die Gasüberschußzahl $\lambda' = \frac{\lambda}{1-\alpha}$ bestimmt werden. Es ist:

λ	1	1,2	1,4	1,6	2,0	2,5	3,0	4,0	6,0
λ'	1,03	1,24	1,44	1,65	2,06	2,58	3,1	4,12	6,2

Der Anfangsdruck ist $p_1' = 0{,}545$ at. Runden Werten des Verbrennungshöchstdruckes entsprechen daher folgende Druckverhältnisse:

$p_3 =$	40	50	60	70	80	100 at
$\frac{p_3}{p_1} =$	73,2	92,0	110	128	147	183,0

Es sind nun die Wirkungsgrade für die angegebenen Werte von λ' und $\frac{p_3}{p_1}$ zu finden. Da eine Entnahme der Werte aus Abb. 22 zu ungenau würde, trägt man sich η_v in Abhängigkeit vom Luftgehalt der Abgase v_l auf.

Es ist

$$v_l = \frac{\lambda - 1}{\delta_{\lambda=1} + \lambda - 1}$$

($\delta_{\lambda=1}$ Molverhältnis nach S. 20 bei $\lambda = 1$). Im vorliegenden Falle ist mit $\delta_{\lambda=1} = 1{,}07$

$$v_l = \frac{\lambda - 1}{\lambda + 0{,}07}.$$

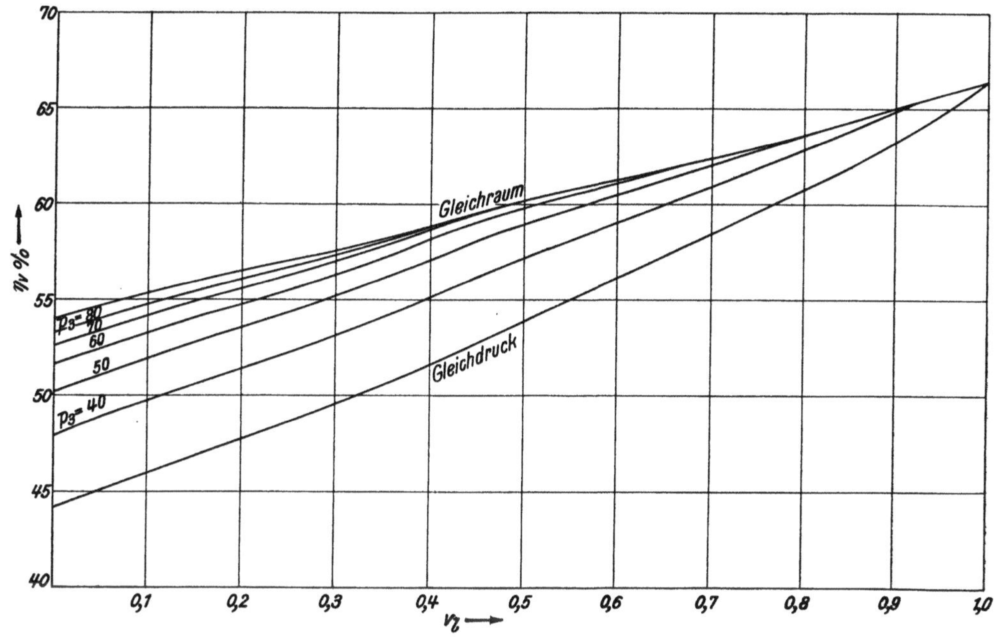

Abb. 75. η_v in Abhängigkeit vom Luftgehalt des Abgases. $\varepsilon = 18$.

In dieses Diagramm Abb. 75 zeichnet man sich die Linien $\frac{p_3}{p_1} = 73{,}2$, $92{,}0$ usw. ein und erhält an den Abszissen $v_l' = \frac{\lambda' - 1}{\lambda' + 0{,}07}$ die gesuchten Wirkungsgrade für den Anfangszustand 1 at, 293° K, $\alpha = 0$. Diese sind den geänderten Anfangszuständen entsprechend zu berichtigen.

a) Druckabweichung. Man erhält $\Delta\eta_p$ aus Abb. 29.

b) Temperaturabweichung. Die Anfangstemperatur T_1' ist 200° K. Das Diagramm Abb. 75 ist ebenso wie Abb. 22 für $T_1 = 293°$ gezeichnet. Aus Abb. 34 erhält man durch Umzeichnen zunächst Abb. 76, in welcher die Linien $\frac{p_3}{p_1} = 73{,}2$, $92{,}0$, ... eingetragen werden, dann Abb. 77, aus der man die p_3 und λ' entsprechenden Werte entnehmen kann.

c) Abgasbeimischung. Der Wirkungsgrad ist nach Abb. 42 zu berichtigen. $\Delta\eta_a$ ist das 2,8/35-fache der angegebenen Werte.

Damit erhält man die berichtigten Wirkungsgrade und kann das Schaubild zeichnen. Die Abb. 78 bis 84 zeigen die Grenzwerte, die bei dem gegebenen Anfangszustand für bestimmte Höchstdrücke und Luftüberschüsse in der angeglichenen Maschine erreicht werden können. Die Annäherung an das wirkliche Diagramm ist so weit getrieben, als dies allein durch Verschiebung der Diagrammlage in den Temperatur- und Druckbereich

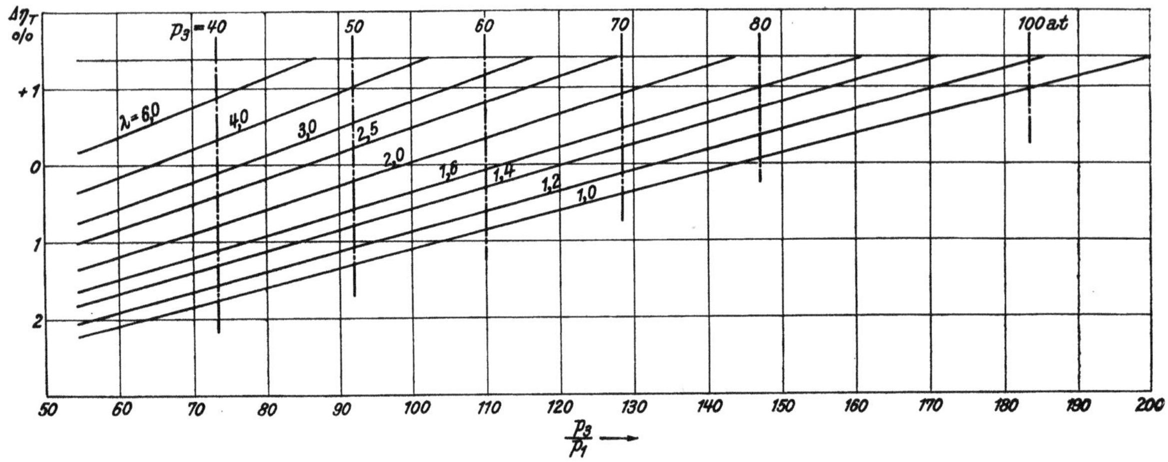

Abb. 76.

der wirklichen Arbeitsvorgänge und durch Berücksichtigung der Abgasbeimischung, aber mit Beibehaltung aller übrigen Eigenschaften des vollkommenen Motors möglich ist.

Der starke Anstieg des Wirkungsgrades mit zunehmendem Luftabschluß und mit zunehmenden Höchstdrücken prägt sich in den Schaubildern aus und gibt ihnen ihre eigenartige Form. Bemerkenswert ist das Auseinanderrücken der beiden Grenzen, der

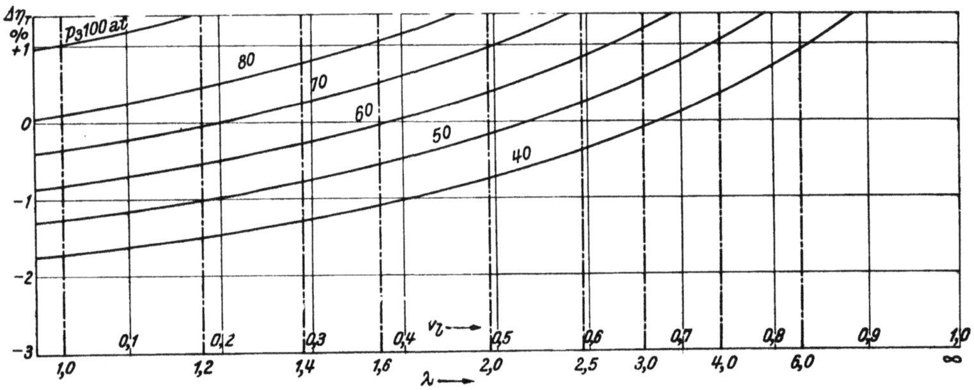

Abb. 77.

Linien für Gleichdruck- und für Gleichraumverbrennung mit abnehmendem m, also abnehmender Anfangstemperatur T_1' des Diagramms.

Die Annäherung an die wirkliche Maschine soll nun noch etwas weiter getrieben werden.

Bezieht man sich auf eine angeglichene Maschine mit dem *wirklichen Höchstdruck*, so gilt:

$$\eta_i = \eta_{va} \cdot \frac{\eta_{gl}}{\eta_{gl\,a}} - \Delta\,\eta_{w\,1-2} - \Delta\,\eta_{w\,2-5}\,.$$

Setzt man $\frac{\eta_{gl}}{\eta_{gl\,a}} = 1$, was bei einer gut eingestellten Maschine annähernd erreicht werden kann, so ist:

$$\eta_i + \Delta\,\eta_{w\,2-5} = \eta_{va} - \Delta\,\eta_{w\,1-2} = \eta_{va}'.$$

Dabei ist angenommen, daß keine Verluste durch unvollkommene Verbrennung auftreten, η_u demnach 1 ist.

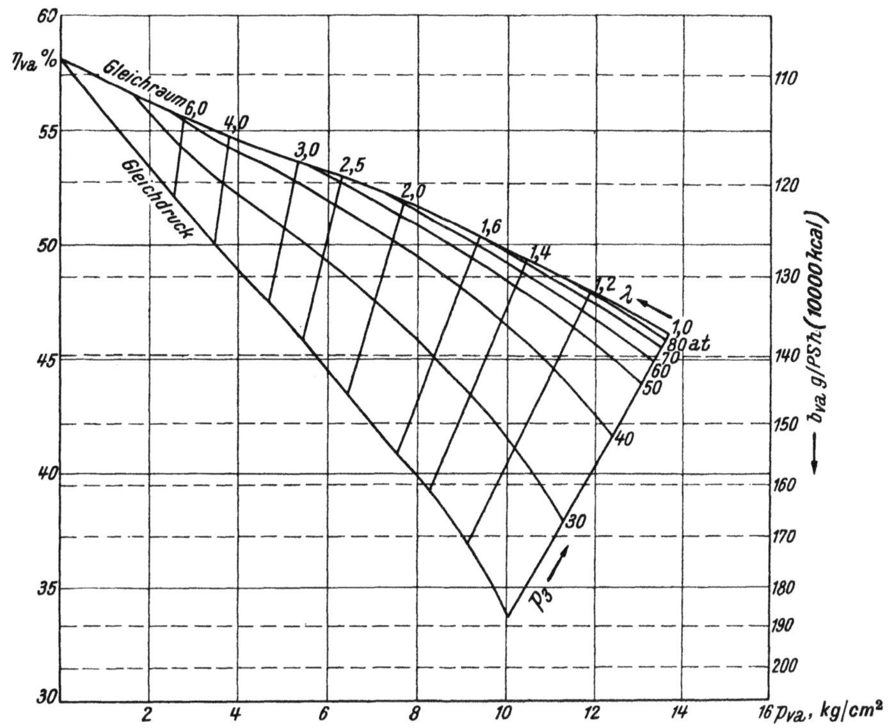

Abb. 78. η_{va} und p_{va} von Diesel-Motoren. $\varepsilon = 10$, $m = 1{,}36$.

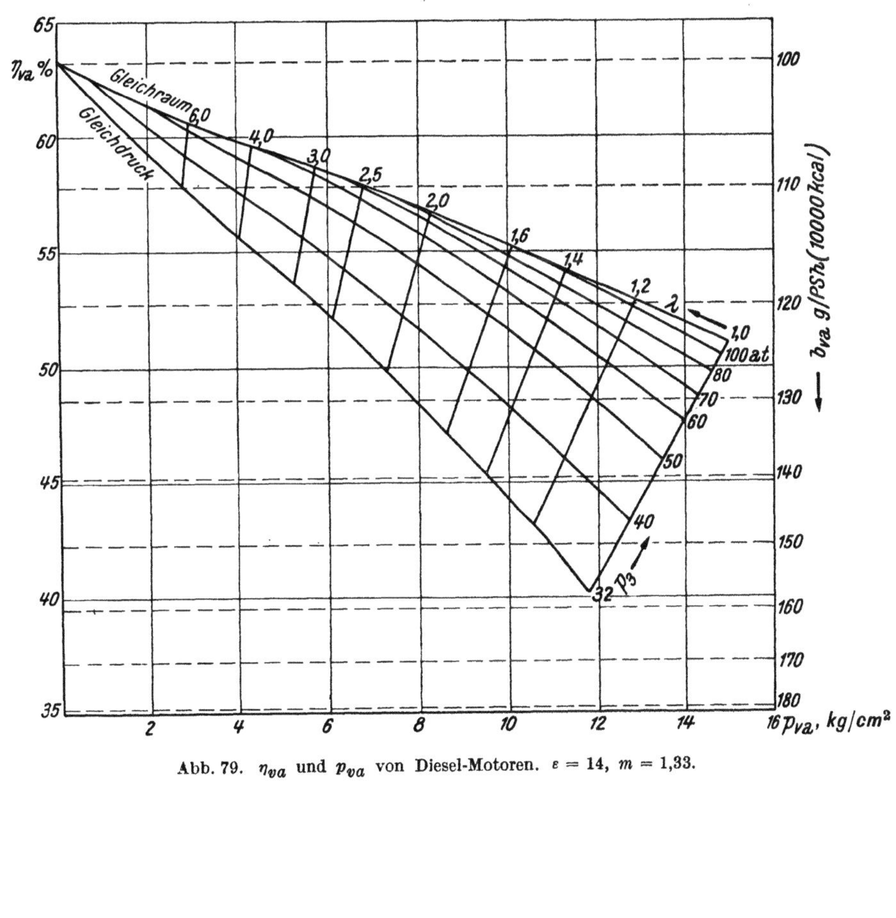

Abb. 79. η_{va} und p_{va} von Diesel-Motoren. $\varepsilon = 14$, $m = 1{,}33$.

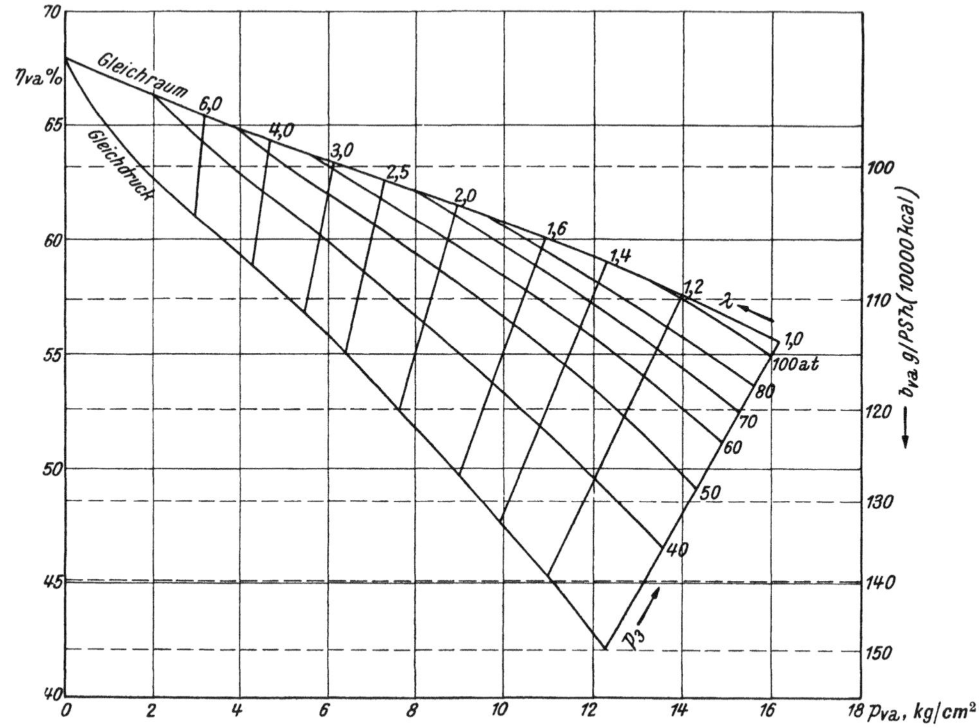

Abb. 80. η_{va} und p_{va} von Diesel-Motoren. $\varepsilon = 18$, $m = 1{,}20$.

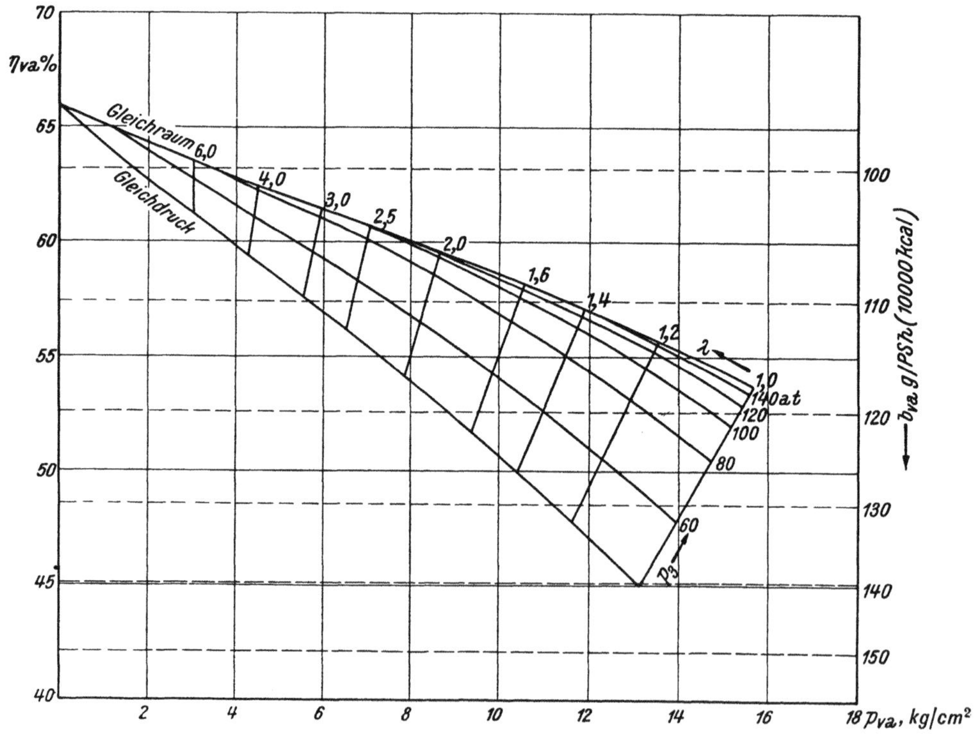

Abb. 81. η_{va} und p_{va} von Diesel-Motoren. $\varepsilon = 18$, $m = 1{,}35$.

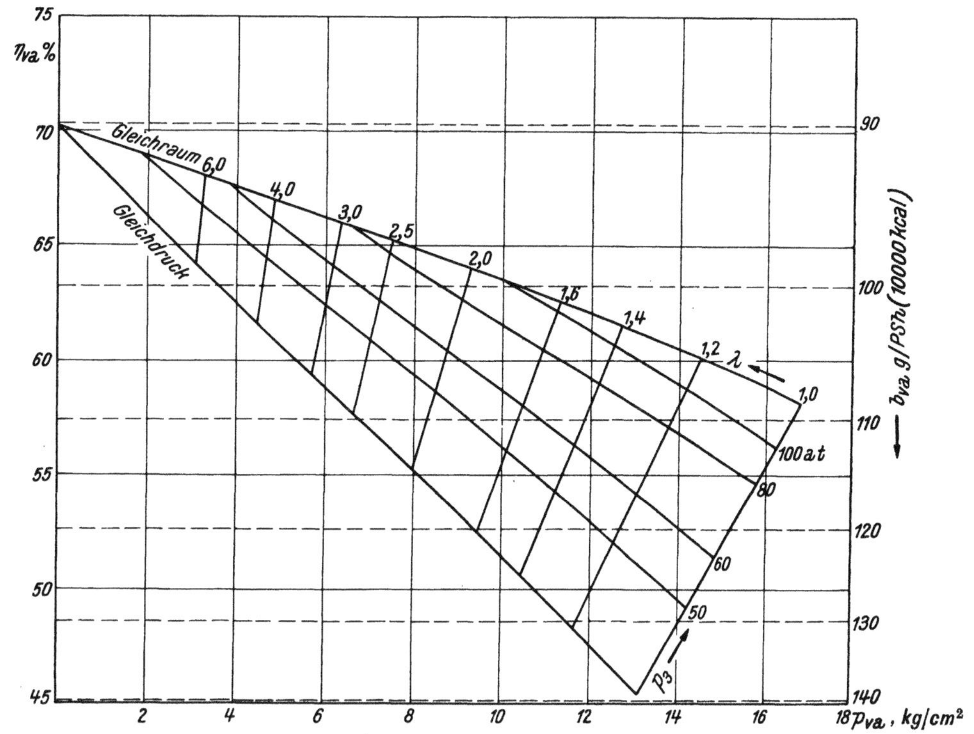

Abb. 82. η_{va} und p_{va} von Diesel-Motoren. $\varepsilon = 22$, $m = 1{,}20$.

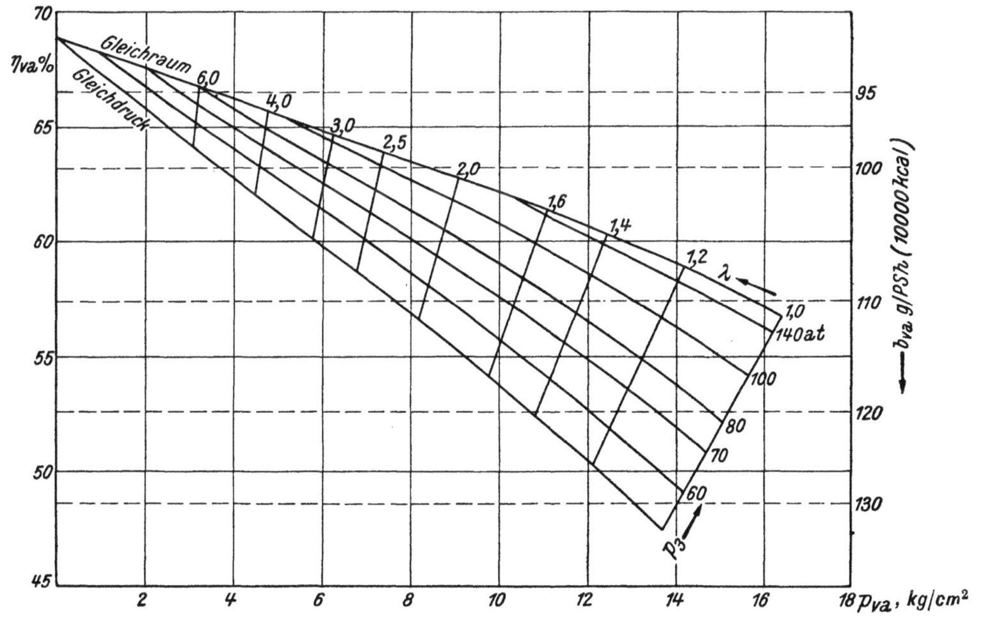

Abb. 83. η_{va} und p_{va} von Diesel-Motoren. $\varepsilon = 22$, $m = 1{,}30$.

Die rechte Seite ist bei gegebenem Diagramm aus Höchstdruck, Verdichtungsdruck, dem Luftüberschuß und dem gegebenen oder geschätzten Anfangszustand ermittelbar, wenn man polytropische Verdichtung annimmt.

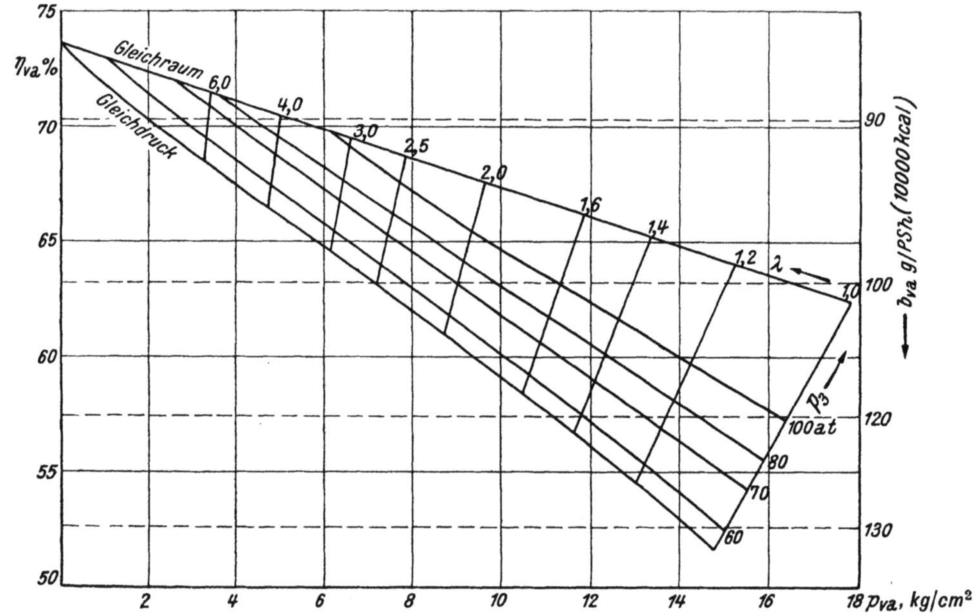

Abb. 84. η_{va} und p_{va} von Diesel-Motoren. $\varepsilon = 30$, $m = 1,20$.

Die Verkleinerung von p_{va} durch den Arbeitsverlust während der Verdichtung ist daher

$$\Delta p_{va} = \frac{A\,L_{w\,1-2}}{V_1},$$

da $AL_{w\,1-2}$ unabhängig vom Luftüberschuß ist, wird es auch Δp_{va}. Abb. 85 enthält Δp_{va}. Um aus den Punkten in den Schaubildern Abb. 77 bis 83 die zu erhalten, die sich bei

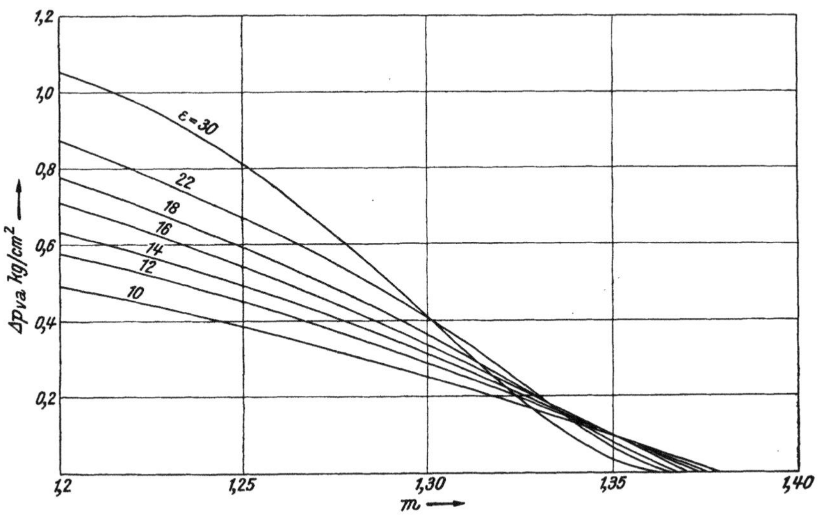

Abb. 85. Verdichtungsverlust Δp_{va} für $T_1 = 350°$, $p_1 = 0,95$ at.

Berücksichtigung des Verdichtungsverlustes ergeben, hat man von den Abszissen der auf einen Strahl $\lambda =$ konst. liegenden Punkte Δp_{va} abzuziehen. Man erhält dadurch p_{va}', das ist der Innendruck der angeglichenen Maschine mit Verdichtungsverlust. Die Annäherung an die Verhältnisse der wirklichen Maschine ist dann schon recht gut.

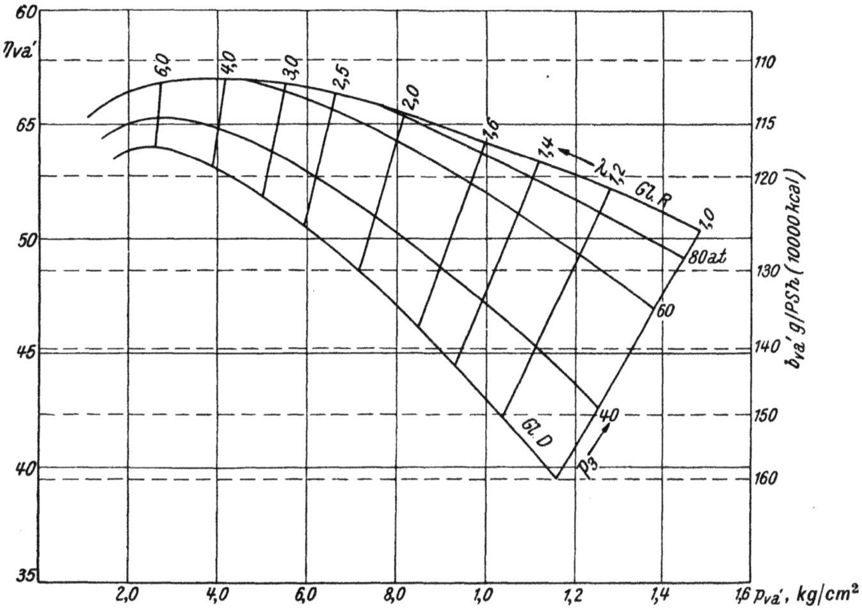

Abb. 86. η_{va}' und p_{va}' von Diesel-Motoren. $\varepsilon = 14$, $m = 1{,}33$.

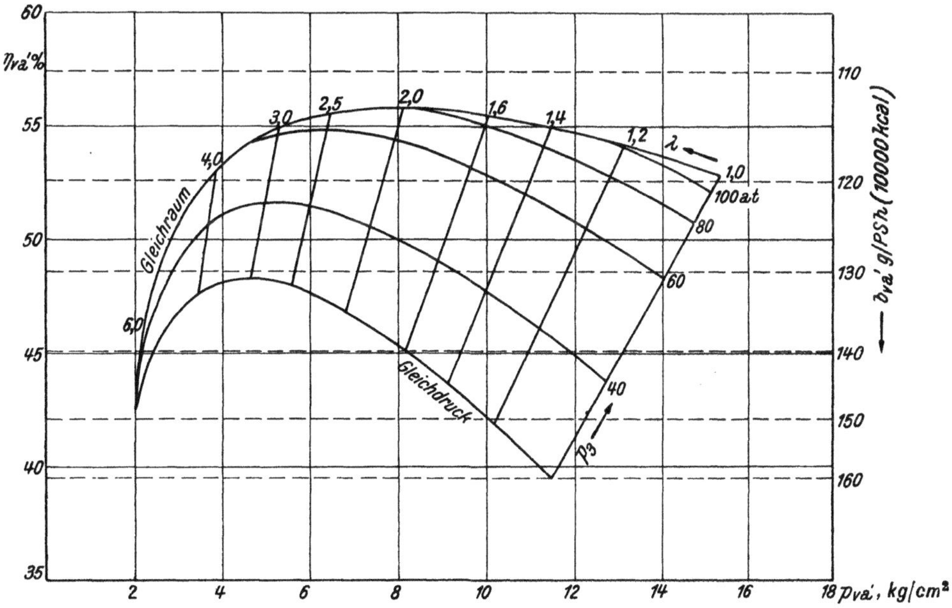

Abb. 87. η_{va}' und p_{va}' von Diesel-Motoren. $\varepsilon = 18$, $m = 1{,}20$.

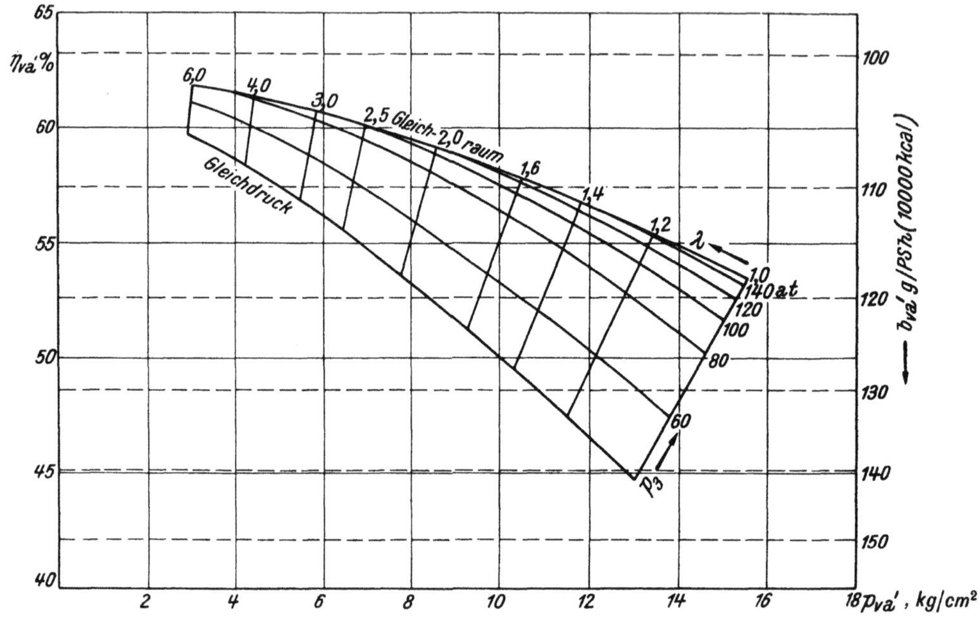

Abb. 88. η_{va}' und p_{va}' von Diesel-Motoren. $\varepsilon = 18$, $m = 1{,}35$.

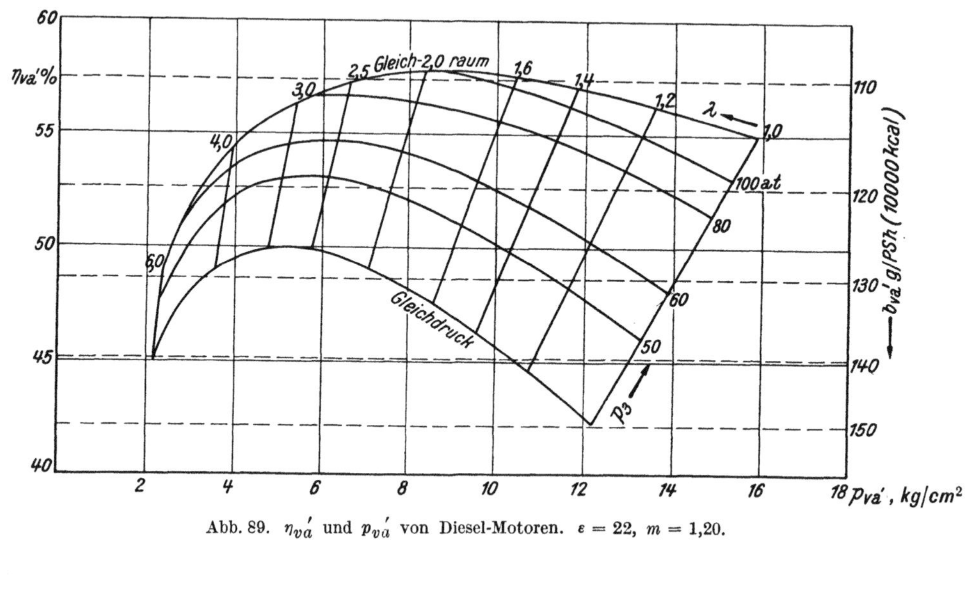

Abb. 89. η_{va}' und p_{va}' von Diesel-Motoren. $\varepsilon = 22$, $m = 1{,}20$.

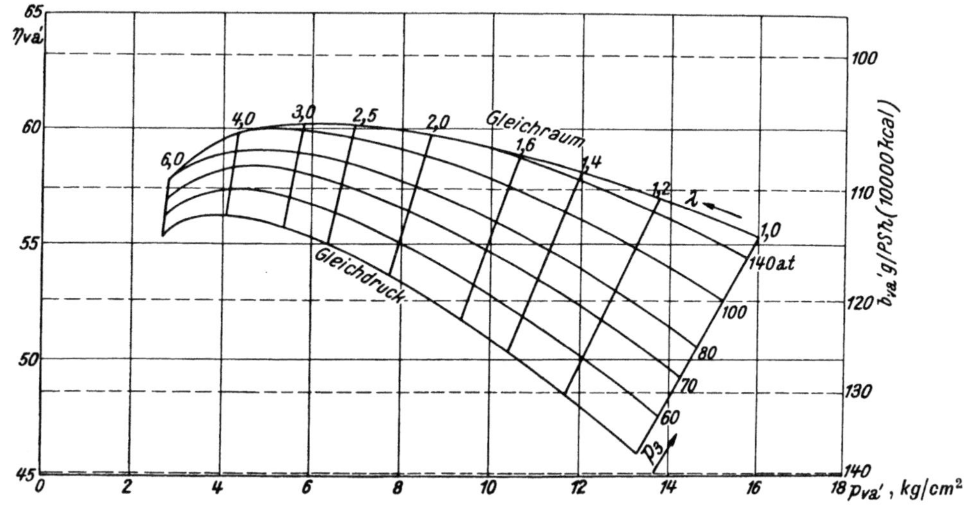

Abb. 90. η_{va}' und p_{va}' von Diesel-Motoren. $\varepsilon = 22$, $m = 1{,}30$.

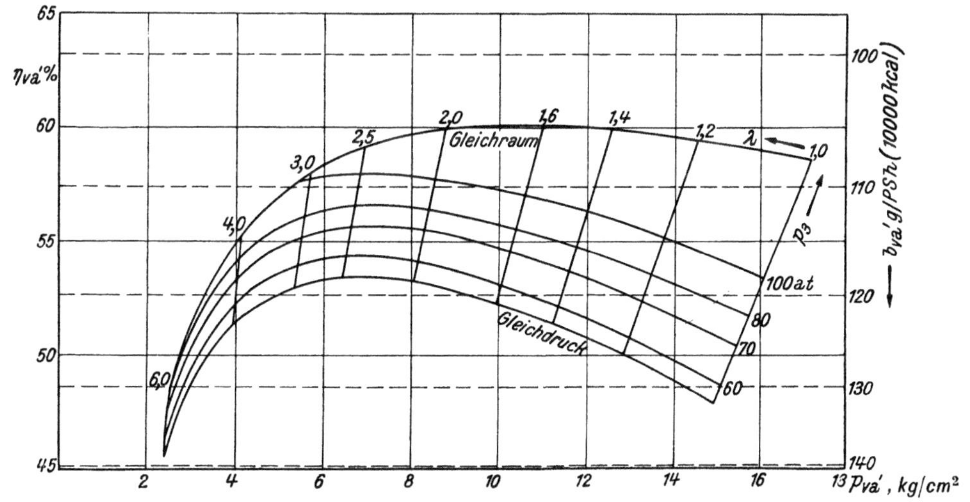

Abb. 91. η_{va}' und p_{va}' von Diesel-Motoren. $\varepsilon = 30$, $m = 1{,}20$.

Auf diese Weise wurden die Abb. 86 bis 91 erhalten. Durch den Wärmeverlust während der Verdichtung wird der Verlauf der Kurven geändert, sie erhalten einen Höchstwert, von dem ab die Kurve beim Verkleinern der Belastung wieder absinkt.

Abb. 92 zeigt einige Zusammenhänge zwischen η_i und p_i bei wirklichen Motoren nach SCHMIDT [21]. Der grundsätzliche Verlauf der Kurven ist gleich wie in den Abb. 86 bis 91, die Werte liegen natürlich infolge des Wärmeverlustes während Verbrennung und Ausdehnung niederer.

Mittels der Schaubilder Abb. 86 bis 91 lassen sich die p_{va}'-Werte für etwas geänderte Anfangszustände berechnen, wenn man die aus den Schaubildern entnommenen Werte mit dem Verhältnis der Anfangsdrücke und Anfangstemperaturen multipliziert.

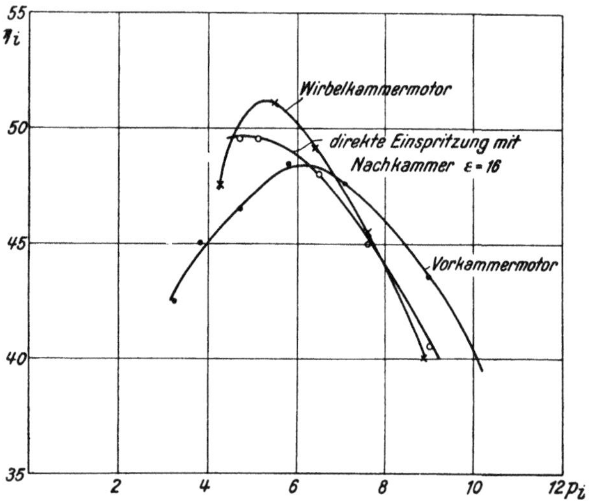

Abb. 92. Zusammenhänge von η_i und p_i an wirklichen Motoren nach F. A. F. SCHMIDT.

Den Schaubildern liegt ein Anfangszustand $p_1 = 0{,}95$, $T_1 = 350°$ zugrunde. Demnach ist für einen geänderten Anfangszustand (p_1), (T_1)

$$(p_{va}') = p_{va}' \cdot \frac{(p_1)}{p_1} \cdot \frac{T_1}{(T_1)}.$$

Dabei ist der Einfluß einer Änderung des Anfangszustandes auf den Wirkungsgrad vernachlässigt, was innerhalb kleiner Grenzen zulässig ist. Bei stärkeren Abweichungen vom Anfangszustand müssen die Schaubilder neu gezeichnet werden.

Otto-Motoren.

Bei den Otto-Motoren wird ein fertiges Gemisch durch einen elektrischen Funken entzündet. Für die Regelungsmöglichkeiten ist die Zündfähigkeit des Gemisches und seine Verbrennungsgeschwindigkeit vor allem maßgebend. Genügende Verbrennungsgeschwindigkeit haben Brenngemische nur innerhalb bestimmter Mischungsgrenzen. Diese liegen bei den flüssigen Brennstoffen nach Zahlentafel 3, Heft 1, nahe beieinander, bei gasförmigen Brennstoffen ist der Bereich motorisch brauchbarer Mischungsverhältnisse im allgemeinen größer.

Demnach muß man bei Otto-Motoren für flüssige Brennstoffe Füllungsregelung anwenden, da die thermodynamisch günstigere Gemischregelung einen viel zu kleinen Regelungsbereich hat.

Bei Otto-Motoren für gasförmige Brennstoffe ist eine Verbindung beider Regelungen im allgemeinen möglich, wobei je nach der Natur des Gases ein größerer oder kleinerer Leistungsbereich durch die Gemischregelung bewältigt werden kann, der Rest von der Füllungsregelung übernommen werden muß.

Otto-Motoren für flüssige Treibstoffe.

Der Bereich der praktisch verwendbaren Mischungsverhältnisse liegt zwischen $\lambda = 0{,}8$ und 1,2. Für eine Gemischregelung stünde nur der Bereich von $\lambda = 1$ bis 1,2 zur Verfügung, wobei die in der Nähe von $\lambda = 1{,}2$ liegenden Werte infolge der stark verkleinerten Brenngeschwindigkeit nur beschränkt brauchbar wären. Man verzichtet daher im allgemeinen auf die Gemischregelung vollständig und verändert die Leistung nur durch Drosselung des angesaugten Gemisches, also durch Füllungsregelung. Abb. 40 zeigt ein Diagramm einer so geregelten Maschine. Das Einsaugen erfolgt mit Unterdruck, da aber beim Ausschieben der Außendruck zu überwinden ist, ergibt sich eine Verlustfläche im Diagramm. Dieser Verlust gehört zwangläufig zur Drosselregelung, ist auch beim vollkommenen Motor vorhanden und wird daher im nachfolgenden berücksichtigt.

Für den Brennstoff C_nH_{2n} auf S. 33 ergeben sich folgende Werte von BH_u und η_{uv} je 1 Mol Benzindampfluftgemisch:

λ	0,6	0,8	1,0	1,2
BH_u	33280	25170	20250	16910 kcal/Mol
η_{uv}	0,480	0,733	1,0	1,0

Für die Ermittlung des Anfangszustandes wurde ein Verfahren von HANSEN [7] benützt. Dabei wurde ein Außenzustand von 293°, 1 at zugrunde gelegt. Als Zustand des Restgases am Ende des Ausschiebens wurde 1000° K, 1 at angenommen. Man erhält dann nach HANSEN die Werte auf Zahlentafel 12. Die darin angegebenen Werte sind Mittelwerte neuzeitlicher Motoren, keine Bestwerte. Demzufolge werden auch die entsprechenden Innendrücke von hochentwickelten Motoren übertroffen.

Zahlentafel 12. Anfangszustände p_1, T_1 bei Drosselregelung von Otto-Motoren (fl. Brennstoff C_nH_{2n}).

p_1	T_1 °K	α %	V_1
	$\varepsilon = 4$		
1,0	388	9,0	33,0
0,9	395	10,5	37,2
0,8	405	11,5	43,1
0,7	414	13,5	50,2
0,6	440	16,0	62,4
	$\varepsilon = 6$		
1,0	369	5,5	31,2
0,9	374	6,0	35,0
0,8	380	7,0	40,3
0,7	390	8,2	50,2
0,6	402	9,5	57,0
0,5	414	11,5	70,3
	$\varepsilon = 8$		
1,0	362	4,4	30,6
0,9	367	4,7	34,6
0,8	370	5,2	39,2
0,7	374	5,9	45,2
0,6	381	6,4	54,0
0,5	392	7,8	66,4

Nach PYE [16] liegt der Polytropenkoeffizient um 1,33, was annähernd der Adiabate des Benzindampf-Luft-Gemisches entspricht, daher wurde adiabatische Verdichtung angenommen. In den Abb. 93 bis 95 sind die Wirkungsgrade und Mitteldrücke der angeglichenen Maschine dargestellt. Es ergibt sich ein grundsätzlicher Unterschied gegenüber Diesel-Motoren. Mit abnehmender Belastung der Maschine fällt der Wirkungsgrad bei der Füllungsregelung durch Drosselung, während er beim Diesel-Motor erheblich ansteigt. Dadurch ist der hohe Verbrauch des Benzinmotors bei Teillasten und damit die z. B. hohe Verbrauchsüberlegenheit des Diesel-Motors beim Kraftwagenfahrbetrieb erklärt, bei dem die Maschine im Durchschnitt nur mit einem Bruchteil der Vollast gefahren wird.

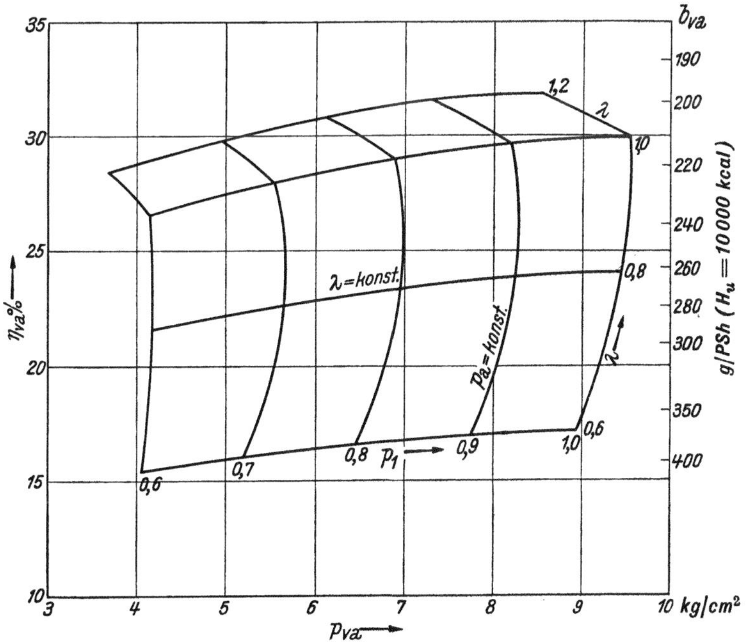

Abb. 93. η_{va} und p_{va} von Otto-Motoren (Benzin) bei Drosselregelung. $\varepsilon = 4$.

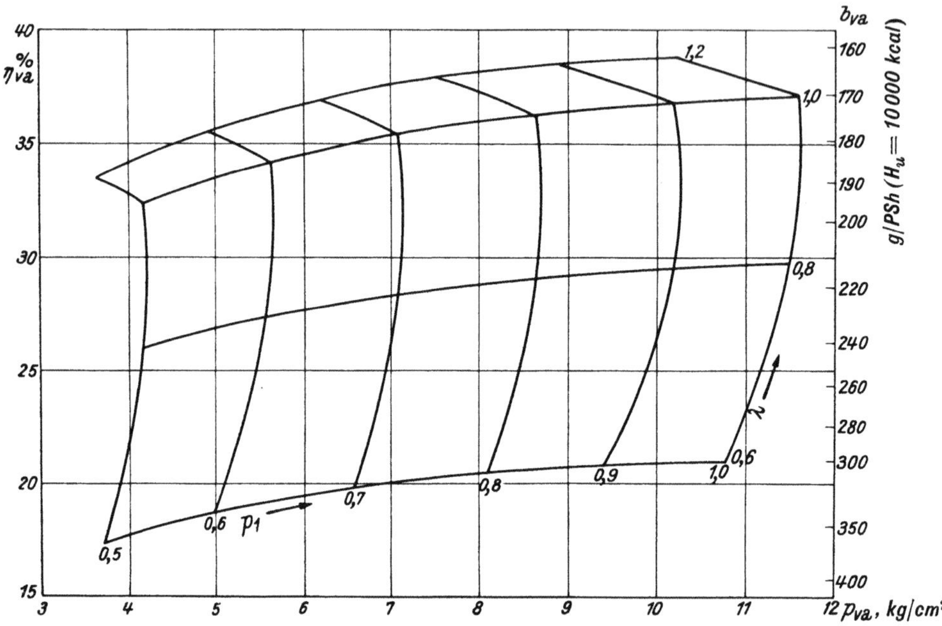

Abb. 94. η_{va} und p_{va} von Otto-Motoren (Benzin) bei Drosselregelung $\varepsilon = 6$.

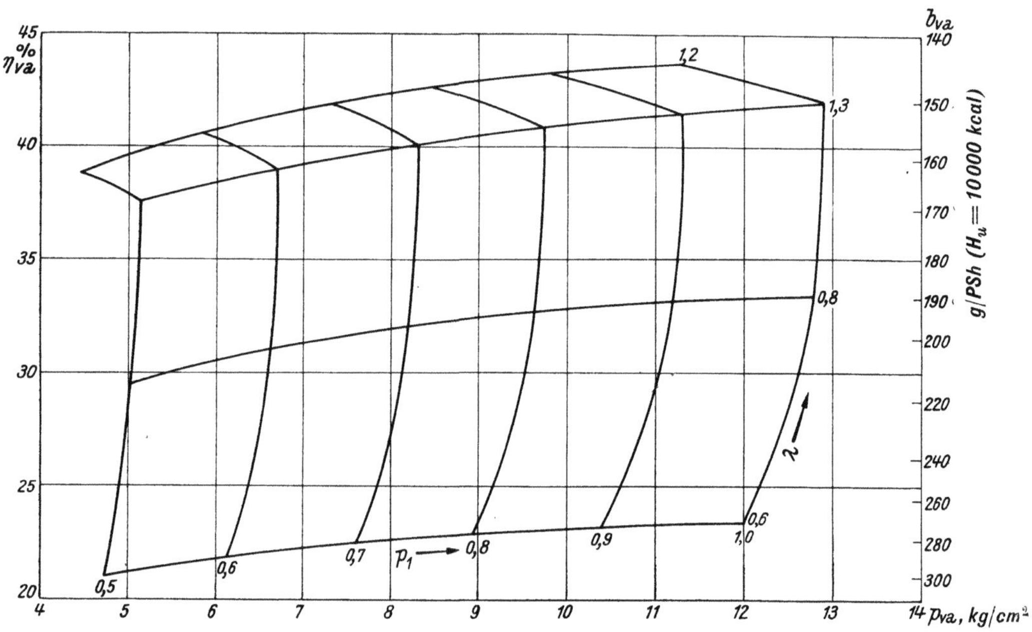

Abb. 95. η_{va} und p_{va} von Otto-Motoren (Benzin) bei Drosselregelung. $\varepsilon = 8$.

Mittels der Zahlentafel 12 lassen sich die Werte der Schaubilder auf etwas geänderte Anfangszustände umrechnen. Der Innendruck ist umgekehrt proportional $\frac{V_1}{1-\alpha}$. Bei stärkerer Änderung des Anfangszustandes gegenüber den Annahmen können sich die Wirkungsgrade nicht unwesentlich ändern, und dann ist ihre Neuberechnung erforderlich. Aus Abb. 96 ist die Übereinstimmung des Verlaufes der berechneten Kurven für p_1 = konst. mit Versuchsergebnissen von PYE bei Veränderung von λ (Gemischregelung) an einer wirklichen Maschine zu entnehmen. Trotz des mit abnehmendem $\lambda < 1$ nach Abb. 2 sinkenden Gemischheizwertes verändert sich p_{va} bis $\lambda = 0{,}6$ nur wenig, da der auf die tatsächlich entwickelte Wärme bezogene Wirkungsgrad η_v/η_{uv} mit abnehmendem $\lambda < 1$ infolge des fallenden CO_2- und H_2O-Gehaltes der Verbrennungsgase erheblich ansteigt.

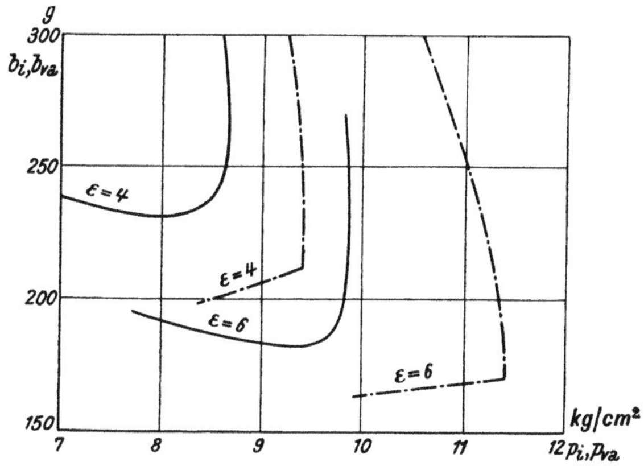

Abb. 96. Vergleich gemessener (——) und berechneter (—.—) Brennstoffverbräuche bei Otto-Motoren (Benzin) bei verschiedenen Verdichtungsverhältnissen.

Einen etwas günstigeren Verbrauch bei Teillasten würde man mit einer Regelung erzielen, bei welcher das Einlaßventil während eines Teiles des Verdichtungshubes offengehalten wird und ein Teil der Ladung zu Beginn des Verdichtungshubes wieder hinausgedrückt wird. Dadurch entsteht ein Diagramm nach Abb. 97. Die Zusammenhänge zwischen p_{va}, η_{va} und der Reguliergröße $\varepsilon_k = \frac{v_{1a}}{v_2}$ zeigt Abb. 98. Bei Berechnung der Wirkungsgrade und der p_{va}-Werte bei den Teillasten wurden sinngemäß die gleichen Annahmen getroffen wie bei der Drosselregelung. Der Verlauf der Kurven ist ähnlich wie bei der Drosselregelung, jedoch fällt der Wirkungsgrad bei Teillasten weniger stark ab. Ein Wirkungsgradverlauf nach Abb. 99

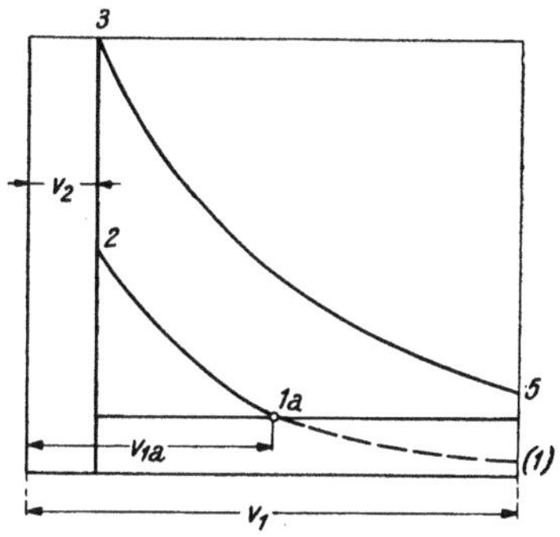

Abb. 97. Rückschubregelung.

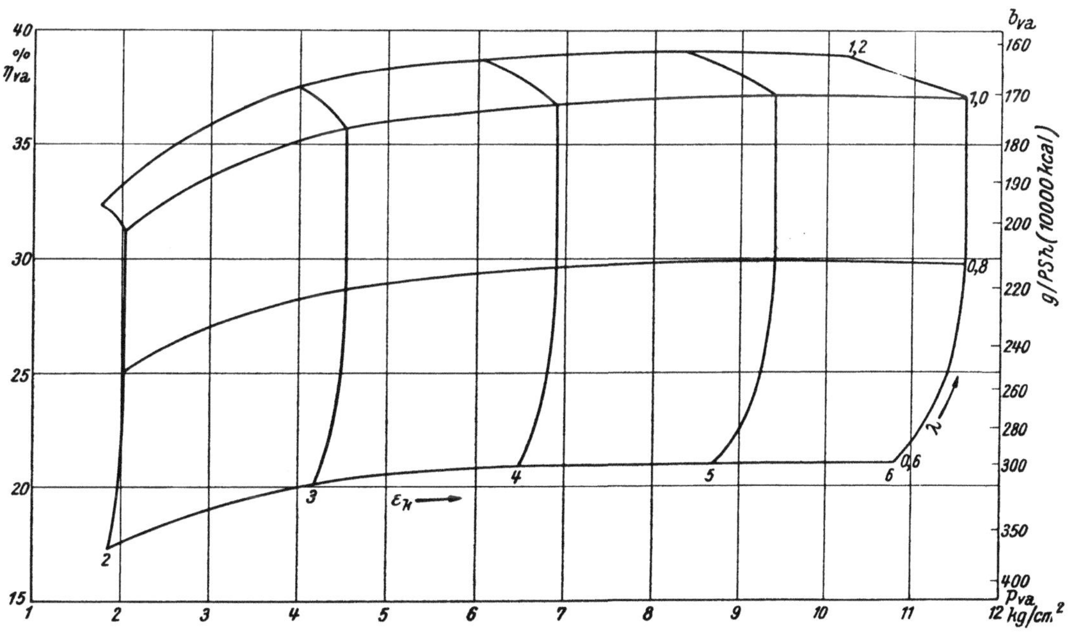

Abb. 98. Otto-Motor (Benzin). η_{va} und p_{va} bei Rückschubregelung. $\varepsilon = 6$.

ähnlich dem des Diesel-Motors läßt sich unter Berücksichtigung der Verbrennungsanforderungen bei einer Schichtung der Ladung im Zylinder erzielen. Dabei ist ein Teil desselben mit einem gut zündfähigen Gemisch, der Rest mit Luft angefüllt. Der Verwirklichung einer solchen Schichtung stehen im allgemeinen jedoch große Schwierigkeiten entgegen. Diesbezügliche Versuche wurden von RICCARDO [16] durchgeführt und dabei das Ansteigen des Wirkungsgrades mit zunehmendem Luftüberschuß beobachtet. Abb. 99 zeigt in einer Gegenüberstellung der beiden Regelungsarten, daß eine Gemischregelung bei Teillasten wesentlich günstiger ist als die Drosselregelung.

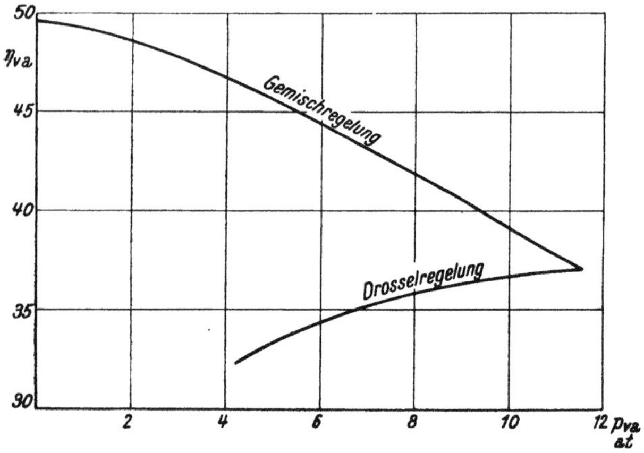

Abb. 99. Vergleich von Gemisch- und Drosselregelung beim Otto-Motor (Benzin). $\varepsilon = 6$, $\lambda = 1{,}0$.

Otto-Motoren für gasförmige Brennstoffe.

Bei Gasmaschinen kann wegen der im allgemeinen weiter auseinander liegenden Zündgrenzen der Gasgemische bei größeren Belastungen meist Gemischregelung angewendet werden. Sie wird in den unteren Leistungsbereichen im allgemeinen durch die Drosselregelung ergänzt. An dem Beispiel eines Generatorgasmotors sollen die Zusammenhänge zwischen Wirkungs-

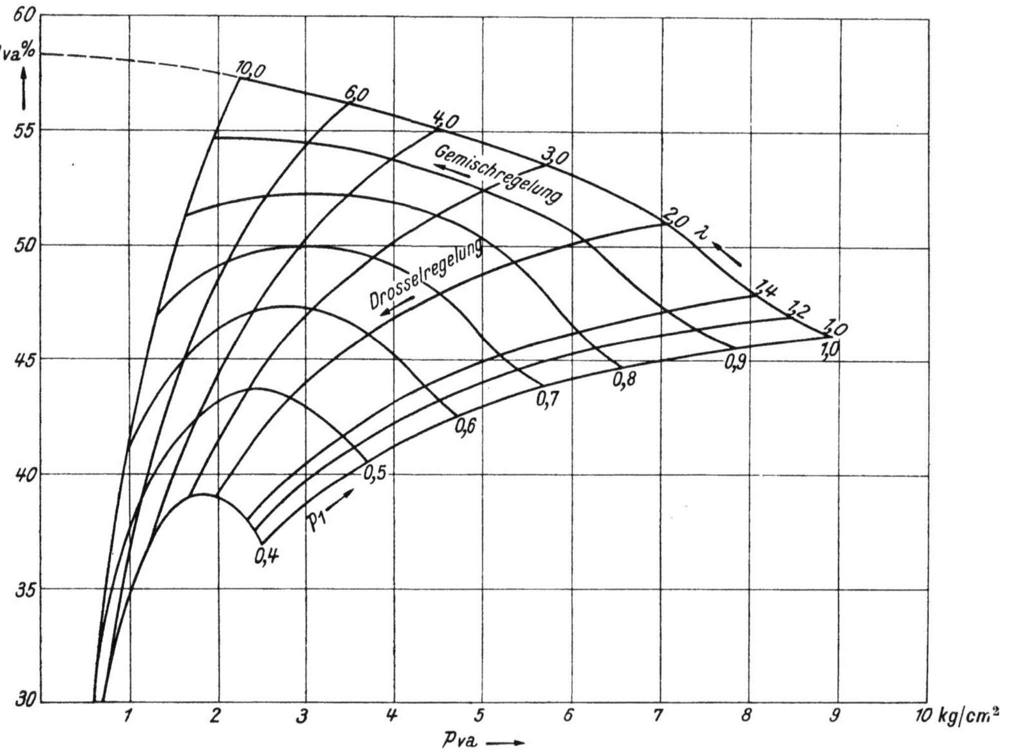

Abb. 100. Zusammenhänge zwischen Gemisch- und Drosselregelung bei einer Generatorgasmaschine. $\varepsilon = 10$.

grad η_{va} und Mitteldruck p_{va} für diese Art der Regelung gezeigt werden. Als Brennstoff wurde ein Kohlengas mit Eigenschaften nach S. 44 zugrunde gelegt. Für die praktische Verwirklichung einer weitgehenden Gemischregelung wäre zwar Generatorgas nicht geeignet, doch hier soll nur der grundsätzliche Verlauf der Kurven gezeigt werden.

Aus Abb. 100 lassen sich die Zusammenhänge zwischen Gemisch- und Drosselregelung und den Erfolgsgrößen entnehmen. Reine Gemischregelung erfolgt längs der Linien p_1 = konst., reine Füllungsregelung längs der Linien λ = konst., eine Verbindung beider ist durch eine Kurve gegeben, die beide Kurvenscharen schneidet. Die Vorzüge der Gemischregelung sind offensichtlich. Wie weit sie praktisch durchführbar ist, hängt von den Verbrennungseigenschaften des Gasgemisches ab. Mit zunehmendem Luftgehalt sinkt die Verbrennungsgeschwindigkeit und damit der Gleichraumgrad. Die auf reiner Gleichraumverbrennung fußenden Wirkungsgrade der Abb. 100 können dadurch so sehr herabgemindert werden, daß die Vorteile der Gemischregelung verschwinden und diese auch wegen der sonstigen Auswirkungen des starken Nachbrennens unausführbar wird. Die für die wirkliche Maschine günstigste Regulierung wird in Heft 5 ausführlich behandelt.

2. Die Verlustteilung bei der wirklichen Maschine. Die thermodynamische Auswertung von Diagrammen.

Die Trennung der Verluste, wie sie in den Abschnitten I und II des Heftes besprochen wurde, setzt ein genaues Diagramm der Maschine voraus. Außerdem muß die im Zylinder befindliche Ladungsmenge direkt oder indirekt gemessen, oder es müssen die Zustandsgrößen, aus denen sie gerechnet werden kann, geschätzt werden. Der Luftüberschuß und die erforderlichen Kennzahlen des Brennstoffes sind zu bestimmen.

Diesel-Motoren.

Infolge der Bedeutung des Gleichraumgrades ist es zweckmäßig, stets vom Wirkungsgrad des Gleichraumdiagramms auszugehen und die Verluste auf dieses zu beziehen. Die Auswertung eines Diagramms wird nun an zwei Beispielen gezeigt.

1. Beispiel.

Motor: Diesel-Motor Type A 3 M 424 der Humboldt-Deutz-Motoren AG., Bohrung 220 mm, Hub 240 mm, $n = 750$ U/min.

$\varepsilon = 13{,}6$, Schubstangenverhältnis 1 : 3,6.

Brennstoff: $H_u = 10{,}105$ kcal/kg, $L_0 = 11{,}05$ Nm³/kg.

Meßergebnisse:

	Versuch a Einspritzung normal	Versuch b Einspritzung 6,3° KW später
p_e kg/cm²	5,44	5,44
p_i kg/cm²	7,2[1]	7,2[1]
b_e g/PSh	184	198
b_i g/PSh	139	149
Abgasanalyse: CO_2 %	7,0	7,2
O_2 %	11,3	11,0
Auspufftemperatur:	414° C	457° C
Barometerstand:	760 mm Hg	760 mm Hg
Außentemperatur:	20° C	20° C

Luftüberschuß: Aus der Formel (4) (Abschnitt 1) und aus Abb. 3 erhält man

	a	b
	$\lambda = 2{,}08$	1,95

Die angesaugte Luftmenge ergab sich als Durchschnitt mehrerer Messungen (Brennstoffverbrauch, Gasanalyse) zu 0,0079 Nm³/Ansaughub, was einem Luftüberschuß von

	a	b
	$\lambda = 2{,}11$	1,96

[1] Dabei wurde die Ausdehnungslinie bis zum Totpunkt verlängert und die Verluste durch Ausschieben und Einsaugen 0 gesetzt.

entsprechen würde. Die letzteren Werte werden den weiteren Rechnungen zugrunde gelegt. Der Abgasgehalt der Frischladung wird 2,5% angenommen. Der Gesamtzylinderinhalt ist demnach in beiden Fällen 0,0081 Nm³. Das Zylindervolumen (mit Verdichtungsraum) ist 0,00985 m³.

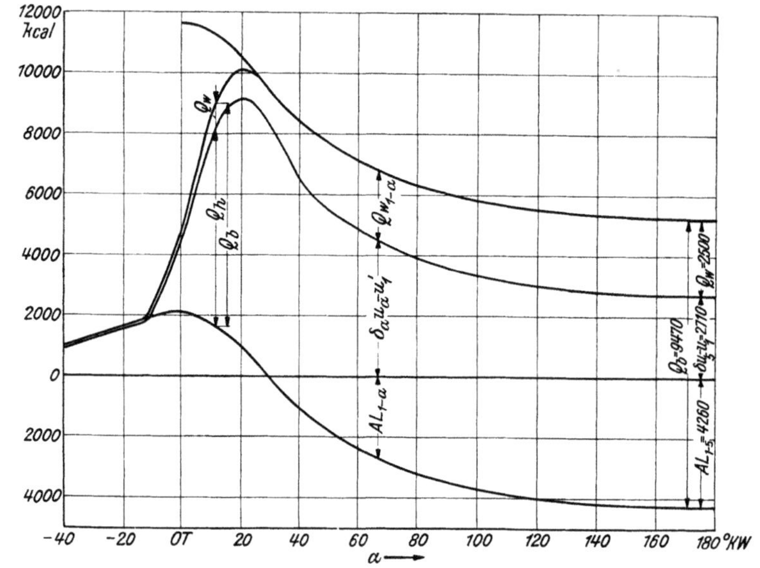

Abb. 101. Thermodynamische Auswertung des Diagramms eines Diesel-Motors, Beispiel 1a.

Da ein Schwachfederdiagramm nicht abgenommen wurde, wurde auf Grund von Erfahrungswerten der Druck zu Beginn der Verdichtung $0{,}98 \cdot 1{,}033 = 1{,}01$ at angenommen. Daraus ergibt sich die Anfangstemperatur $T_1 = 325°\,K$.

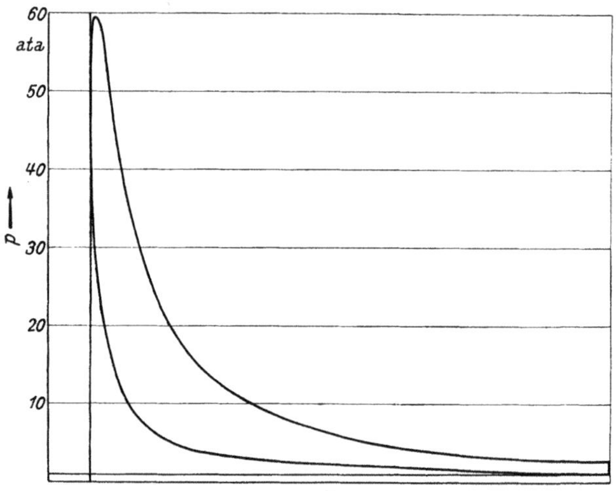

Abb. 102. Diagramm des Diesel-Motors, Beispiel 1a.

Ausgehend von dieser Temperatur, lassen sich nun die Temperaturen bei den anderen Kolbenlagen bestimmen. Während der Verdichtung ist

$$T_\alpha = T_1 \cdot \frac{p_\alpha \cdot V_\alpha}{p_1 \cdot V_1}.$$

Während der Ausdehnung sind die so erhaltenen Temperaturen durch das Molverhältnis δ von Abgas zu Luft zu dividieren. Für $\lambda = 2$ ist $\delta = 1{,}035$. Während der Verbrennung ist es zweckmäßig, zunächst beide Temperaturkurven zu zeichnen. Die richtigen Punkte können entsprechend dem Brenngesetz zwischen diesen Kurven interpoliert werden. Aus einem Schaubild, das man sich mittels Zahlentafel 9 zeichnen kann, läßt sich nun zu jedem Punkt der zugehörige Wert der inneren Energie entnehmen. Dabei können für Abgas die Werte für $\lambda = 2$ benützt werden, da λ in beiden Fällen nahe an 2 liegt. In Abb. 101 ist u in Abhängigkeit von α aufgetragen.

Versuch a.

Die geleistete Arbeit $AL_{1-\alpha}$ (auf 1 Mol arbeitende Ladung bezogen) erhält man aus dem Diagramm Abb. 102. Das Volumen eines Mols im Anfangszustand ist:

$$V_1 = 22{,}41 \cdot \frac{1{,}033}{1{,}01} \cdot \frac{325}{273} = 27{,}3\ \mathrm{m}^3.$$

Dadurch ist der Volumsmaßstab des Diagramms bestimmt. Nun kann man $AL_{1-\alpha}$ gleichfalls in Abb. 101 eintragen, zugeführte Arbeit positiv, also nach oben. Nach dem 1. Wärmehauptsatz sind nun die zwischen den beiden Kurven u_α und $AL_{1-\alpha}$ liegenden Ordinatenstücke $Q_b - Q_w$. Die je Mol verbrannte Brennstoffmenge ist

$$(1-\alpha)\,B = \frac{22{,}41\cdot(1-\alpha)}{\lambda\cdot L_0} = 0{,}937\ \text{kg}.$$

Die Auswertung der Abgasanalyse ergab vollkommene Verbrennung. Daher ist $\eta_u = 1$ und

$$Q_b = (1-\alpha)\,B\,H_u = 9470\ \text{kcal/Mol}.$$

Damit läßt sich nun die Summe des Wärmeüberganges während der Arbeitsvorgänge (Verdichtung und Ausdehnung) bestimmen. Aus Abb. 101 ist

$$\delta u_5 - u_1' = 2710\ \text{kcal/Mol},$$
$$AL_{1-5} = 4260\ \text{kcal/Mol},$$

daher wird

$$Q_w = Q_b - (\delta u_5 - u_1') - AL_{1-5} = 2500\ \text{kcal/Mol}.$$

Dem zeitlichen Verlauf des Wärmeüberganges wurde das NUSSELTsche Wärmeübergangsgesetz zugrunde gelegt. Die konstanten Glieder können in die Koeffizienten K_1 einbezogen werden und der Ausdruck wird dann

$$Q_w = K_1 \int\limits_{-180^\circ}^{+180^\circ} \left(1 + \frac{4\,\xi}{\beta}\cdot x_\alpha\right) \sqrt[3]{p^2 T}\cdot(T - T_w)\cdot d\alpha.$$

Im vorliegenden Fall war $\xi = 1{,}1$, $\beta = 2{,}35$, T_w wurde $400^\circ K$ angenommen.

Damit erhält man die zunächst im beliebigen Maßstab aufgetragene Kurve Abb. 103. Der Maßstab läßt sich dadurch bestimmen, daß die Fläche unter der Kurve Q_w sein muß. Trägt man sich nun Q_w in Abb. 101 von der u_α-Linie nach oben auf, so erhält man Q_b als Abstand zwischen dieser Linie und der Arbeitslinie. Eine beschränkte Prüfung für die

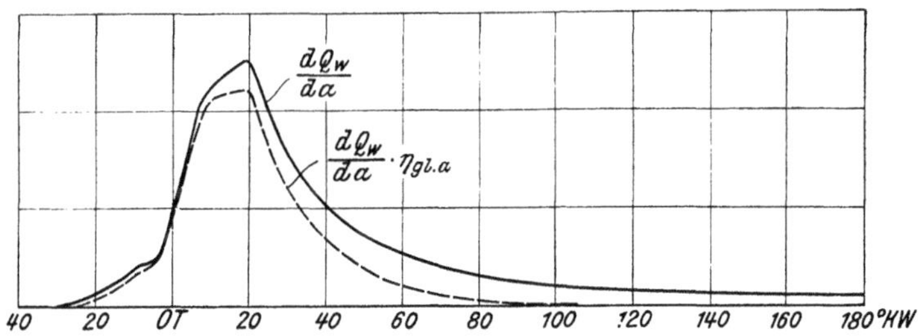

Abb. 103. Wärmeübergangsgesetz des Diesel-Motors, Beispiel 1a.

Richtigkeit der Annahme des Wärmeübergangsgesetzes ist dadurch gegeben, daß $Q_{b\alpha}$ bis zu einem Endwert Q_b stets zunehmen muß und diesen niemals überschreiten darf. Im vorliegenden Fall mußte das Diagramm an der Spitze unbedeutend berichtigt werden, um diesen Bedingungen zu genügen. Während der Ausdehnung werden sie sehr gut erfüllt, denn nach Beendigung der Verbrennung ist die Q_w-Linie eine Äquidistante zur Arbeitslinie.

Aus Abb. 101 kann nun $Q_{b\alpha} = f(\alpha)$ entnommen werden. Die Differentiation gibt das Brenngesetz Abb. 104. Durch Umklappen des über den Totpunkt liegenden Teils und Verwandlung der so entstehenden Fläche in ein schwerpunktgleiches Dreieck mit annähernd gleicher Grundlinie, erhält man aus Abb. 50 den Gleichraumgrad

$$\underline{\eta_{gl} = 96\%.}$$

Um den Wirkungsgrad des angeglichenen Diagramms zu ermitteln, ist zunächst sein Anfangspunkt p_1', T_1' zu bestimmen. Nach Abb. 73 ist $m = 1,36$. Daraus kann aus Abb. 74 (gleiche Temperaturverhältnisse)

$$p_1' = 1,02 \text{ at},$$
$$T_1' = 315^\circ K$$

entnommen werden.

Der Wirkungsgrad eines Gleichraumdiagramms mit

$$\varepsilon = 13,6, \ \lambda = 2,17, \ T_1 = 315^\circ K, \ p_1 = 1,02 \text{ at}$$

ist nach den Abb. 20 bis 25, 29, 31 bis 35 und 42

$$\underline{\eta_{va} = 56,4\%}.$$

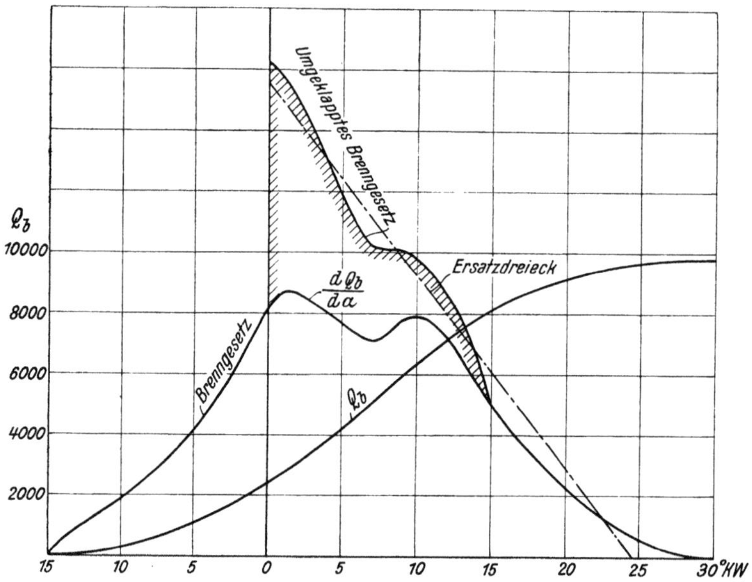

Abb. 104. Brenngesetz des Diesel-Motors, Beispiel 1a.

Multipliziert man die Ordinaten des Wärmeübergangsgesetzes mit dem Gleichraumgrad nach Abb. 45, so erhält man die in Abb. 103 eingezeichnete Linie. Das Verhältnis der darunterliegenden Fläche zu Q_w gibt den Gleichraumgrad des Wärmeüberganges

$$\eta_{glw} = 68,5\%.$$

Es ist nun

$$\eta_i = \eta_{va} \cdot \eta_{gl} \cdot - \Delta\eta_w,$$
$$\Delta\eta_w = \eta_{va} \cdot \varphi_w \cdot \eta_{glw}.$$

Man findet: $\underline{\eta_i = 45,0\%}$, $\varphi_w = \frac{Q_w}{Q_b} = 0,264$. Weiters ist $\eta_{va} \cdot \eta_{gl} = 54,1\%$. Damit erhält man aus der ersten Gleichung $\Delta\eta_w = 9,1\%$.

Die zweite Gleichung ergibt $\Delta\eta_w = 56,4 \cdot 0,264 \cdot 0,685 = \underline{10,2\%}$. Die Übereinstimmung ist in Anbetracht der beschränkten Genauigkeit der Ermittlung der Gleichraumgrade und des Diagramms, die sich bei letzterem insbesondere bei der Bestimmung von $\delta \cdot u_5$ auswirkt, und der ungenauen Erfassung des Wärmeüberganges befriedigend. Die Verluste durch den Ladungswechsel wurden nicht berücksichtigt.

Versuch b.

In gleicher Weise wie früher erhält man das Brenngesetz nach Abb. 105 mit einem Gleichraumgrad $\underline{\eta_{gl} = 92\%}$.

Aus den Angaben und Diagrammen ergeben sich folgende Größen:

$$Q_b = 10100 \text{ kcal/Mol},$$
$$\delta u_5 - u_1' = 3110 \text{ kcal/Mol},$$
$$Q_w = 2750 \text{ kcal/Mol},$$
$$A L_{1-5} = 4240 \text{ kcal/Mol}.$$

Der Gleichraumgrad des Wärmeübergangsgesetzes ist $\eta_{gl} = 62\%$. Er liegt infolge der Spätzündung und der dadurch bedingten Verschiebung der hohen Zylindertemperaturen niederer als im Falle a.

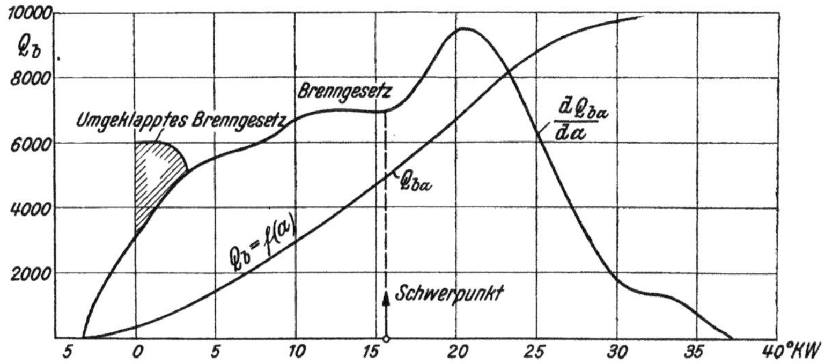

Abb. 105. Brenngesetz des Diesel-Motors, Beispiel 1b.

Der Wirkungsgrad des angeglichenen Diagramms ist $\eta_{va} = 55{,}8\%$.
Im übrigen erhält man folgende Wirkungs- und Verlustgrade:

$$\underline{\eta_i = 42{,}0\%},$$
$$\eta_{va} \cdot \eta_{gl} = 51{,}3\%,$$

daraus

$$\Delta \eta_w = \underline{9{,}3\%}.$$

Aus dem Wärmeübergangsgesetz wird

$$\Delta \eta_w = 0{,}272 \cdot 0{,}62 \cdot 56{,}0 = \underline{9{,}45\%}.$$

Auch hier ist aus den früher genannten Gründen die Übereinstimmung nicht vollständig, aber sehr gut.

2. Beispiel.

Ein von F. A. F. Schmidt untersuchter Diesel-Motor, der aus Versuchsgründen auf starkes Späteinspritzen eingestellt war, hatte folgende Abmessungen:

Bohrung 134 mm, Hub 160 mm, $n = 1635$ U/min, $\varepsilon = 14$.

Der verwendete Brennstoff hatte $H_u = 10200$ kcal/kg, $L_0 = 11{,}18$ Nm³/kg.

Meßergebnisse:

$$p_e = 4{,}93 \text{ kg/cm}^2,$$
$$p_i = 7{,}67 \text{ kg/cm}^2,$$
$$b_e = 276 \text{ g/PSh},$$
$$b_i = 178 \text{ g/PSh}.$$

Der Luftüberschuß war $\lambda = 1{,}571$. Der Motor war aufgeladen, der Druck bei Beginn der Verdichtung betrug $p_1 = 1{,}2$ kg/cm². Mit einem angenommenen Abgasrest von 2,5% betrug der Anfangszustand:

$$p_1 = 1{,}2 \text{ at},$$
$$T_1 = 374^\circ K.$$

Aus dem Diagramm Abb. 106 konnte $m = 1{,}36$ ermittelt werden. Der Anfangszustand des angeglichenen Diagramms ist dann $p_1' = 1{,}15\ \text{kg/cm}^2$, $T_1' = 360°$, sein Wirkungsgrad $\eta_{va} = \underline{53{,}9\%}$.

Durch die weiteren Auswertungen erhält man:

$$\begin{aligned} Q_b &= 12{,}700\ \text{kcal},\\ \delta u_5 - u_1' &= 5430\ \text{kcal},\\ A L_{1-5} &= 4420\ \text{kcal},\\ Q_w &= 2850\ \text{kcal}. \end{aligned}$$

Daraus ergeben sich: $\underline{\eta_i = 34{,}8\%}$, $\underline{\eta_{gl} = 76\%}$ und der Wirkungsgradverlust durch den Wärmeübergang $\underline{\Delta\eta_w = 6{,}2\%}$.

Aus dem Wärmeübergangsgesetz wird mit $\eta_{glw} = 53{,}5\%$

$$\Delta\eta_w = 0{,}225 \cdot 0{,}535 \cdot 53{,}9 = \underline{6{,}5\%}.$$

Die Übereinstimmung der auf verschiedenem Weg erhaltenen Werte ist hier recht gut.

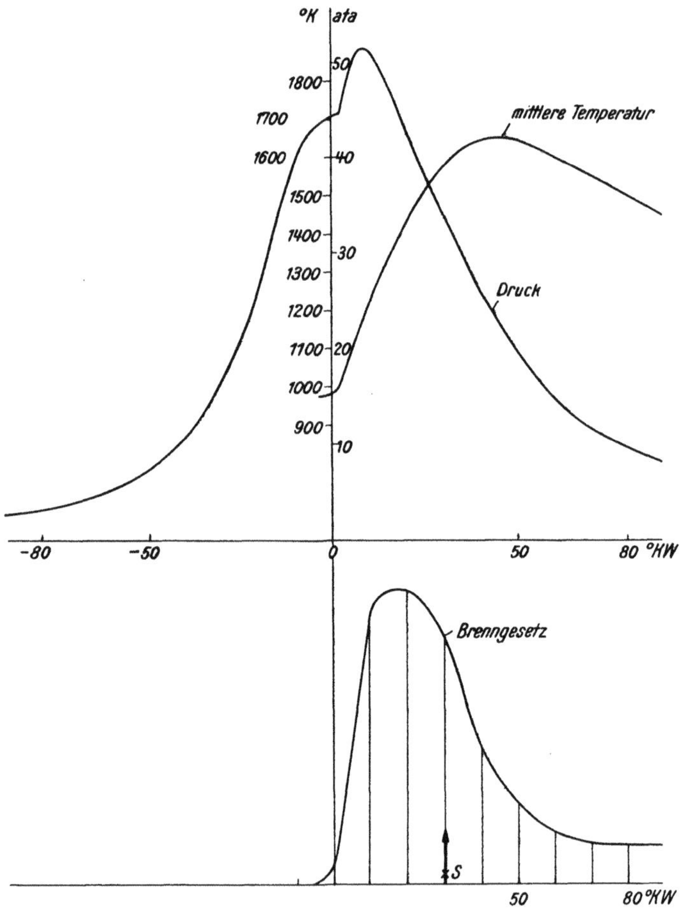

Abb. 106. Diagramm und Brenngesetz des Diesel-Motors, Beispiel 2 (nach F. A. F. SCHMIDT).

Ein Vergleich der Wirkungs- und Verlustgrade der Beispiele zeigt, daß sich $\Delta\eta_w$ nur innerhalb weniger Hundertteile ändert. Der niederste Wert war 6,5%, der höchste 9,1%. Wesentlich größer ist der Bereich, in dem der Wirkungsgrad durch den Gleichraumgrad verändert wird. Als höchster Wert desselben wurden 96%, als tiefster 76% gefunden. Bei einem Wert von $\eta_{va} \sim 55\%$ gibt eine Änderung zwischen diesen Grenzen eine Veränderung des Wirkungsgrades von 12%. F. A. F. SCHMIDT [20] hat die Brenngesetze einer

Reihe von Motoren bestimmt. Die Gleichraumgrade derselben sind nach Abb. 107 sehr stark verschieden. Man erkennt daraus die außerordentliche Bedeutung eines günstigen Verbrennungsverlaufes für den Dieselmotor. Die chemische Energie des Brennstoffes muß rechtzeitig und vollständig in Wärme umgesetzt werden. Dabei dürfen jedoch keine stoßartigen Druckanstiege im Motor auftreten.

Der Gleichraumgrad ist derjenige Faktor des Wirkungsgrades, der durch die Tätigkeit des Versuchsingenieurs hauptsächlich beeinflußt werden kann. Die für den Versuchsingenieur aufschlußreichste Auswertung des Diagramms ist demnach die Bestimmung des Brenngesetzes und die Trennung der Verluste. Größere Unterschiede im Wirkungsgrad von Diesel-Motoren sind in der Hauptsache auf Verschiedenheiten im Gleichraumgrad zurückzuführen. Diesen kommt daher eine grundsätzliche Bedeutung bei der Beurteilung von Verbrennungssystemen zu.

Bezieht man sich bei den Vergleichen auf die vollkommenen Maschinen, deren Begriff auf S. 21 festgelegt wurde, so erhält man den Gütegrad η_g. Setzt man in der vollkommenen Maschine Gleichraumverbrennung voraus, so ist:

		λ_v	η_v	$\gamma = \frac{\eta_{va}}{\eta_v}$	η_g
Beispiel 1:	a)	2,11	56,8	0,99	79
	b)	1,96	56,2	0,99	75
Beispiel 2:		1,57	54,9	0,98	63

Der Vergleich der Gütegrade von Motoren wird manchmal von theoretischem Interesse sein, dem Versuchsingenieur wird dieser Begriff im allgemeinen nicht viel sagen.

Etwas aufschlußreicher ist der Vergleich des tatsächlichen Gleichraumgrades η_{gl} der Maschine mit dem Gleichraumgrad des angeglichenen Diagramms η_{gla} mit gemischter Verbrennung und gleichem Höchstdruck.

		η_{gla}	η_{gl}
Beispiel 1:	a)	0,99	0,96
	b)	0,93	0,92
Beispiel 2:		0,90	0,76

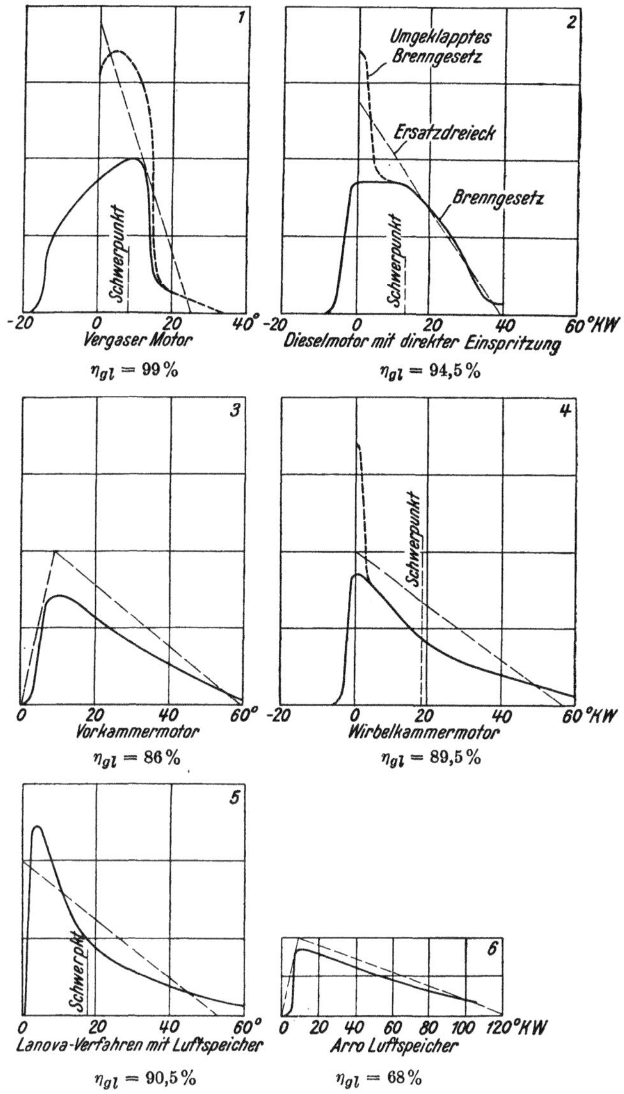

Abb. 107. Brenngesetze (nach F. A. F. SCHMIDT) und Gleichraumgrade verschiedener Motoren.

Bei *gleichem* Höchstdruck ist bei 1 b fast nichts, bei 1 a nur wenig am Gleichraumgrad zu verbessern. Die Maschine Beispiel 2 könnte bei gleichem Höchstdruck, wenn nur thermodynamische Verhältnisse berücksichtigt werden, einen wesentlich höheren Gleichraumgrad haben.

Otto-Motoren.

a) Flüssige Treibstoffe.

Die Auswertung der Diagramme erfolgt wie im vorigen Abschnitt beschrieben. Man erhält im allgemeinen bei richtig eingestellter Maschine, guter Brennraumform, genügender Wirbelung und nicht sehr hoher Drehzahl sehr hoch liegende Gleichraumgrade (Abb. 108). Sie liegen nach Abb. 52 bei Zündung im Totpunkt und zulässigem Druckanstieg über 0,96% und können durch das übliche Vorrücken der Zündung bei gleichem Druckanstieg auf 98 bis 99% gebracht werden.

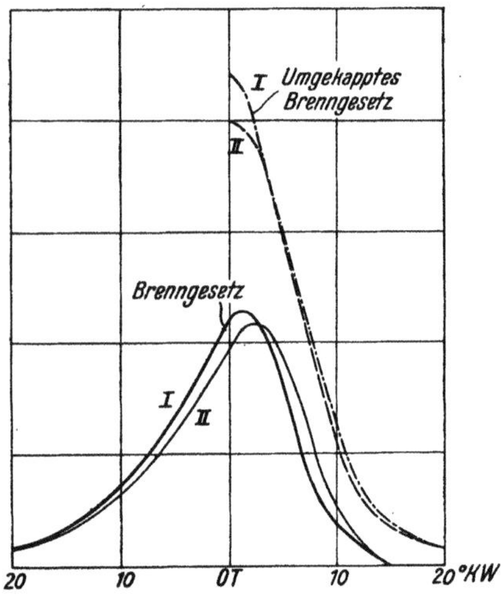

Abb. 108. Brenngesetze von Otto-Motoren (Benzin) nach F. A. F. SCHMIDT. $\varepsilon = 6$, 6,5, $\lambda = 0{,}91$, $\eta_{gl\,I} = 99{,}0\%$, $\eta_{gl\,II} = 98{,}7\%$.

Der hauptsächlichste Verlust entsteht demnach bei solchen Benzinmotoren durch den Wärmeübergang und durch unvollkommene Verbrennung. Letztere läßt sich durch die Gasanalyse feststellen, die Abweichungen gegenüber der vollkommenen Maschine sind bei neuzeitlichen Maschinen gering. Auch der Wärmeübergang liegt innerhalb nicht sehr weit auseinanderliegender Grenzen, die nach PYE [16] und RICCARDO [17] hauptsächlich von dem Zylinderinhalt abhängen.

Versuche, die RICCARDO [16] an Benzinmotoren verschiedener Größen bei gleichem Luftüberschuß und bei gleichem Verdichtungsverhältnis durchführte, zeigen das deutlich.

	Zylinderinhalt l	η_i %	η_v[1] %	$\Delta\eta_w$ %	$\varphi_w \cdot \eta_{gl\,w}$[2] %
Motor A.......	0,51	29,6	34,5	4,6	13,4
„ B.......	2,06	30,8	34,5	3,4	9,9
„ C.......	9,10	32,0	34,5	2,2	6,4

Für Vorausberechnungen des Wirkungsgrades ist $\Delta\eta_w$ entsprechend Zylindergröße, Ventilanordnung und Brennraumform anzunehmen. Der Gleichraumgrad wird bei günstiger Brennraumform, nicht zu hoher Drehzahl und entsprechender Einstellung der Zündung meist um 99% liegen.

Bei Meßergebnissen an Flugmotoren, die HANSEN [7] veröffentlicht, gibt

$$\Delta\eta_w = 8\%, \quad \eta_{gl} = 99\%$$

eine recht gute Übereinstimmung zwischen den gemessenen und den aus den Abb. 93 bis 95 entnommenen Werten.

Motor	Verdichtungsverhältnis ε	Luftüberschuß λ	η_{va} aus Abb. 92 bis 94 %	b_i[3] gerechnet g/PSh	b_i gemessen g/PSh	p_i[4] gerechnet kg/cm²	p_i gemessen kg/cm²
BMW VI........	5,5	1,09	36,3	189	186	8,8	9,0
BMW VI Z	5,5	0,99	34,6	199	194	9,4	9,4
Junkers LV	5,5	1,02	35,4	194	199	9,4	9,0
BMW VI........	6,0	1,01	37,2	185	189	9,6	9,5
Junkers LV	7,0	0,98	38,9	177	185	10,2	10,0
BMW IV........	7,2	1,14	40,8	169	169	9,4	9,2
BMW VI........	7,3	1,03	40,4	170	171	10,1	10,0
BMW VI Z	7,3	0,92	36,9	187	186	10,3	10,4

Es ist demnach der Innenwirkungsgrad von Benzinmotoren mit gut durchgebildetem Brennraum recht genau vorausberechenbar. Die Gleichraumgrade liegen bei solchen Motoren im allgemeinen nahe an der theoretischen Grenze und sind daher nicht mehr steigerungsfähig. Ihre genaue Ermittlung wird bei der Untersuchung von Verbrennungssystemen demnach geringere Bedeutung haben wie bei Diesel-Motoren. Anders liegen die Verhältnisse bei ungenügender Wirbelung, hohen Drehzahlen oder zerklüfteten Brennräumen mit großen Flammenwegen. Hier können durch zu langsame Verbrennung erhebliche Verluste entstehen. Eine Bestimmung des Gleichraumgrades wird dann auf-

[1] Nach PYE.
[2] Bei $\eta_{gl} = 99\%$ (geschätzt).
[3] Brennstoff $H_u = 10000$ kcal/kg.
[4] $p_1 = 0{,}92$ at angenommen.

schlußreich. Die thermodynamische Auswertung des Diagramms gibt die Verbrennungsgeschwindigkeit im Motor und wird aus diesem Grunde in vielen Fällen für die Untersuchung der Verbrennungsverhältnisse notwendig sein.

b) Gasförmige Treibstoffe.

Bei Reichgasen und niederen Drehzahlen ist der Gleichraumgrad im allgemeinen hoch, nahe an der oberen Grenze, daher wenig verbesserungsfähig. Die Verhältnisse ähneln denen eines hochwertigen Otto-Motors für flüssige Treibstoffe.

Bei Armgasen und höheren Drehzahlen, also insbesondere bei Fahrzeugmotoren mit Sauggasbetrieb, ist der Gleichraumgrad infolge der geringeren Verbrennungsgeschwindigkeit des Gases oft wesentlich niederer, und dadurch wird der Leistungsabfall gegenüber Benzinbetrieb oft viel größer, als Ladungsmenge und Gemischheizwert vermuten lassen. Die Bestimmung des Gleichraumgrades kann daher bei solchen Maschinen guten Aufschluß über Verbesserungsmöglichkeiten geben.

c) Zusammenfassung.

Der Verbrennungsverlauf wird durch den Gleichraumgrad thermodynamisch gewertet. Dieser bewirkt vor allem bei Diesel-Maschinen und bei Otto-Motoren mit langsam brennender Ladung eine unter Umständen wesentliche Verringerung des Wirkungsgrades. Bei neuzeitlichen, richtig eingestellten Otto-Motoren mit rasch brennender Ladung, vor allem bei vielen Benzinmotoren, liegt er oft in der Nähe von 100%.

Der zweite veränderliche Verlust ist bei allen Maschinen der Wärmeübergang. Dieser Verlust liegt im allgemeinen zwischen recht engen Grenzen. Seine Erfassung ist zwar theoretisch bisher nur in grober Annäherung gelungen, die Schätzung seiner ungefähren Größe ist jedoch möglich.

Die zusätzlichen Verluste durch Unvollkommenheit der Verbrennung und durch den Ladungswechsel sind bei gut eingestellten Maschinen im allgemeinen recht gering und durch Abgasanalyse und Schwachfederdiagramme nachweisbar. Bei der Vorausberechnung von Wirkungsgraden lohnt sich ihre gesonderte Berücksichtigung meist nicht. Man schlägt sie den anderen Verlusten zu.

Die Vorausberechnung des Innenwirkungsgrades von Otto-Motoren mit rascher Verbrennung ist demnach im wesentlichen nur mit einer — nicht sehr großen Unsicherheit — dem Wärmeübergang behaftet und demzufolge recht treffsicher.

Bei Diesel-Motoren und Otto-Motoren mit langsamer Verbrennung bestehen zwei Quellen der Unsicherheit, der starken Schwankungen unterworfene Gleichraumgrad und der geringeren Schwankungen unterliegende Wärmeübergang. Die Vorausberechnung wird demnach hier viel unsicherer.

Bei allen Maschinen besteht eine weitere Quelle der Unsicherheit, die sich vor allem auf die Vorausberechnung der indizierten Leistung, weniger auf die des Wirkungsgrades auswirkt. Es ist dies die Annahme des Anfangszustandes. Im allgemeinen werden wesentliche Abweichungen der gemessenen, von der gerechneten indizierten Leistung, auf Unterschiede zwischen dem wirklichen und dem angenommenen Anfangszustand zurückzuführen sein. Der richtigen Annahme des Anfangszustandes kommt daher besondere Bedeutung zu.

Es ist das Ziel der Forschung, die Beziehungen zwischen den motorischen Verbrennungsbedingungen und der im Zylinder erzeugten mechanischen Arbeit zu ermitteln. Die Kette der Zusammenhänge führt dabei über das Brenngesetz. In den vorangegangenen Abschnitten wurde gezeigt, wie es möglich ist, aus den an der Maschine gemessenen Größen das Brenngesetz zu bestimmen.

Das Brenngesetz stellt die Wirkung bestimmter Verbrennungsbedingungen dar. Die Untersuchung von Verbrennungsvorgängen im Motor, das Forschen nach Gesetzmäßigkeiten, denen die Verbrennung unterliegt, wird seine Ermittlung daher in vielen Fällen erfordern.

Bei Otto-Motoren sind es vor allem die Form des Brennraumes, die Gasbewegung im Zylinder und die Temperaturverhältnisse der Wände, welche die Verbrennungsgeschwindigkeit und damit das Brenngesetz beeinflussen. Bei Diesel-Motoren werden diese Einflüsse überragt durch den des Einspritzgesetzes. Die Zusammenhänge zwischen der baulichen Herstellung der Einspritzorgane und dem Einspritzgesetz sind weitgehend geklärt (Heft 7). Doch zwischen diesem und dem Verbrennungsgesetz klafft eine weite Lücke ungeklärter Abhängigkeiten. Infolge der Vielheit der Vorgänge, der sie beeinflussenden Bedingungen und deren wechselseitiger Beeinflussung wird eine zahlenmäßige Erfassung aller dieser Vorgänge wohl niemals möglich sein. Man ist jedoch an vielen Stellen bestrebt, wenigstens die grundsätzlichen Zusammenhänge zu klären und wird dabei die thermodynamische Auswertung von Diagrammen mit Erfolg benützen können.

Die Genauigkeit, mit der das Brenngesetz berechnet werden kann, hängt außer von der richtigen Erfassung des Wärmeüberganges vor allem von der Genauigkeit der Messungen ab, durch welche der Druckverlauf im Zylinder bestimmt wird. Es ist eine der vordringlichsten Forderungen an die Meßtechnik, Indiziergeräte zu entwickeln, deren Diagramme für alle vorkommenden Drehzahlen so genau sind, daß sie thermodynamisch ausgewertet werden können.

3. Der Einfluß des Anfangszustandes auf Wirkungsgrad und Leistung.

Der Anfangszustand zu Beginn der Verdichtung wird vom Außenzustand und den Ladungswechselvorgängen beeinflußt. Die dabei bestehenden Zusammenhänge und die Thermodynamik der Ladungswechselvorgänge werden im Heft 4 ausführlich behandelt.

Als Ergebnis des Ladungswechsels stellt sich zu Beginn der Verdichtung ein durch Druck, Volumen, Temperatur und Abgasgehalt der Ladung gekennzeichneter Zustand, der *Anfangszustand*, ein. Die aus der Ladung im besten Falle erzeugbare Wärmemenge ist durch den Anfangszustand eindeutig gegeben. Der Wirkungsgrad, mit dem sie in mechanische Arbeit verwandelt wird, hängt von dem Verlauf der Arbeitsvorgänge im Zylinder ab.

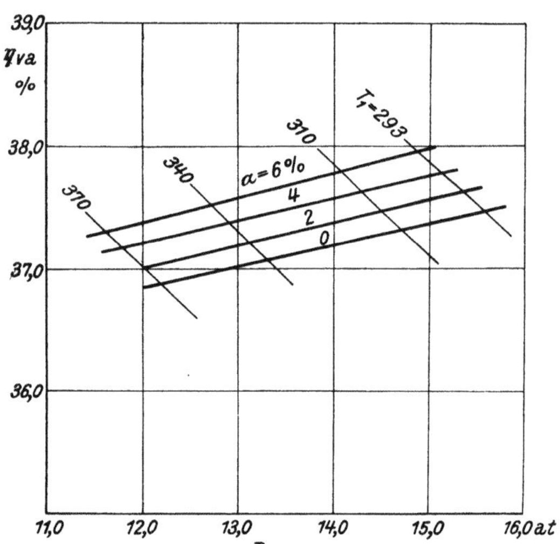

Abb. 109. Einfluß des Temperatur- und des Abgasgehaltes α auf p_{va} und η_{va} bei einem Otto-Motor (Benzin). $\varepsilon = 6{,}0$, $\lambda = 1{,}0$.

Die Größen, welche den Erfolg der Arbeitsvorgänge kennzeichnen, sind: der Innenwirkungsgrad und der Innendruck. Letzterer ist verhältnisgleich dem Produkt aus Ladungsmenge, Verbrennungswärme der Ladungsmengeeinheit und Innenwirkungsgrad.

Aus den vorherigen Abschnitten läßt sich der Einfluß von Veränderungen des Anfangszustandes auf η_i und p_i ohne weiteres bestimmen, wenn man an Stelle des η_i den Wirkungsgrad des angeglichenen Diagramms η_{va} setzt und annimmt, daß der darauf bezogene Gütegrad η_{ga} durch den Anfangszustand nicht beeinflußt wird. Wenn das auch — insbesondere in Hinblick auf den Wärmeübergang — nicht genau zutrifft, so kann doch der grundsätzliche Verlauf der Abhängigkeiten aus der Beeinflussung von η_{va} ersehen werden.

Dabei ist hervorzuheben, daß der Anfangszustand im Motor nur einen mittelbaren Einfluß auf den *Wirkungsgrad* hat, unmittelbar maßgebend ist der *Anfangszustand des angeglichenen Diagramms*. Dieser hängt außer vom Anfangszustand auch von dem Verlauf der Verdichtung ab.

Der Einfluß der drei den Anfangszustand kennzeichnenden Größen auf p_{va} und η_{va} soll nun kurz besprochen werden. Dabei wird angenommen, daß der Polytropenkoeffizient der Verdichtung m unverändert bleibt, so daß sich Veränderungen einzelner Größen des Anfangszustandes im gleichen Sinne auf den Anfangszustand des angeglichenen Diagramms auswirken.

1. Anfangsdruck p_1. Bei sonst gleichen Verhältnissen ist die Ladungsmenge und damit die gesamte Verbrennungswärme verhältnisgleich dem Anfangsdruck. Wie die Abb. 28 und 29 erkennen lassen, nimmt der Wirkungsgrad mit steigendem Anfangsdruck infolge Verringerung der Dissoziation geringfügig zu. Wenn man diese kleine, innerhalb des praktischen Bereiches unbedeutende Veränderung des Wirkungsgrades vernachlässigt, so ist p_{va} verhältnisgleich p_1. Eine Steigerung des Druckes bewirkt demnach eine verhältnisgleiche Steigung von p_{va} bei gleichbleibendem Verbrauch. Diese Abhängigkeit zeigt sich auch im allgemeinen beim wirklichen Motor. Die durch den Ladungswechsel beim aufgeladenen Motor nach Abb. 39 entstehende Diagrammfläche bleibt hier außer Betracht.

2. Anfangstemperatur T_1. Mit steigender Anfangstemperatur wird die Ladungsmenge verringert, dadurch fällt p_{va}. Der Einfluß auf den Wirkungsgrad ist vom Verbrennungsverlauf abhängig. Bei Gleichraumverbrennung fällt der Wirkungsgrad mit zunehmender Temperatur, bei Gleichdruckverbrennung steigt er mit derselben an (Abb. 30 bis 35).

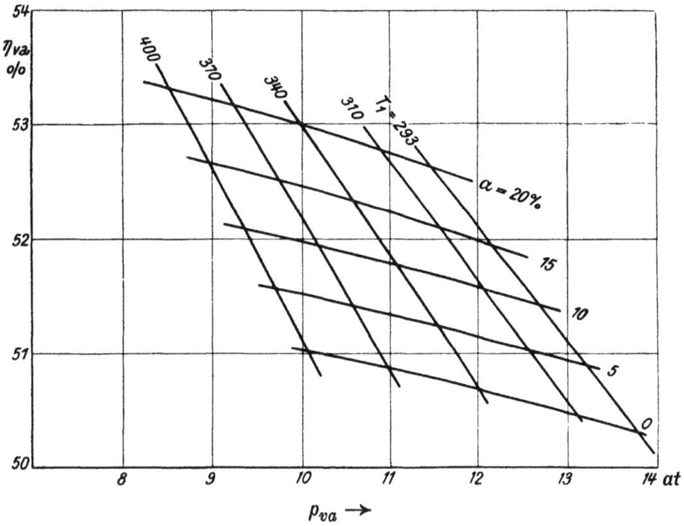

Abb. 110. Einfluß des Temperatur- und des Abgasgehaltes α auf p_{va} und η_{va} bei einem Diesel-Motor. $\varepsilon = 14$, $\lambda = 1{,}4$, $p_3 = 57$ at. Verdichtungspolytrope $m = 1{,}32$.

In Abb. 109 und 110 wird die grundsätzliche Abhängigkeit von p_{va}, η_{va} und der Anfangstemperatur an einem bestimmten Fall gezeigt.

Bei der für den Diesel-Motor gewählten gemischten Verbrennung mit $p_3 = 57$ at überwiegt der Einfluß der Gleichdruckverbrennung, daher steigen die Wirkungsgrade mit zunehmender Temperatur, beim Otto-Motor fallen sie. Ähnliche Schaubilder lassen sich mittels der gegebenen Unterlagen für beliebige Fälle ohne weiteres aufstellen. In keinem Falle ist die Erhöhung des Wirkungsgrades durch die Temperatursteigerung (bei Gleichdruckverbrennung) so groß, daß sie den herabmindernden Einfluß der Ladungsmenge auf das p_i aufhebt. Es ist daher bei allen Maschinen mit Rücksicht auf die Leistung geboten, die Ladung möglichst kalt in den Zylinder zu bringen.

3. Abgasrest. Aus den Abb. 41 und 42 und aus den Abb. 19 und 20 bis 24 läßt sich folgendes feststellen:

a) Der Wirkungsgrad steigt mit der Abgasbeimischung, wenn man den Luftüberschuß des verbleibenden Gemisches konstant hält. Das hat seine Ursache in der Erniedrigung der Temperatur der Arbeitsvorgänge durch die Beimengung von Gasen, die miterhitzt werden müssen. Dadurch werden die Arbeitsvorgänge in ein Gebiet niederer spezifischer Wärme und kleinerer Dissoziation gerückt. Der Leistungsgewinn durch Verringern des Abgasrestes von α_1 auf α_2 entspricht daher nach Abb. 109 und Abb. 110 nicht ganz dem Verhältnis $\frac{1-\alpha_2}{1-\alpha_1}$, sondern ist etwas geringer.

b) Die Erhöhung des Wirkungsgrades durch die Abgasbeimischung ist kleiner, als wenn man die Abgase durch eine gleiche Menge Luft ersetzen und dadurch den Luftüberschuß erhöhen würde. Nach Abb. 42 ist η_a stets negativ, daher der Wirkungsgrad beim Luftüberschuß λ stets größer als beim Gasüberschuß $\lambda' = \lambda$. Das gleiche gilt für Otto-Motoren.

Bei *gleicher Leistung* (damit annähernd gleicher Brennstoffmenge) wird sich also durch Ausspülen des Abgasrestes durch Luft eine geringfügige Erhöhung des Wirkungsgrades erzielen lassen.

Bei *gleichem gemessenen Luftüberschuß* wird die Verminderung des Abgasrestes eine Erhöhung der Leistung und eine nicht unbedeutende Verkleinerung des Wirkungsgrades bringen.

Außer diesen thermodynamischen Auswirkungen des Abgasrestes bestehen noch bedeutende Einflüsse auf die Verbrennung und auf die Wärmeverhältnisse der Maschine, die an anderer Stelle behandelt werden.

Damit ist der Einfluß der einzelnen Kenngrößen des Anfangszustandes grundsätzlich klargestellt. Bei der Untersuchung bestimmter Fälle wird es zweckmäßig sein, sich Schaubilder nach Art der Abb. 109 und 110 zu entwerfen.

4. Diesel-Motor mit unterteiltem Verbrennungsraum.

Zur Zerstäubung, Mischung und Verteilung des Brennstoffes in Diesel-Motoren werden vielfach Gasströmungen benützt, die durch Unterteilung des Brennraumes erzeugt werden.

Ein Teil des Brennraumes wird abgetrennt und ist mit dem Zylinderraum durch eine mehr oder minder enge Überströmöffnung verbunden. Während der Verdichtung strömt Luft aus dem Zylinderraum in den abgeschnürten Raum, nachfolgend kurz Kammer genannt. Die Verbrennung setzt in den Räumen zeitlich verschieden ein, das hat Druckunterschiede und Ausgleichsströmungen zur Folge. Während des Arbeitshubes entspannt sich das Gas in der Kammer und strömt durch die Überströmöffnung in den Zylinder zurück. Es treten demnach als Folge einer Teilung des Brennraumes mehrere Strömungsvorgänge auf.

Bei der Untersuchung dieser Vorgänge kann ermittelt werden:

1. Die Stärke und zeitliche Abhängigkeit der im Zylinder entstehenden Wirbelung, die für Zerstäubung und Mischung maßgebend ist.

2. Die Verminderung des Wirkungsgrades durch den Energieaufwand für die Wirbelung.

Weiters muß gezeigt werden, in welcher Weise Diagramme von Kammermotoren ausgewertet, die Teilung der Verluste durchgeführt werden kann.

Von vornherein sei festgestellt, daß die Theorie zwar gewisse Hilfsdienste beim Entwurf von Verbrennungssystemen für Kammermotoren leisten kann, daß aber der Hauptanteil an der Entwicklung dem Versuch zukommt und auch für die nächste Zukunft zukommen wird.

Je nach der Größe der einzelnen Räume und der Anordnung der Brennstoffeinspritzung kann man verschiedene Verbrennungsverfahren unterscheiden, auf die von Pischinger in Heft 7 ausführlich eingegangen wird, die aber auch hier kurz beschrieben werden müssen.

1. Bei dem *Vorkammerverfahren* ist der abgeschnürte Brennraum, die Vorkammer, im allgemeinen kleiner als der halbe Verdichtungsraum. Der Brennstoff wird in die Vorkammer eingespritzt. Der Teil, der in dieser verbrennen soll, wird durch die Strömung in der Vorkammer am Ende der Verdichtung zerstäubt. Die Verbrennung setzt daher zuerst in der Vorkammer ein. Die Zerstäubung und Mischung des Brennstoffes im Hauptverbrennungsraum erfolgt durch das Abblasen der Vorkammer.

2. Bei den *Wirbelkammermotoren* wird der Brennstoff gleichfalls in einen abgeschnürten Teil des Verbrennungsraumes, in die Wirbelkammer, eingespritzt. Hier liegt jedoch der Hauptteil des Verdichtungsraumes in der Wirbelkammer, so daß die während der Verdichtung in dieser erzeugte Gaswirbelung für die Zerstäubung und Mischung des Brennstoffes ausschlaggebende Bedeutung hat.

3. Bei dem *Luftspeicherverfahren* wird der Brennstoff in den Zylinderraum eingespritzt, ein Teil desselben durch die Verdichtungsströmung in den Luftspeicher getragen und die Mischung des Brennstoffes im Zylinderraum durch die Abblasewirkung des Speichers unterstützt. Der Inhalt des Speichers ist je nach dem System verschieden und liegt ungefähr zwischen 30 und 70% des Verdichtungsraumes.

Die grundsätzliche Wirkung der Abschnürung, das Erzeugen von Strömungen, ist bei jeder der drei Gruppen gleich. In jeder derselben gibt es zahlreiche, verschiedene Ausführungen, die sich durch die Formgebung der Räume, Lage und Art der Brennstoffdüse und andere Einzelheiten unterscheiden. Diese Einzelheiten werden bei den folgenden thermodynamischen Untersuchungen außer acht gelassen. Es soll hier im wesentlichen nur die Ermittlung der Energiemengen für die Zerstäubung und Mischung gezeigt werden, die bei bestimmten Abmessungen der Räume zur Verfügung stehen. Es ist Aufgabe des Versuchsingenieurs, die Gestaltung der Räume so durchzuführen, daß die Wirbelungsenergie bestmöglichst ihrem Zweck zugeführt wird oder umgekehrt eine gute Zerstäubung und Mischung mit einem Mindestaufwand an Wirbelungsenergie erzielt wird.

Die Vorgänge werden im folgenden einzeln besprochen.

a) Verdichtungshub.

Es ist: V_v Inhalt der Kammer, V_z Inhalt des Zylinderraumes.

Wendet man den ersten Hauptsatz auf die Verdichtung an, so gilt für den wärmedichten Zylinder

$$u_2' - u_1' + AL_{st\,1-2} = AL_{1-2}.$$

Darin bedeutet $AL_{st\,1-2}$ den Wärmewert der Strömungsenergie, die durch die Abschnürung entsteht, u_2', u_1' die inneren Energien des Zylinderinhalts (mit Kammer) am Ende und zu Beginn der Verdichtung.

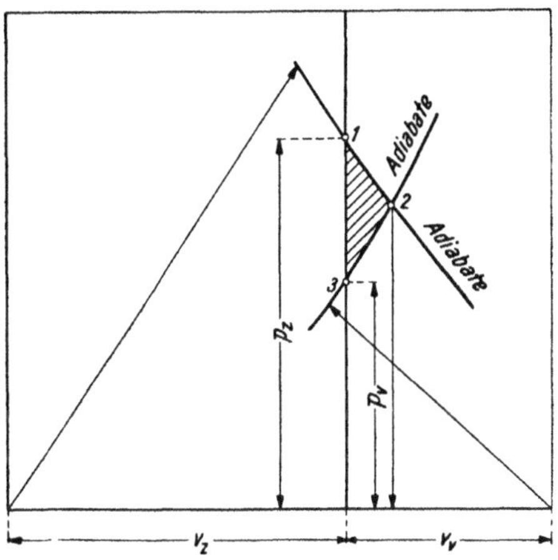

Abb. 111. Latente Strömungsenergie.

Bei adiabatischer Verdichtung, gleichem Ausgangszustand in beiden Räumen und ohne Umsetzung der Störungsenergie in Wärme muß nach vollständigem Druckausgleich im Punkt 2_0, der im allgemeinen knapp nach Totpunkt liegt, die Differenz $u_2' - u_1'$ gleich der Differenz der inneren Energie sein, die bei adiabatischer Verdichtung ohne Einschnürung erhalten worden wäre. Demnach ist der Arbeitsaufwand AL_{1-2_0} des Kammermotors um $AL_{st\,1-2_0}$ größer als der des Motors mit ungeteiltem Verdichtungsraum. Die kinetische Energie wird durch eine Vergrößerung der Verdichtungsarbeit erzeugt. Diese Beziehung gilt für jeden Punkt, wenn vollständiger Druckausgleich abgewartet wird. Wenn z. B. der Kolben in einem beliebigen Punkt stehen bleibt und sich der Druck im Raum ausgleicht, hat der Zylinderinhalt die gleiche innere Energie wie die adiabatische Verdichtung im ungeteilten Raum.

Die in diesem Falle aufzuwendende Arbeit ist gleich der Summe aus adiabatischer Verdichtungsarbeit und erzeugter kinetischer Energie.

Bezeichnet man die Strömungsenergie, die beim Druckausgleich entstehen kann, vor demselben, also latent ist, mit $AL_{st\,\mathrm{latent}}$, so gilt

$$AL_{1-\alpha} = u_{\alpha\,ad} - u_1 + AL_{st\,1-\alpha} + AL_{st\,\mathrm{latent}}.$$

Zur Bestimmung von tatsächlich erzeugter und latenter Strömungsenergie muß der Druckverlauf in der Kammer und im Zylinderraum bekannt sein.

Die latente Strömungsenergie findet sich als schraffierte Fläche in Abb. 111. In dieser bedeutet z den Zustand im Zylinderraum, v den Zustand in der Kammer. Durch die Expansion aus dem Raum mit hohem Druck wird der Inhalt des Raumes mit niederem Druck statisch verdichtet. Die Fläche unter 1 — 2 ist die innere Energie, die vom Gas des Raumes mit dem hohen Druck abgegeben wird, die Fläche unter 2 — 3 die, welche von dem Gas des Raumes mit niederem Druck aufgenommen wird. Der Unterschied beider ist die Strömungsenergie, die durch den Druckausgleich erzeugt werden kann.

Ist die latente Strömungsenergie im Totpunkt im Vergleich zur bishin insgesamt erzeugten Strömungsenergie klein, so kann man letztere gleich dem Arbeitsmehraufwand während der Verdichtung setzen, der durch Teilung des Verbrennungsraumes entstanden ist.

Bei adiabatischer Verdichtung im Motor mit ungeteiltem Raum ist

$$(AL_{1-\alpha}) = u'_{\alpha ad} - u_1'.$$

Daher wird

$$\Delta AL_{1-\alpha} = AL_{1-\alpha} - (AL_{1-\alpha}) = AL_{st\,1-\alpha} + AL_{st\,\alpha\,\text{latent}}. \tag{62}$$

Die Verdichtungsarbeit des Kammermotors ist um die erzeugte und latente Strömungsenergie größer als die des Motors mit ungeteiltem Raum.

Bisher wurde vorausgesetzt, daß die Strömungsenergie als solche erhalten bleibt. Sie ist dann für die Arbeitsleistung vollständig verloren, da sie im Motor nicht in mechanische Arbeit übergeführt werden kann. Eine teilweise Ausnützung derselben wird jedoch dann möglich, wenn sie in Wärme umgesetzt wird. Diese Verwirbelungswärme Q_{st} erhöht die Arbeitsfähigkeit des Zylinderinhaltes. In welchem Maße die Ausnützung dieser Wärme möglich ist, könnte nur angegeben werden, wenn der zeitliche Verlauf der Umsetzung bekannt wäre. Der Gleichraumgrad dieser Wärme ließe sich dann aus der Abb. 45 beurteilen. Am günstigsten wäre es offenbar, wenn die Umsetzung im Totpunkt erfolgen würde. Es würde dann $Q_{st}\,\eta_v$ noch ausgenützt werden und nur $Q_{st}\,(1 - \eta_v)$ ginge verloren. Voraussichtlich erfolgt die Umsetzung jedoch nur zum Teil während des Verdichtungshubes, zum Teil nach dem Totpunkt, so daß die rückgewonnene Arbeit wesentlich kleiner als der günstigste Wert sein dürfte. Der Fehler wird daher nicht sehr groß sein, wenn man annimmt, daß die in Strömungs. energie umgesetzte Arbeit zur Gänze verlorengeht.

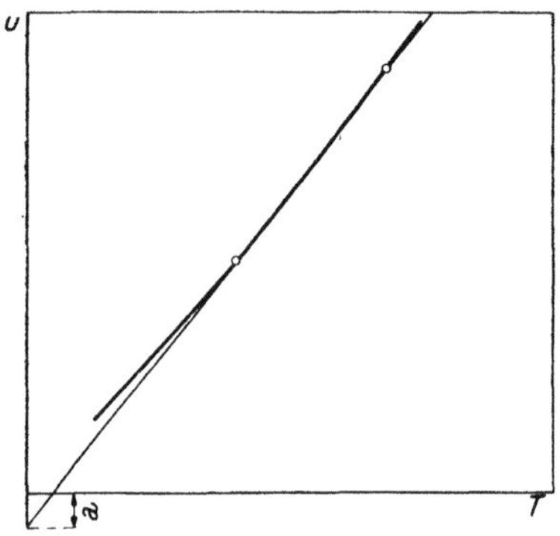

Abb. 112.

Um die Verhältnisse in der *wirklichen* Maschine erfassen zu können, muß der Druckverlauf im Zylinderraum und in der Kammer bekannt sein. Allgemein gilt die Gleichung:

$$u_\alpha' - u_1' = AL_{1-\alpha} - Q_{w\,1-\alpha} - AL_{st\,1-\alpha} + Q_{st\,1-\alpha}.$$

Darin ist $Q_{w\,1-\alpha}$ die an die Wände abgegebene, $Q_{st\,1-\alpha}$, die durch Wirbelung zugeführte Wärme, u_α', u_1' sind die Summen der inneren Energien in beiden Räumen. Die gesamte Gasmenge in beiden Räumen ist bekannt. Führt man die Rechnung wieder für 1 Mol arbeitendes Gasgewicht durch, so ist, wenn wieder v die Zustandsgröße in der Kammer, z die im Zylinder bezeichnet

$$\frac{V_v \cdot p_v}{R \cdot T_v} + \frac{V_z \cdot p_z}{R \cdot T_z} = 1; \qquad (R = 848).$$

Die Summe der inneren Energie läßt sich nun ermitteln. Denkt man sich nach Abb. 112 die u—T-Linie im Bereich, der in Betracht kommt, durch eine Gerade ersetzt, so läßt sich schreiben

$$u = b \cdot T - a$$

b entspricht annähernd der mittleren spezifischen Wärme zwischen den Grenzen des Bereiches.

Der Bereich, in dem sich die Gerade mit der u—T-Linie gut deckt, ist in Anbetracht des flachen Verlaufes der letzteren im allgemeinen so groß, daß er die Temperaturen in beiden Räumen umfaßt.

Es ist daher:

$$u' = \frac{V_v \cdot p_v}{R \cdot T_v} \cdot b \cdot T_v + \frac{V_z \cdot p_z}{R \cdot T_z} \cdot b \cdot T_z - \left(\frac{V_v \cdot p_v}{R \cdot T_v} + \frac{V_z \cdot p_z}{R \cdot T_z}\right) \cdot a.$$

Mit den Kürzungen wird für den Zylinderinhalt von 1 Mol

$$u' = (V_v \cdot p_v + V_z \cdot p_z) \cdot \frac{b}{R} - a. \tag{63}$$

Die Gleichung gilt mit den entsprechenden Werten von b und a für jeden Punkt der Verdichtungslinie.

Die aufgewendete Arbeit $A \cdot L_{1-\alpha}$ ergibt sich aus dem Druck-Weg-Diagramm des Zylinderraumes. $AL_{st\,1-\alpha} + Q_{w\,1-\alpha} - Q_{st\,1-\alpha}$ ist demnach ermittelbar. Eine Trennung der Größen ist praktisch nicht möglich, da der Wärmeübergang nicht genau ermittelt werden kann und die Rückumsetzung der Strömungsenergie in Wärme im allgemeinen ganz unbekannt ist. Bei bekannter Rückumsetzung wäre der Verlust durch die erhöhte Verdichtungsarbeit beim wirklichen Kammermotor gegenüber dem Motor mit ungeteiltem Raum

$$\Delta A L_{1-2} = A L_{st\,1-2} + A L_{st\,2\,\text{latent}} - \eta_{va} \int_1^5 \frac{d Q_{st\,1-2}}{d\alpha} \cdot \eta_{gl\alpha}\, d\alpha. \tag{64}$$

$\eta_{gl\alpha}$ könnte aus Abb. 45 bestimmt werden. η_{va} ist der Wirkungsgrad des angeglichenen Diagramms. Dabei ist gleiche Größe des Wärmeüberganges bei beiden Maschinen vorausgesetzt.

Das in die Kammer übergeschobene Gewicht läßt sich, ohne daß weitere Messungen zur Verfügung stehen, nur angenähert ermitteln. Es sind hierzu Annahmen zu machen. Am zweckmäßigsten ist es, die Temperatur anzunehmen. Ist T die dem u für ungeteilten Brennraum zugeordnete Temperatur, so wird der Fehler nicht groß sein, wenn man entweder die Temperatur in der Kammer oder die im Brennraum T setzt. Ist die eine Temperatur angenommen, so rechnet sich die andere aus der früheren Mengenbeziehung. Die Anzahl Mol in der Kammer sind:

$$M_v = \frac{V_v \cdot p_v}{R \cdot T_v} \text{ Mol.}$$

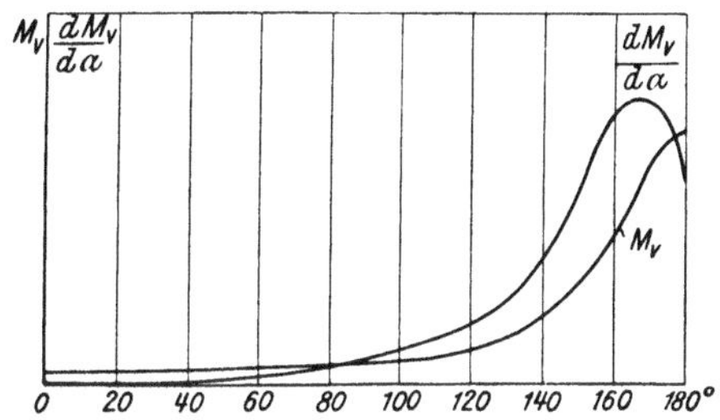

Abb. 113.

Trägt man sich nach Abb. 113 die Menge in der Kammer M_v in Abhängigkeit von α auf, so kann man daraus $\frac{dM_v}{d\alpha}$ als Differentialkurve ermitteln. Der Zustand im Überströmquerschnitt f kann annähernd gleich dem Zustand in der Kammer angenommen werden. μ ist die Durchflußzahl. Es ist dann die Strömungsgeschwindigkeit im Überströmquerschnitt

$$w = 6\,n\,\frac{dM_v}{d\alpha} \cdot \frac{\mathfrak{B}_v}{f \cdot \mu}.$$

Darin ist $\mathfrak{B}_v$ das Volumen eines Mols beim bekannten Zustand in der Kammer, n die Drehzahl, α der Kurbelwinkel in Graden. Die Strömungsenergie ergibt sich aus

$$\frac{dL_{st}}{d\alpha} = \mathfrak{m} \cdot \frac{dM_v}{d\alpha} \cdot \frac{w^2}{2g} = \frac{18 \cdot \mathfrak{m}}{g} \cdot \left(\frac{dM_v}{d\alpha}\right)^3 \cdot \frac{\mathfrak{B}_v^2 \cdot n^2}{f^2 \cdot \mu^2} \tag{65}$$

durch Integration. $\mathfrak{m}$ ist das Molekulargewicht. Es ist

$$L_{st\,1-\alpha} = \int_1^\alpha \frac{dL_{st}}{d\alpha} \cdot d\alpha. \tag{66}$$

PISCHINGER [Heft 7] bezieht die Wirbelungsarbeit auf die Einheit des Hubvolumens und erhält den mittleren Strömungsdruck

$$p_{st} = \frac{L_{st} \cdot \varepsilon}{V_1 \cdot (\varepsilon - 1)} \cdot \text{kg/m}^2, \tag{67}$$

der unmittelbar vom indizierten Druck abgezogen werden kann. V_1 ist darin das Volumen eines Mols zu Beginn der Verdichtung im Punkte *1*.

Sind die Druckverläufe in beiden Räumen sehr genau bekannt, was besonders sorgfältiges Indizieren durch geeignete Einrichtungen voraussetzen würde, so wäre es möglich, die überströmende Menge aus der Ausflußgleichung zu bestimmen. Dabei rechnet man am besten mit polytropischer Zustandsänderung und mit Koeffizienten m von 1,3 bis 1,4.

Durch die Ermittlung von $\frac{dL_{st}}{d\alpha}$ in Abhängigkeit von α kann man sich Aufschluß über den Zeitpunkt verschaffen, in dem das Einströmen in die Kammer mit der größten Energie erfolgt. Es wird offenbar zweckmäßig sein, die Einspritzung des Brennstoffes in die Nähe dieses Zeitpunktes zu verlegen. Durch die Auswertung von Indikatordiagrammen können die Zusammenhänge erfaßt und gewisse Grundlagen für Neukonstruktionen erhalten werden.

Ein Überblick über die Verhältnisse ergibt sich aus der Berechnung des Druckverlaufes und der Wirbelungsenergie für bestimmte vereinfachte Annahmen. Im nachfolgenden sei nur auf die Ansätze eingegangen, da die weiteren Zusammenhänge im Heft 7 ausführlich dargestellt sind.

Es soll angenommen werden, daß alle Zustandsänderungen im Zylinder nach einer Polytrope mit dem Exponenten m verlaufen und die Verdichtung in der Kammer wie im Zylinderraum beim gleichen Zustand p_1, V_1 beginnt.

Aus der Unveränderlichkeit der Summe der Gasgewichte folgt:

$$\frac{p_z V_z}{T_z} + \frac{p_v V_v}{T_v} = \frac{p_1}{T_1} \cdot V_1.$$

Darin und im weiteren ist:

V_2 = Verdichtungsraum.
V_1 = Gesamtraum des Zylinders im äußeren Totpunkt.
V_h = Hubvolumen.
V_v = σV_2 Kammervolumen.
y = verhältnismäßiger Kolbenweg vom *äußeren* Totpunkt.

Mit

$$T_z = T_1 \left(\frac{p_z}{p_1}\right)^{\frac{m-1}{m}}, \quad T_v = T_1 \left(\frac{p_v}{p_1}\right)^{\frac{m-1}{m}}$$

wird

$$\left(\frac{p_z}{p_1}\right)^{\frac{1}{m}} [\varepsilon - \sigma - (\varepsilon - 1)\, y] + \left(\frac{p_v}{p_1}\right)^{\frac{1}{m}} \sigma = \varepsilon. \tag{68}$$

Die überströmende Menge ist mit v_v als spez. Volumen in der Kammer je 1 kg

$$dG = \frac{\mu \cdot f \cdot w}{v_v} \cdot \frac{d\alpha}{6\,n}.$$

Darin ist n die Drehzahl. Die Menge in der Kammer ist

$$dG = V_v\, d\left(\frac{1}{v_v}\right) = \frac{V_v}{v_v^2} \cdot dv_v.$$

Durch Gleichsetzen der beiden Ausdrücke erhält man

$$\frac{V_v}{v_v} \cdot dv_v = \frac{\mu \cdot f \cdot w}{6\,n} \cdot d\alpha$$

und

$$\frac{dv_v}{v_v} = \frac{\mu \cdot f \cdot w\, (\varepsilon - 1)\, d\alpha}{6\,n \cdot V_h \cdot \sigma}.$$

Nun ist

$$\frac{dv_v}{v_v} = \frac{1}{m} \cdot \frac{dp_v}{p_v},$$

daher gilt für den Druck in der Kammer:

$$\frac{dp_v}{p_v} = \frac{\mu \cdot f \cdot w (\varepsilon - 1) m}{6 n \cdot V_h \cdot \sigma} \cdot d\alpha.$$

Für die Geschwindigkeit w gilt für unterkritisches Druckverhältnis die Gleichung:

$$w = \sqrt{\frac{2gm}{m-1} \cdot R \cdot T_z \cdot \left[1 - \left(\frac{p_v}{p_z}\right)^{\frac{m-1}{m}}\right]}$$

und mit

$$T_z = T_1 \cdot \left(\frac{p_z}{p_1}\right)^{\frac{m-1}{m}}$$

$$w = \sqrt{\frac{2gm}{m-1}\left(\frac{R}{\mathfrak{m}}\right)} \sqrt{T_1} \cdot \sqrt{\left(\frac{p_z}{p_1}\right)^{\frac{m-1}{m}} - \left(\frac{p_v}{p_1}\right)^{\frac{m-1}{m}}},$$

für überkritische Druckverhältnisse also

$$\frac{p_v}{p_z} > \left(\frac{2}{m+1}\right)^{\frac{m}{m-1}}$$

gilt

$$w = \sqrt{\frac{2gm}{m+1} \cdot \frac{R}{\mathfrak{m}}} \cdot \sqrt{T_1} \cdot \sqrt{\left(\frac{p_z}{p_1}\right)^{\frac{m-1}{m}}}.$$

Daher wird z. B. für unterkritische Druckverhältnisse

$$\frac{dp_v}{p_v} = \frac{1}{6} \cdot \frac{\varepsilon - 1}{\sigma} \cdot \frac{\mu \cdot f \cdot \sqrt{T_1}}{n \cdot V_h} \cdot \sqrt{\frac{2gm}{m-1}\left(\frac{R}{\mathfrak{m}}\right)} \sqrt{\left(\frac{p_z}{p_1}\right)^{\frac{m-1}{m}} - \left(\frac{p_v}{p_1}\right)^{\frac{m-1}{m}}}, \qquad (69)$$

Setzt man

$$\frac{\mu f \cdot \sqrt{T_1}}{n \cdot V_h} = K,$$

so ist durch K der Einfluß der darin zusammengefaßten Glieder vollkommen erfaßt, da diese sonst nicht mehr vorkommen.

Der Druckverlauf hängt daher nur von K ab, und es ist gleichgültig, welche Werte die einzelnen Faktoren haben. K ist daher eine Kennziffer für die Verdichtungsströmung des Motors mit abgeteiltem Brennraum.

Zur Auflösung der beiden Gleichungen (68) und (69) kann irgendeines der graphischen Verfahren benützt werden. Auswertungen finden sich bei Schlaefke [19], Rühle [18], Neumann [12] und Mehlig [11].

Sind die Druckverläufe durch die Integration gegeben, so lassen sich aus den entsprechenden Gleichungen die übergeschobenen Gewichte einfach ermitteln. Man kann dann beurteilen, welche Luftmenge für die Verbrennung in der Kammer zur Verfügung steht.

Für die Zerstäubung in der Kammer ist die Wirbelung in derselben wesentlich. Dabei ist im allgemeinen ein Unterschied zwischen Vorkammer und Wirbelkammer zu machen. In der Vorkammer soll der Brennstoff durch den Gasstrom zerstäubt werden, dabei kommt es vor allem auf hohe Gasgeschwindigkeit im Zeitpunkt der Zerstäubung an, da die kinetische Energie bei der gebräuchlichen Form der Vorkammer nach dem Einströmen durch innere Reibung stark abnimmt. Maßgebend ist daher vor allem $\frac{dL_{st}}{d\alpha}$. Bei der Wirbelkammer wird die Zerstäubung des Brennstoffes im wesentlichen durch die Düse besorgt, die Gasströmung hat hier hauptsächlich der Erzielung eines gleichmäßigen Gemisches zu dienen. Daher genügen geringere Geschwindigkeiten, die sich durch längere Zeiten in entsprechend geformten Kammern erhalten lassen. Bei der üblichen Rotations-

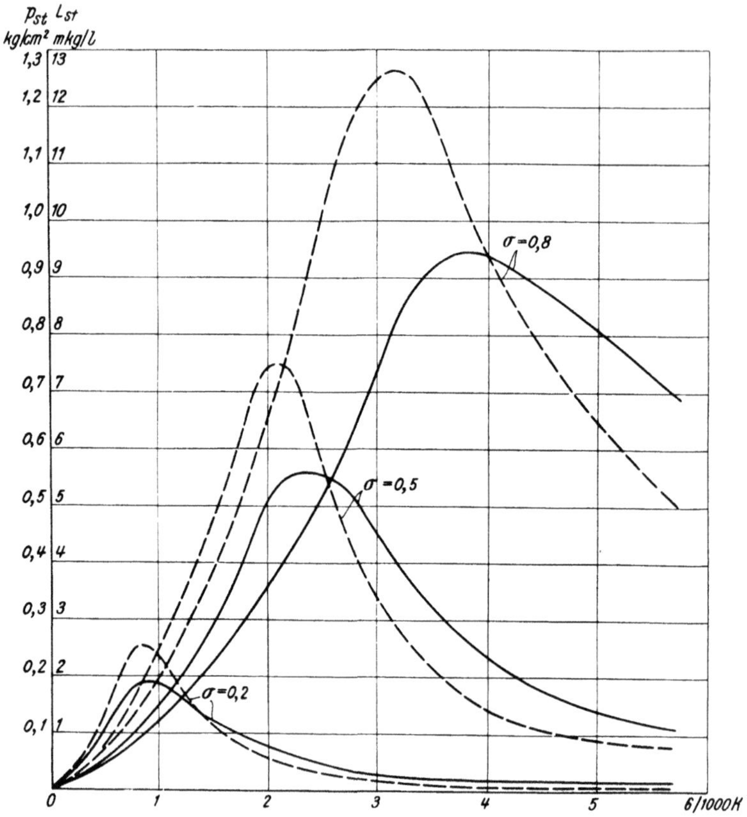

——— ε = 13,5 – – – ε = 21

Abb. 114. Strömungsdruck (L_{st}) nach SCHLAEFKE.

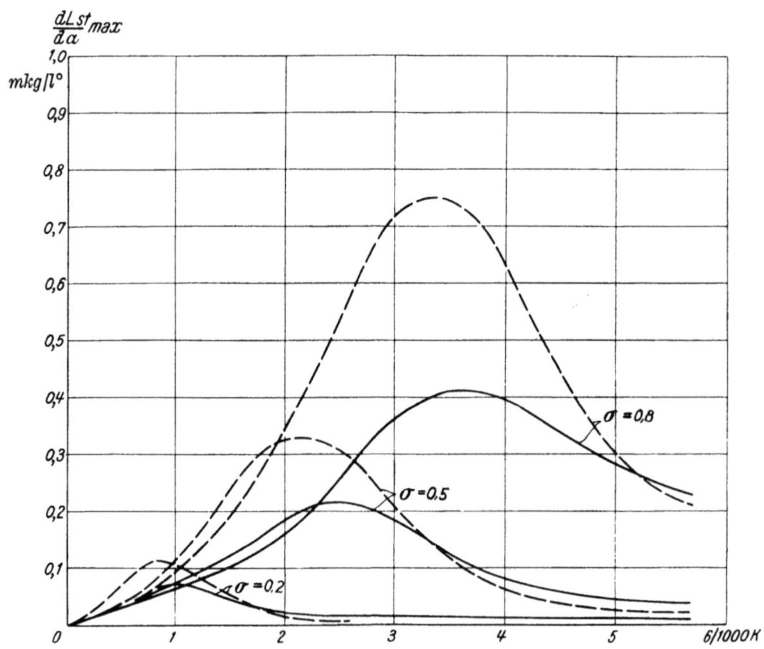

——— ε = 13,5 – – – ε = 21

Abb. 115. Größtwert der Strömungsenergie $\frac{d L_{st}}{d \alpha}$ nach SCHLAEFKE.

form der Wirbelkammer wird sich ein großer Teil der Strömungsenergie der während der Verdichtung einströmenden Gase bis zur Verbrennung in der Kammer erhalten, für die Gemischbildung wird hier auch L_{st1-2} maßgebend sein. L_{st1-2} wird zweckmäßig durch den mittleren Strömungsdruck p_{st} ausgedrückt. SCHLAEFKE [19] hat Berechnungen mit Veränderung von K, σ und ε durchgeführt. Dabei wurde $T_1 = 288°$, $p_1 = 1$ at und $m = 1{,}4$ gesetzt. Abb. 114 und Abb. 115 zeigen den Strömungsdruck, die Strömungsenergie und den Größtwert von $\frac{dL_{st}}{d\alpha}$ in Abhängigkeit von K. Man sieht, daß die Strömungsenergie, die zur Zerstäubung und Mischung des Brennstoffes in der Kammer bei günstigstem Wert von K zur Verfügung steht, mit zunehmendem σ und zunehmendem ε ansteigt. p_{st} entspricht auch dem Arbeitsverlust, wenn die voraussichtlich geringfügige Rückgewinnung vernachlässigt wird. PISCHINGER behandelt in Heft 7 diese Verhältnisse ausführlicher.

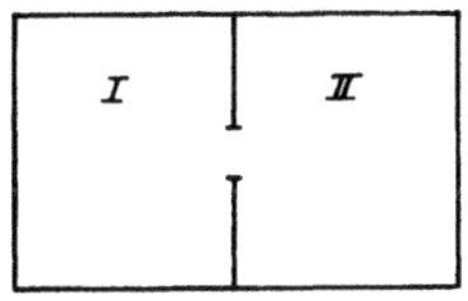

Abb. 116.

b) Die Verbrennung und das Ausströmen aus der Kammer.

Bei Vorkammer — vielfach auch bei Luftspeichermotoren — erfolgt die erste Zündung des Brennstoffes in der Kammer. Ein Teil des Brennstoffes verbrennt dort im allgemeinen sehr rasch — nahezu bei konstantem Volumen — und die Kammer bläst nun infolge des entstehenden Überdruckes in den Zylinderraum ab. Diese Strömung wird benützt, um den zur Verbrennung im Zylinderraum bestimmten Brennstoff zu zerstäuben und mit der Luft zu mischen. Bei Vorkammersystemen verbrennt der größere Teil des Brennstoffes im Zylinder, daher ist genügende Strömungsenergie beim Abblasen der Vorkammer erforderlich. Bei Wirbelkammermotoren ist das Abblasen von geringer Bedeutung, da der größere Teil des Brennraumes in der Wirbelkammer liegt. Das Nachfolgende gilt daher hauptsächlich für Vorkammermotoren.

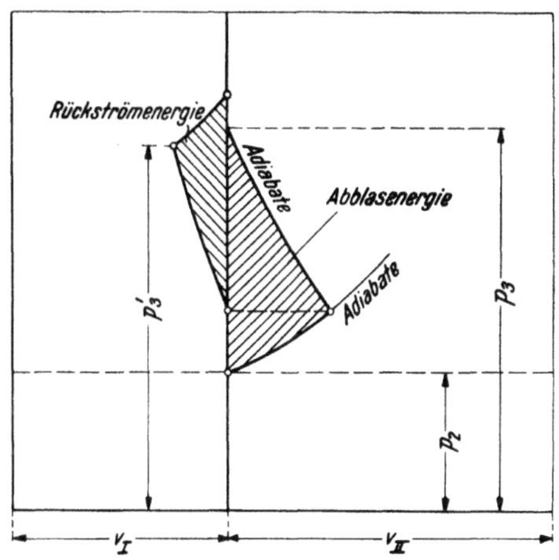

Abb. 117. Abblase- und Rückströmenergie.

Zur Untersuchung der Verhältnisse wird zunächst angenommen, daß der Kolben während des Abblasens der Kammer im oberen Totpunkt stehen bleibt und dieses bis zum vollständigen Druckausgleich zwischen Kammer und Hauptbrennraum dauert.

Erfolgt die Verbrennung in den beiden durch eine Drosselöffnung verbundenen Räumen I und II der Abb. 116 gleichzeitig, so entsteht keine Strömung. Eine solche tritt nur bei zeitlich versetzter Verbrennung auf. Der Raum I, in dem die Verbrennung beginnt, bläst nach dem Raum II aus. Wenn dort keine Verbrennung auftritt, dauert die Strömung unter Steigung des Druckes im Raume II so lange, bis die Drücke in beiden Räumen gleich sind. Entzündet sich nun das Gemisch im Raume II, so setzt bei gleicher Wärmeentwicklung je Volumseinheit (gleichem Luftüberschuß) in beiden Räumen eine Rückströmung ein, die erst dann ihr Ende findet, wenn die Drücke in beiden Räumen gleich werden. Wenn der Druckausgleich eingetreten und die gesamte kinetische Energie durch Wirbelung wieder in Wärme umgesetzt ist, muß die innere Energie gleich groß sein, als wenn die Verbrennung der gleichen Gemischmenge bei gleichem Volumen in einen ungeteilten Raum erfolgt wäre. Denn wenn man die Wände der Räume wärmedicht annimmt, kann ja weder äußere Arbeit geleistet noch Wärme nach außen verlorengegangen sein.

Daraus folgt: *Die durch Verbrennung in der Kammer erzeugte Wirbelung ist dann mit keinen Arbeitsverlusten verbunden, wenn die durch die Verbrennung erzeugte Strömungsenergie nach dem Abblasen in Wärme umgesetzt wird.*

Die Abblasewirbelung unterscheidet sich dadurch grundsätzlich von der Wirbelung, die durch die Kolbenbewegung erzeugt wird.

Die Verbrennung in der Vorkammer (Raum *I*) wird durch den Verdichtungswirbel und die Verhältnisse in derselben beeinflußt, die Verbrennung in dem Hauptbrennraum (Raum *II*) wesentlich durch die Abblaseenergie der Vorkammer. Es soll nun untersucht werden, was für Zusammenhänge zwischen dem Größenverhältnis beider Räume und der bei Abblasen des Raumes *I* frei werdenden Strömungsenergie bestehen. Nach früheren ist mit p_2 als Verdichtungsenddruck, p_3 als Verbrennungshöchstdruck, die in Abb. 117 eingezeichnete (rechte) Fläche beim Druckausgleich in Strömungsenergie umsetzbar. Die beim Rückströmen in den Raum *I* frei werdende Strömungsenergie kann in gleicher Weise ermittelt werden. Wenn man annimmt, daß die kinetische Energie nicht verwirbelt wird, muß der Enddruck p_3' kleiner sein als p_3. Ermittelt man sich z. B. für mittlere Werte einer Vorkammermaschine, und zwar für $p_2 = 38{,}5$ at, $T_2 = 685°\,K$, $BH_u = 17{,}235$ kcal/Mol entsprechend $\lambda = 1{,}2$ die Strömungsenergie in Bruchteilen des Brennstoffheizwertes, so erhält man eine Abhängigkeit nach Abb. 118.

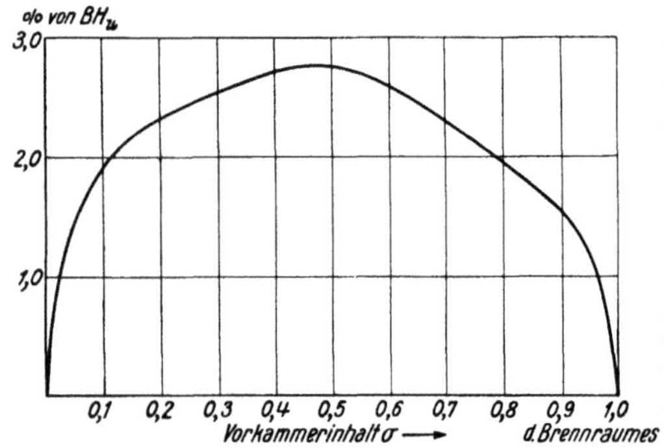

Abb. 118. Abblaseenergie in Bruchteilen des Heizwertes, abhängig von verhältnismäßigen Kammervolumen $\sigma = \frac{v_I}{v_I + v_{II}}$.

Bei einem Anfangszustand von 350° *K* und $p_1 = 0{,}95$ at wird je 1 l Hubvolumen eine Wärmemenge entsprechend 235 mkg erzeugt, das gibt eine größte kinetische Energie von 6,5 mkg nach Abb. 118 bei annähernd $\sigma = 0{,}5$. Der Wert liegt in der gleichen Größenordnung wie brauchbare Werte der Wirbelenergie beim Einströmen in die Vorkammer.

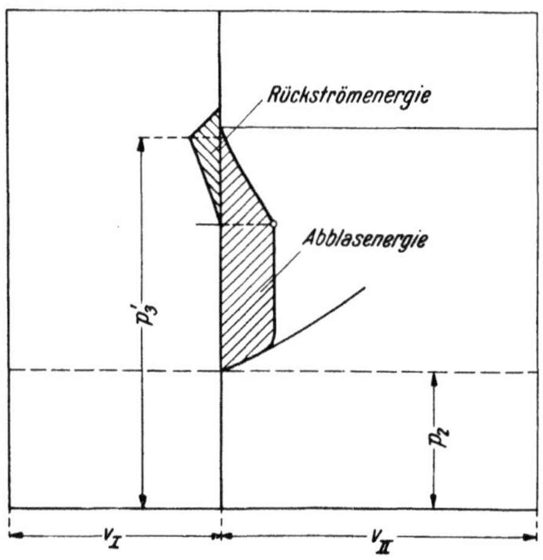

Abb. 119. Einfluß vorzeitiger Zündung im Raum *II* auf die Abblaseenergie.

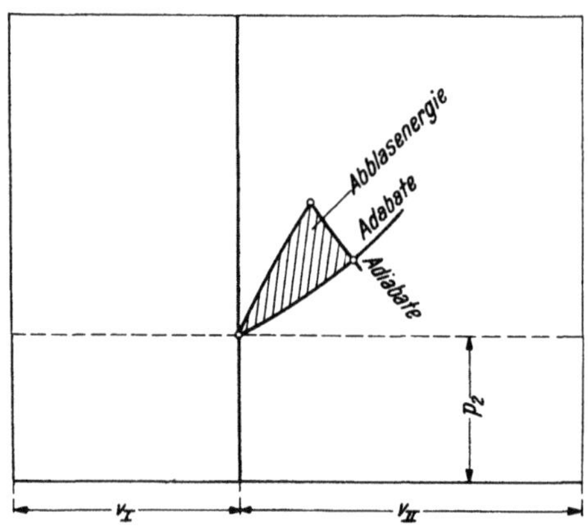

Abb. 120. Verminderung der Abblaseenergie durch schleichende Verbrennung in der Vorkammer.

Ob er zur Gänze frei wird, hängt von verschiedenen Umständen ab. Beginnt die Verbrennung im Raume *II* vor dem vollständigen Druckausgleich, so wird nach Abb. 119 weniger kinetische Energie frei, als nach Abb. 117 zu erwarten wäre. Wenn die Verbrennung in der Vorkammer nicht schlagartig, sondern schleichend erfolgt, so vermindert sich nach Abb. 120 ebenfalls die kinetische Energie beim Abblasen. Das Rückströmen ist für die Zerstäubung und Mischung im allgemeinen wertlos. Da es Energie aus dem Zylinderraum abführt, in dem allein die Umsetzung in mechanische Arbeit erfolgen kann, ist es thermodynamisch ungünstig.

Bisher wurde der Kolben während der Verbrennung im Totpunkt ruhend angenommen. Nun soll auch der Einfluß s seiner Bewegung auf die Strömungsenergie untersucht werden.

Die Bewegung des Kolbens läßt sich in den Schaubildern dadurch darstellen, daß man die Adiabate des Zylinderraumes (Raum *II*) um den von dem Kolben freigegebenen Raum hinausrückt. In Abb. 121 bedeuten V_{s_a} und V_{s_r} die vom Kolben während des Abblasens und Rückströmens überstrichenen Volumen. Die Adiabaten werden entsprechend der Verschiebung des dem Raum *II* zugeordneten Koordinatenanfangspunktes hinausgerückt.

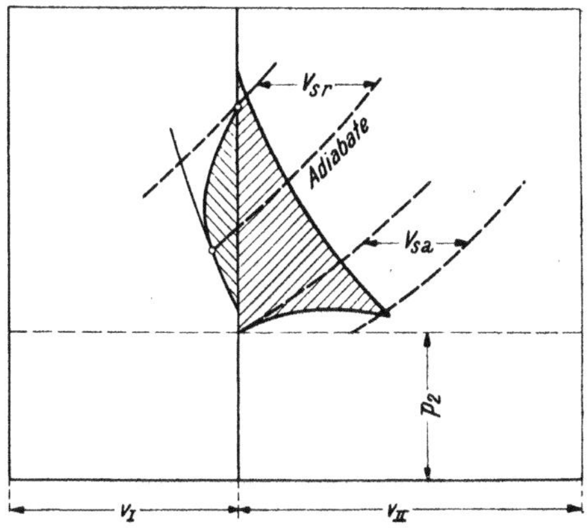

Abb. 121. Einfluß der Kolbenbewegung auf Abblase- und Rückströmenergie.

Die Kolbenbewegung wirkt sich nach Überschreiten des oberen Totpunktes im Sinne eines Verstärkens des Abblasens und Abschwächens des Rückströmens aus. Das ist im allgemeinen günstig. Eine Verminderung der Verbrennungsgeschwindigkeit im Hauptraum setzt das Rückströmen weiter herab und kann es ganz unterdrücken. In gleicher Weise wirkt sich in bezug auf das Rückströmen auch eine Vergrößerung der Kammer aus. Bei einer Wirbelkammer mit $\sigma \sim 1$ entfällt das Rückströmen vollkommen.

Die Abblasdauer und die auftretenden Geschwindigkeiten lassen sich unter Benützung der Strömungsgleichungen bestimmen.

Zur Auswertung der Zeit-Druck- oder Druck-Weg-Kurven benützt man wieder den 1. Wärmehauptsatz. Aus 1 Mol Luft entstehen beim Kurbelwinkel α δ_α-Mol Abgase. Daher ist

$$\delta_\alpha u_\alpha - u_2' = B H_u \cdot x_\alpha - A L_{2-\alpha} - A L_{st\,2-\alpha} + Q_{st\,2-\alpha} - Q_{w2-\alpha}.$$

$\delta_\alpha \cdot u_\alpha$ läßt sich wie früher finden. Man setzt wieder $u = b T - a$ und erhält:

$$\delta_\alpha u_\alpha = \frac{b}{R} \cdot [p_v V_v + p_z V_z] - \delta_\alpha \cdot a.$$

Da $A L_{2-\alpha}$ durch die Druckkurve gegeben ist, läßt sich

$$B H_u x - A L_{st\,2-\alpha} + Q_{st\,2-\alpha} - Q_{w\,2-\alpha}$$

finden. Eine genaue Zergliederung der Summe ist nicht möglich. Da jedoch $Q_{st\,2-\alpha} - A L_{st\,2-\alpha}$ nur ein kleiner Bruchteil der entwickelten Wärme ist, kann nach Annahmen eines Wärmeübergangsgesetzes annähernd auf die Verbrennungswärme geschlossen werden. Das wirkliche Brenngesetz des Kammermotors wird dadurch bestimmbar.

c) Die Ausdehnung.

Um eine Trennung der Verbrennung von der Ausdehnung zu erreichen und die bei letzterer auftretenden Verluste gesondert zu erhalten, soll zunächst angenommen werden, daß die Verbrennung im Totpunkt beendet wird. Dabei soll sich nach Abblasen und Rückströmen, Druck und Temperatur vollständig ausgeglichen haben. Die Kolbenbewegung beginnt demnach bei gleichem Zustand in Kammer und Zylinderraum.

In einem wärmedichten Zylinder ohne Rückumsetzung der kinetischen Energie in Wärme gilt dann für einen Punkt mit dem Kurbelwinkel α während der Ausdehnung:

$$\delta (u_3 - u_\alpha) = A L_{3-\alpha} + A L_{st\,3-\alpha}.$$

Würde der Kolben im Punkte α stehenbleiben und der Druckausgleich erfolgen, wobei die Strömungsenergie $A L_{st\,\alpha\,\mathrm{latent}}$ zusätzlich frei wird, so würde die Summe der inneren Energien beider Räume derjenigen entsprechen, die bei adiabatischer Ausdehnung im ungeteilten Raum erhalten würde.

$$\delta (u_3 - u_{\alpha\,ad}) = A L_{3-\alpha} + A L_{st\,3-\alpha} + A L_{st\,\alpha\,\mathrm{latent}}.$$

Anderseits wäre für einen Motor mit ungeteiltem Verbrennungsraum

$$\delta(u_3 - u_{\alpha\,ad}) = (A\,L_{3-\alpha}).$$

Der Verlust durch die Wirbelung im geteilten Raum ist demnach

$$\Delta A L_{3-\alpha} = (A L_{3-\alpha}) - A L_{3-\alpha} = A L_{st\,3-\alpha} + A L_{st\,\alpha\,\mathrm{latent}}.$$

Der Ausdruck ist natürlich, abgesehen von den Vorzeichen, gleich wie der für die Verdichtung.

Man erhält demnach die Verluste, indem man sich die kinetischen Energien ermittelt.

Für die wirkliche Maschine mit Wärmeübertragung und Rückumsetzung der kinetischen Energie gilt

$$\delta(u_3 - u_\alpha) = A L_{3-\alpha} + A L_{st\,3-\alpha} - Q_{st\,3-\alpha} + Q_{w\,3-\alpha}. \tag{72}$$

Die Summe aus den drei letzten Gliedern läßt sich wieder aus dem Druckverlauf ermitteln, wobei die innere Energie in der früher erwähnten Weise zu bestimmen ist.

Bei gleicher Größe des Wärmeüberganges wie im Motor mit ungeteiltem Raum wird der während des Ausdehnungshubes durch die Wirbelung verursachte Verlust

$$\Delta A L_{3-5} = A L_{st\,3-5} + A L_{st\,5\,\mathrm{latent}} - \eta_{va} \int_3^5 \frac{d\,Q_{st}}{d\,\alpha} \cdot \eta_{gl\,\alpha} \cdot d\,\alpha. \tag{73}$$

Die rückgewonnene Wirbelungsenergie wird hier im allgemeinen noch kleiner sein wie bei der Verdichtung, da sich die Rückumsetzung auf das Ende des Hubes verschiebt, an dem $\eta_{gl\,\alpha}$ sehr klein ist. *Der Verlust durch die Wirbelung während der Ausdehnung ist daher annähernd gleich der Summe aus erzeugter und latenter kinetischer Energie.*

Der Wärmeübergang wirkt sich, gleiche Größen vorausgesetzt, gleich aus wie beim Motor mit ungeteiltem Raum.

Die kinetische Energie beim Ausdehnungshub läßt sich in gleicher Weise wie beim Verdichtungshub berechnen, sie hat Werte ähnlicher Größe wie dort.

Der entstehende Saugwirbel, der wie der Verdichtungswirbel seine größte Energie in der Nähe des oberen Totpunktes hat, kann den Ablauf des letzten Teiles der Verbrennung je nach dem System mehr oder weniger beschleunigen, im allgemeinen hat er keinen größeren Einfluß auf die Verbrennung.

d) Überblick über die Strömungsverhältnisse.

Es sind demnach drei Arten von Strömungsvorgängen bei Kammermotoren festzustellen, die bei der Untersuchung zeitlich auseinander gehalten wurden, sich in Wirklichkeit aber zum Teil übergreifen.

Die Strömungsvorgänge während Verdichtung und Ausdehnung geben Arbeitsverluste, da sie von der mechanischen Arbeit des Motors zehren. Ein Rückgewinnen der Energie durch die Umsetzung in Wärme ist in bescheidenem, meist vernachlässigbarem Ausmaß möglich. *Die Strömungen, die durch die zeitlich versetzte Verbrennung in der Kammer und Zylinderräumen entstehen, geben keine Energieverluste gegenüber den Motoren mit ungeteilten Brennräumen, sofern die erzeugte Strömungsenergie sofort in Wärme umgesetzt wird.*

e) Verbrennungsgesetz und Gleichraumgrad.

Für den ungeteilten Brennraum wurde der Einfluß des Wärmeentwicklungsgesetzes in den vorher gesonderten Abschnitten untersucht. Um diese Ergebnisse unmittelbar verwenden zu können, ist es zweckmäßig den Kammermotor während der Verbrennung durch einen Motor mit ungeteiltem Brennraum, jedoch gleicher Arbeitsleistung und gleichem Verdichtungsverhältnis ε zu ersetzen.

Maßgebend für die Arbeitsabgabe ist jeweils der Druck im Zylinderraum des Kammermotors. Der Ersatzmotor muß daher gleiche Drücke im ungeteilten Raum haben. Weiters muß die arbeitende Gasmenge in beiden Maschinen gleich sein. Ist das augenblickliche Molverhältnis δ_α, so ist, wenn ein Mol Luft verdichtet wurde, die Temperatur im Ersatzmotor

$$(T_\alpha) = \frac{p_{z\alpha} \cdot (V_v + V_z)}{R \cdot \delta_\alpha}.$$

(u_α) des Ersatzmotors ist dadurch gegeben. Man rechnet so, als ob der Druckverlauf im Zylinderraum des Kammermotors am Ersatzmotor mit ungeteiltem Brennraum gemessen worden wäre. Das Heizgesetz findet sich dann aus

$$(Q_h) = (u_\alpha)\, \delta_\alpha - u_2' + AL_{2-\alpha},$$

darin ist $AL_{2-\alpha}$ gleich der Arbeit des Kammermotors.

Das Brenngesetz ist aus

$$(Q_b) = (u_\alpha)\, \delta_\alpha - u_2' + AL_{2-\alpha} + Q_{w2-\alpha}$$

zu bestimmen. Der Gleichraumgrad läßt sich nach einem der früher angegebenen Verfahren ohne weiteres ermitteln.

Die Bestimmung des wirklichen Brenngesetzes eines Kammermotors wurde auf S. 119 gezeigt. Der Gleichraumgrad dieses wirklichen Brenngesetzes ist größer als der des scheinbaren Brenngesetzes, sofern die Wärmeentwicklung nicht wesentlich vor Totpunkt beginnt. Die Verminderung des Gleichraumgrades durch die Kammerwirkung ist ein Verlust. Bei seiner Beurteilung ist jedoch zu berücksichtigen, daß man in der Kammer mit einer so großen Geschwindigkeit verbrennen kann, wie sie im Zylinderraum untragbar wäre, da sie dort sehr heftige Stöße auf das Triebwerk verursachen würde. Das wirkliche Brenngesetz des Kammermotors wäre bei einem Motor mit ungeteiltem Raum daher meist unbrauchbar, sein Gleichraumgrad nicht erzielbar. Daher müßte eine gewisse Verminderung des Gleichraumgrades auch beim Motor mit ungeteiltem Raum zugelassen werden. Je mehr durch die Drosselwirkung der Überströmöffnungen die Verbrennungsstöße, die insbesondere zu Beginn der Verbrennung auftreten, vom Triebwerk ferngehalten werden, desto weicher läuft der Kammermotor, desto niederer wird aber der Gleichraumgrad des scheinbaren Brenngesetzes liegen.

Zwischen der entwickelten Wärme im Ersatzmotor und im wirklichen Motor bestehen folgende Beziehungen. Für den *Ersatzmotor* ist, wenn mit u_2 der in beiden Motoren bei Druckausgleich gleiche Zustand zu Beginn der Verbrennung bezeichnet wird,

$$(u_\alpha) - u_2' = Q_{b\,2-\alpha} - AL_{2-\alpha} - Q_{w\,2-\alpha}.$$

Für den Kammermotor ist:

$$u_\alpha - u_2' = x_\alpha BH_u - AL_{2-\alpha} - AL_{st\,2-\alpha} + Q_{st\,2-\alpha} - Q_{w\,2-\alpha}.$$

u_α und (u_α) werden bei Kammermotor und Ersatzmotor gleich, wenn die Drücke in Kammer und Zylinderraum gleich sind. Für einen *solchen* Punkt gilt bei gleichem Wärmeübergang in beiden Motoren:

$$Q_{b\,2-\alpha} = x_\alpha BH_u - AL_{st\,2-\alpha} + Q_{st\,2-\alpha}.$$

Wird die Strömungsenergie vollständig in Wärme umgesetzt, so ist

$$Q_{b\,2-\alpha} = x_\alpha BH_u.$$

Die zugeführten Wärmen sind bei wirklichen und Ersatzmotoren gleich, wenn am Anfang und am Ende der Wärmezufuhr Druckausgleich eintritt und die Strömungsenergie vollständig in Wärme umgesetzt wird.

Daraus läßt sich folgendes schließen: Während der Verbrennung tritt, wenn sich der Kolben bewegt und die durch die Verbrennung entstehende Strömungsenergie sofort wieder in Wärme umgesetzt wird, ein Verlust dadurch ein, daß die Wärme dem Hauptraum verspätet zugeführt wird. Bliebe der Kolben in jeder Stellung so lange, bis ein Temperatur- und Druckausgleich zwischen beiden Räumen erfolgt, so entstünde bei vollständiger Rückumsetzung der Strömungsenergie kein Verlust gegenüber der Maschine mit ungeteiltem Brennraum.

Es ist am einfachsten, den Prozeß im Vergleichsmotor für ein Intervall einzuschieben, das zwischen zwei Punkten ausgeglichenen Druckes liegt und die gesamte Verbrennung umfaßt. Der eine dieser Punkte liegt unmittelbar nach Entzündung in der Kammer, wo nach Abbrennen einer sehr geringen Brennstoffmenge Druckgleichheit hergestellt wird. Der zweite Punkt findet sich nach Ende der gesamten Verbrennung bei Beginn der Ausdehnung. Das Diagramm wird dadurch in drei Teile geteilt, und es ist zweckmäßig, die drei Verluste in diesen Teilen gesondert zu ermitteln.

1. Verlust durch die Wirbelung während der Verdichtung $\sim \Delta AL_{1-2}$,
2. Verlust durch die Wirbelung während der Ausdehnung $\sim \Delta AL_{4-5}$ (wenn mit 4 der Punkt des Druckausgleiches am Ende der Verbrennung bezeichnet wird).

Die Verminderung des Wirkungsgrades durch diese mechanisch hervorgerufene Wirbelung ist:

$$\Delta \eta_{st} = \frac{\Delta AL_{1-2}}{B H_u} + \frac{\Delta AL_{4-5}}{B H_u}.$$

Man erhält dann

$$\eta_i = \eta_u \eta_{va} (\eta_{gl}) - \Delta \eta_{st} - \Delta \eta_w. \tag{74}$$

Dabei ist (η_{gl}) der Gleichraumgrad des scheinbaren Brenngesetzes, η_{va} wieder der Wirkungsgrad des angeglichenen Gleichraumdiagramms.

Die Einwirkung der Teilung des Brennraumes auf den Wirkungsgrad ist demnach zweifach:

1. Der Gleichraumgrad wird beeinflußt.
2. Es treten Wirbelungsverluste während Verdichtung und Ausdehnung auf.
3. Außerdem nimmt der Wärmeübergang infolge der heftigeren Gasbewegungen gegenüber dem ungeteilten Brennraum voraussichtlich zu.

Bei gleichem, geringem Luftüberschuß dürfte hingegen der Kammermotor infolge seiner hohen Zerstäubungs- und Mischungsenergie vollkommener und rascher verbrennen als der Motor mit ungeteiltem Raum. Es wird daher bei gleicher Weichheit des Ganges, also annähernd gleichem Verbrennungsbeginn, sowohl die Vollkommenheit der Verbrennung als auch infolge des geringeren Nachbrennens der Gleichraumgrad beim Kammermotor im allgemeinen überlegen sein. Da die Teilung des Brennraumes demnach Verbesserungen und Verschlechterungen bringt, läßt sich die summarische Auswirkung allgemein nicht feststellen.

Schrifttum.

1. Ackermann: Das Verbrennungsdreieck bei Rußbildung. Forschungsheft 366. VDI-Verlag (1934).
2. D'Alleva, Lovell: S. A. E. J. 1936.
3. Boyd, L. C.: Studies of combustion in the gasolin engine. Ind. Engng. Chem. **19**, 373 (1927).
4. Christoph, K.: Unvollkommene Verbrennung im Motor. Dissertation. Technische Hochschule Graz 1937.
5. Cordier, O.: Der indizierte Wirkungsgrad der Verbrennungskraftmaschine. Dissertation. Technische Hochschule Graz 1936.
6. Eichelberg, G.: Zustandsänderungen idealer Gase mit endlicher Geschwindigkeit. Forschung **5**, 127 (1934).
7. Hansen, A.: Thermodynamische Rechnungsgrundlagen der Verbrennungskraftmaschinen und ihre Anwendung auf den Höhenflugmotor. Forschungsheft 344. VDI-Verlag. 1931.
8. Justi, E. und H. Lüder: Spezifische Wärme, Entropie und Dissoziation technischer Gase und Dämpfe. Forschung **6**, Nr. 5 (1935).
9. Krause, W.: Der indizierte Wirkungsgrad der Gasmaschine. Dissertation. Technische Hochschule Graz 1937.
10. Kühl, H.: Dissoziation von Verbrennungsgasen und ihr Einfluß auf den Wirkungsgrad von Vergasermaschinen. Forschungsheft 373. Berlin: VDI-Verlag. 1935.
11. Mehlig, H.: Die Vorkammergröße und ihr Einfluß auf das Arbeitsverfahren der Vorkammer-Dieselmaschine. ATZ. **32**, 723 (1929).

12. NEUMANN, K.: Untersuchungen an der Dieselmaschine. Forschungsheft 309. VDI-Verlag. 1928.
13. NEUMANN, K.: Untersuchungen an der Dieselmaschine. Einfluß der Verbrennungsgeschwindigkeit auf das Arbeitsverfahren. Forschung **5**, 173 (1934).
14. NUSSELT, W.: Der Wärmeübergang in der Verbrennungskraftmaschine. Forschungsheft 264. VDI-Verlag. 1923.
15. PISCHINGER, A.: Druckschwingungen rasch beanspruchter zylindrischer Stäbe. Ing.-Arch. **6**, 383 (1935).
16. PYE: Die Brennkraftmaschine. Berlin: Julius Springer 1933.
17. RICARDO: The high-speed internal combustion engine. London: Blackie & Son. 1931.
18. RÜHLE, H.: Druckverlauf im Zündkammermotor. Z. techn. Physik, 10. Jg., S. 465 (1929).
19. SCHLAEFKE, K.: Vorgänge beim Verdichtungshub von Vorkammer-Dieselmaschinen. Z. VDI **75**, 1043 (1931).
20. SCHMIDT, F. A. F.: Beitrag zur theoretischen und experimentellen Untersuchung von Verbrennungsvorgängen im Zünder- und Dieselmotor. Luftfahrtforschung **14**, Lfg. 12, S. 640 (1937).
21. SCHMIDT, F. A. F.: Vergleichende Untersuchungen der Verbrennungs- und Arbeitsvorgänge an Motoren verschiedener Arbeitsverfahren. VDI-Sonderheft. Dieselmaschinen VII. 1938.
22. ZINNER, K.: Schaubild zur Beurteilung des Verbrennungsablaufes im Motor. Forschung **8**, 68 (1937).

Manzsche Buchdruckerei, Wien IX.

GPSR Compliance

The European Union's (EU) General Product Safety Regulation (GPSR) is a set of rules that requires consumer products to be safe and our obligations to ensure this.

If you have any concerns about our products, you can contact us on ProductSafety@springernature.com

In case Publisher is established outside the EU, the EU authorized representative is:

Springer Nature Customer Service Center GmbH
Europaplatz 3
69115 Heidelberg, Germany

Batch number: 10578403

Printed by Printforce, the Netherlands